W0217024

Die LIBELLEN

Wolfgang Dreyer

Die LIBELLEN

Das umfassende Handbuch zur Biologie
und Ökologie
aller mitteleuropäischen Arten
mit Bestimmungsschlüsseln
für Imagines und Larven

Gerstenberg Verlag

Bildnachweis

H. Dreyer	S. 28, 43, 66, 95, 122, 127
Hoffmeister	S. 158
Jurzitza	S. 51, 65, 88/89, 146, 160
Jura-Museum, Eichstätt	S. 16
Pfletschinger / Angermayer	S. 37, 60, 101, 143, 147, 150
Rauschenbach	S. 23, 34, 46, 91, Schutzumschlag (2)
Rudolph	S. 49
Schmidt	S. 32, 57, 59, 70, 75, 162, 163, 164
Scholl	S. 40
Skibbe	S. 114/115
Thomes	S. 83

Alle übrigen Fotos vom Verfasser
Grafik: Dreyer / Olimart
Rasterfotos S. 106—113: H.-P. Dreyer, W. Dreyer

CIP-Kurztitelaufnahme der Deutschen Bibliothek

Dreyer, Wolfgang:
Die Libellen / Wolfgang Dreyer
1. Aufl. — Hildesheim : Gerstenberg, 1986
ISBN 3-8067-2022-3

1. Auflage 1986
Copyright © 1986 Gerstenberg Verlag, Hildesheim
Alle Rechte vorbehalten
Lektorat: Elmar Kreihe
Layout und Gestaltung: Reinhard Fabian
Satz: Fotosatz Sigrid Münch, Kall
Gesamtherstellung Druckerei Parzeller, Fulda
ISBN 3-8067-2022-3

Inhalt

Einführung

Als ich vor 30 Jahren begann, Libellen zu beobachten, war das Interesse für die Wasserjungfern bei mir schon fast zwangsläufig vorhanden. Mein Vater, ein Biologe, beobachtete Libellen, also tat ich es auch. Libellen waren damals allgegenwärtig. Sie gehörten zum lebenden Inventar der fränkischen Karpfenteiche, der Wiesengräben des Aischgrundes, der Bäche und Flüsse meiner Heimat und ebenso des Teiches am Dorfanger. Ihr schneller Flug, ihre bunten Farben und ihre eigenartigen Verhaltensweisen forderten zur Beobachtung heraus. Sie mit der Kamera festzuhalten, erhöhte den Reiz. Wasserjungfern mit dem Netz zu fangen, zu töten und auf Nadeln zu spießen, interessierte mich nie. Foto- und Filmbilder fingen die Bewegungsabläufe viel besser ein. Auf diese Weise entstand ein umfangreiches Bildarchiv der einheimischen Arten, ihrer Verhaltensweisen und ihrer farbenfrohen Vielfalt. Urlaubsreisen an Bergbäche in den Alpen, in Hochmoore und in die Camargue erweiterten den Horizont. Die Sommer meiner Kindheit waren Libellensommer.

Auch während des Biologiestudiums verbrachte ich mehr Zeit an den Teichen als in den Hörsälen. Hier erfuhr ich unmittelbar, daß zwischen den Mitgliedern eines Lebensraumes, den Pflanzen und Tieren, komplizierte Wechselbeziehungen bestehen. Die einzelnen Libellenarten leben nicht kunterbunt durcheinander, sie zeigen vielmehr eine ausgeprägte Vorliebe für bestimmte Strukturen ihres Lebensraumes, für Schilfzonen, Schwimmblattbereiche, Riedflächen oder Sumpfwiesen. Libellen legen auch ihre Eier nicht wahllos irgendwohin, sondern sie suchen bestimmte Pflanzenarten auf oder fliegen zu Wasserstellen, die ein bestimmtes Aussehen haben. Diese Verhaltensweisen sind das Ergebnis einer jahrmillionenlangen Auslese.

Libellen sind Bioindikatoren für den Zustand unserer Gewässer. Jeder Gewässertyp verfügt je nach Struktur, Pflanzenbewuchs und Wasserqualität über ein typisches Inventar an Libellenarten. Je mehr Vielfalt etwa ein Teich an Uferzonen und Pflanzenarten aufweist und je naturbelassener er ist, desto reicher ist auch seine Libellenfauna.

Mitte der sechziger Jahre kam die Wende für die Libellen. Wo Teichbauern nach jahrhundertelanger Tradition in den flachen, künstlich angestauten und reich verkrauteten Teichen ihre Karpfen heranzogen, kehrte jetzt die intensiv betriebene Teichwirtschaft ein. Planierraupen räumten die Verlandungsvegetation aus und schufen „saubere“, sterile Wasserbecken. Die Karpfen mußten lernen, Futterautomaten zu bedienen, um an Fertigfutter aus der Fabrik zu gelangen. Wo früher ein ausbalanciertes aquatisches Ökosystem mit Algenplankton, Wasserflöhen, Schnecken, Libellenlarven, Ruderwanzen und Wasserkäfern bestand, in dem sich komplex vernetzte Nahrungsketten entwickeln konnten, entstanden nun anfällige Karpfenmästereien.

Die Libellen verschwanden fast über Nacht. Nur wenige Allerweltsarten blieben übrig. Ähnlich erging es anderen Wasserbiotopen: Heute werden Altwässer von Sportanglern umstellt, Seen von Wassersportlern belagert, Moore abgetorft, Wiesenbäche verrohrt und Flüsse als Vorfluter für menschliche und industrielle Abwässer mißbraucht. Wo einst bunte Libellen flogen, bleibt der Sommer farblos.

Zwei Drittel aller einheimischen Libellenarten sind bereits verschwunden, vom Aussterben bedroht oder gefährdet. Was die Libellen während ihrer über 250 Jahrmillionen langen Geschichte entwickelt haben — die Spezialisierung auf bestimmte Wasserbiotope — wird ihnen jetzt zum Verhängnis.

Die Libellen zeigen unsere Fehler im Umgang mit natürlichen Ressourcen auf eindringliche Weise: Sie werden selten. 66 % der heimischen Arten in 20 Jahren! Nie vorher gab es einen derartig drastischen Artenschwund binnen so kurzer Zeit. Libellen stehen da nicht allein. Alle übrigen Pflanzen- und Tierarten unterliegen dem gleichen Trend.

Als Student *wollte* ich ein Libellenbuch schreiben, das nur die Schönheit der Libellen darstellte. Ich habe es damals nicht geschafft. Als wissenschaftlich arbeitender Ökologe *muß* ich es *heute* schreiben. Es gilt, sich für das Überleben der Libellen einzusetzen.

Ich habe versucht, die Lebensgeschichte der 80 mitteleuropäischen Libellenarten zu beschreiben, Bestimmungshilfen zu geben, ihre Anpassungen an die Lebensräume aus ökologischer Sicht darzulegen und Schutzmöglichkeiten sowie Pläne zur Neugestaltung von Biotopen vorzuschlagen.

Mit den 80 hier beschriebenen Arten ist die gesamte Odonatenfauna West- und Mitteleuropas erfaßt, das heißt, daß sich mit Hilfe dieses Buches alle Libellen bestimmen lassen, denen man in der Bundesrepublik, der DDR, Großbritannien, Dänemark, den Beneluxstaaten, Österreich, der Schweiz und in Frankreich mit Ausnahme des Mittelmeerraumes begegnen kann. In Nord- und Nordosteuropa kommen einige wenige Arten dazu, die hier nicht beschrieben sind, in Südeuropa sind es eine Reihe von weiteren Arten. Wenn man sich allerdings vergegenwärtigt, daß in ganz Europa mit Einschluß des Nahen Ostens nur etwa 120 Libellenarten leben, wird deutlich, daß das vorliegende Werk auch in diesen Gebieten als Standardwerk verwendbar ist.

Die verschiedenen Arten wurden, soweit dies in sinnvoller Weise möglich war, farbig abgebildet. Bei einer ganzen Reihe von Coenagrioniden und einigen weiteren Arten lassen sich die bestimmungsrelevanten Kriterien jedoch auf Fotos nicht eindeutig darstellen. In solchen Fällen wurde darauf verzichtet, die betreffenden Tiere im Bild darzustellen. Genauere Informationen liefern hier die Detailzeichnungen im Bestimmungsschlüssel.

Dieses Buch ist meine Quintessenz aus 30 Libellensommern. Ich widme es meinen beiden Töchtern Maria Kristina (6) und Anna Katharina (2) in der Hoffnung, daß sie in 30 Jahren nicht einzig und allein auf Bücher wie dieses angewiesen sind, wenn sie erfahren wollen, wie unsere heimischen Libellenarten gelebt haben.

Kiel, im Februar 1986
Wolfgang Dreyer

Die Weidenjungfer: vierzig Tage in der Luft

Im Sommer beleben sie Teiche, Flüsse und Seen. Wie lautlose Hubschrauber durchkreuzen sie den Luftraum, atemberaubende Flugmanöver vom Gleitflug bis zum Looping sind ihr Markenzeichen. Allgegenwärtig sind sie und doch weitgehend unbekannt: die Libellen.

Ihr Leben ist ereignisreich, aber kurz. Die meisten Tiere leben nur wenige Wochen. In dieser Zeit absolvieren diese „Insekten der Superlative“ ein Programm, an dem bisher eine 250 Millionen Jahre dauernde Evolution gearbeitet hat und das während dieser unvorstellbar langen Zeit stetig weiter perfektioniert worden ist. Das vorläufige Resultat, das wir heute beobachten, ist ein fein abgestimmtes System von Verhaltensweisen, die alle mittelbar oder unmittelbar einem Ziel dienen, nämlich der Erhaltung der Art und damit der Weitergabe einer erfolgreichen Überlebensstrategie an die Nachkommen.

Das genetisch fixierte Überlebensprogramm der Libellen sieht vor, daß die einzelnen Schritte in einer ganz bestimmten Reihenfolge durchlaufen werden: Larvenentwicklung im Wasser, Geburt des Luftinsekts (der sogenannten Imago), Reifezeit, Partnerfindung, Paarung und Eiablage sind die wichtigsten Stationen im Leben jeder Libelle. Wird dieser Zyklus an irgendeiner Stelle unterbrochen oder gestört, kann das betreffende Tier seine ihm eigenen genetischen Informationen nicht weitergeben und fällt für die Arterhaltung aus.

Libellen — das ist ein Thema mit 80 Variationen, denn so viele Angehörige der Ordnung Odonata (so die wissenschaftliche Bezeichnung) fliegen in Deutschland. 80 arttypische Überlebensstrategien, 80 einzigartige Beispiele für den Erfindungsreichtum der Natur! Stellvertretend für die übrigen Arten wollen wir uns einmal genauer ansehen, wie die Weidenjungfer (*Chalcolestes viridis*) die 40 Tage, die zwischen Geburt und Tod liegen, verbringt und was sich in diesen Wochen alles ereignet.

Flache, nährstoffreiche Teiche sind der Lebensraum der Weidenjungfer (Chalcolestes viridis).

Der Ort des Geschehens ist ein flacher, nährstoffreicher Teich, bewachsen mit Binsen, Schwertlilien, Wasser-Hahnenfuß, Schilf und Rohrkolben. Erlen und Weiden, deren Zweige über das freie Wasser ragen, ergänzen die Ausstattung des Lebensraums.

Von Ende Juli bis Mitte Oktober schweben hier die schlanken Weidenjungfern auf vier reich geäderten, schmalen Flügeln. Die durchsichtigen, glasartigen Tragflächen werden von ockerfarbenen Randzellen stabilisiert, den Pterostigmen (Flügelmalen). Fast sechs Zentimeter Spannweite haben die Vorderflügel, die alternierend zu den gleich großen Hinterflügeln rund dreißigmal in der Sekunde geschlagen werden. Dreißigmal — zu wenig, um einen Flugton zu erzeugen. Nur leises Knistern verrät den Anflug, wenn sich die gespannten Tragflächen berühren. Die kugeligen, stecknadelkopfgroßen Augen sind ständig in Bewegung. Libellen sind Räuber und orten ihre Beute mit großen Komplexaugen aus 10—30 000 Facetten (Einzelaugen). Der streichholzlange, dünne Hinterleib erfüllt viele Funktionen. Er stabilisiert den Flug, birgt die Geschlechtsorgane und dient der Paarung. Der nadelförmige Körper trügt: Libellen können nicht stechen, obwohl alte Volksnamen wie „Augenschießer" und „Teufelsnadeln" ihnen einen Hauch von Gefahr andichten.

Die schlüpfende Weidenjungfer hat sich bereits zur Hälfte aus der Larvenhülle befreit.

Libellen führen ein Doppelleben. Fünf Monate des Jahres verbringen beispielsweise die Weidenjungfern als Larven unter Wasser, nachdem sie aus den Eiern, die ein halbes Jahr in der Rinde von Erlen und Weiden versteckt lagen, geschlüpft sind. Während ihres Räuberlebens am Grunde der Teiche wachsen die Larven. Neunmal müssen sie sich häuten und dabei jedesmal den zu eng gewordenen Chitinpanzer abstreifen. Erst im zehnten Stadium darf die Larve aus dem Wasser steigen. Die letzte Häutung bringt es dann im wahrsten Sinne des Wortes an den Tag: Das flugfertige Lufttier, die Weidenjungfer, wird geboren.

Ende Juli klettert die Larve gegen Mittag an einem senkrechten Halm empor. In wechselnder Reihenfolge zeigt sie fünferlei Bewegungen: Wippen, Schütteln, Hinterleibsgymnastik, Klettern und Putzen der Augen. Die Brust schwillt an, die Rückennaht platzt.

Langsam schieben sich Kopf und Thorax (Brustabschnitt) aus der letzten Larvenhülle. Die sechs dornenbewehrten Beine erscheinen und fassen den Halm. Mühsam zieht die Weidenjungfer den Hinterleib aus dem engen Larvenköcher. Noch ist die Libelle eine Kopie der Larvenhülle, erst allmählich strecken sich die Flügel und der Hinterleib. Zwei Stunden nach dem Verlassen des Wassers sind alle Körperteile gestreckt und entfaltet, das Trocknen des noch weichen Chitinpanzers beginnt. Mit zunehmender Aushärtung nimmt die Weidenjungfer Farbe an. Ihr grünmetallischer Glanz entsteht durch Brechung des Sonnenlichtes an Hunderten von Chitinplättchen im Insektenpanzer. Die Flügel breiten sich aus und ermöglichen dem Insekt den ersten Flug.

Nach der Geburt verlassen die Libellen zunächst ihren aquatischen Lebensraum. Die Reifezeit zum paarungsbereiten, geschlechtsreifen Insekt beginnt. Fressen und möglichst nicht gefressen werden lautet von nun an die Devise. In Gebüschen und Wäldern fern vom Wasser gehen die Weidenjungfern zwei Wochen lang auf Jagd. Eintagsfliegen, Stechmücken, Blattläuse oder Motten stehen auf ihrem Speisezettel. Libellen sind da nicht wählerisch. Selbst Artgenossen, die den Luftraum durchqueren, werden verzehrt. Die Beute wird stets im Flug erhascht. Die sechs Beine bilden, nach vorne gehalten, einen Fangkorb, dem kaum ein kleines Insekt entgeht. Drei Paare kräftiger Mundwerkzeuge zerkauen die Beute. Die Entwicklung der Gonaden (Geschlechtsanlagen) kostet Energie, die aus dem Eiweiß und Fett der Beutetiere gewonnen werden muß. Zwischen den Fangflügen sonnen sich die Weidenjungfern, um ihren Körper

Der Schlupfvorgang ist beendet. Bis das Außenskelett getrocknet ist, bleibt die Libelle am Halm. Die leere Larvenhaut wird zurückgelassen.

aufzuheizen. Als wechselwarme Tiere sind sie nachts der Umgebungstemperatur angepaßt, sie können aber bei Sonnenschein ihre Innentemperatur durch Flügelhaltung und Körperstellung regulieren. Auf dem Hinterleib liegen verstellbare Sonnenkollektoren, die je nach der Außentemperatur durch Farbwechsel mehr oder weniger Sonnenenergie aufnehmen können.

Mitte August ändert sich das Verhalten der Weidenjungfern schlagartig. Die Paarungszeit ist gekommen. Jetzt bestimmt der Fortpflanzungstrieb den Tagesablauf. Gegen Mittag, wenn die Sonne am höchsten steht, fliegen die Männchen zum Teich zurück. An hohen Bäumen in Wassernähe treffen sie aufeinander. Heftige Luftkämpfe entbrennen um Zweige, die zur Sonne zeigen. Jeder Sitzplatz wird energisch gegen Neuankömmlinge verteidigt. Die begehrtesten Plätze sind die höchsten Zweige von Bäumen oder Hecken am Teich. Wie unsichtbare Käseglocken von einem Meter Durchmesser umgeben die Reviere, die von den Männchen beansprucht werden, den Sitzplatz. Rund eine Stunde dauern die Flugkämpfe. Die Sieger sitzen ganz oben, die Verlierer werden zum Boden hin abgedrängt. Plötzlich hören die Kämpfe auf, das Reviersystem ist stabil. 150 bis 200 Männchen sitzen gestaffelt von oben nach unten auf den Zweigenden südexponierter Waldränder oder Hecken: eine gewaltige Pyramide paarungsbereiter Männchen, die ihre Kampfstärke miteinander gemessen haben.

Nach dem Wettstreit um die begehrten Siegerplätze erscheinen die Weibchen. Hoch über den Bäumen fliegen sie zur Sonne, zum Wasser. Man kann die Uhr nach ihnen stellen, es ist ein Uhr nachmittags. Sind die Silhouetten der ankommenden Weibchen gegen den Himmel zu sehen, starten die stärksten Männchen. Jetzt zeigt sich der Vorteil hoch liegender Sitzplätze. Wer zuerst auffliegt, kann als erster ein Weibchen erobern. Mit der Eroberung halten sich Libellenmännchen nicht lange auf. Das schnellste fliegt über ein weibliches Tier und landet auf dessen Rücken. Die Beine umfassen den Brustabschnitt, der nadelförmige Hinterleib krümmt sich nach vorne, die Zangen am Körperende packen zu. Umfassen die Haltezangen die Vorderbrust des Weibchens, ist der Eroberungsflug geglückt. Im Tandem, fest aneinandergekoppelt, fliegt das Paar nun zum Wasser. Die Konkurrenten geben auf und kehren zu ihren Sitzplätzen zurück. Das Tandempaar verläßt das Reviersystem, das wie ein Riegel den Weibchen den Zugang zum Wasser versperrte. Es landet im Uferbereich, um die Paarung zu vollziehen.

Doch ganz soweit ist es noch nicht, denn die Paarung geschieht auf Umwegen. Alle Libellen tragen ihre Geschlechtsorgane am Ende des Hinterleibes. Wie aber können männliche Spermien zum Weibchen gelangen, wenn sie in dem Körperteil liegen, der die Vorderbrust des Weibchens umklammert? Die Lösung dieses scheinbar schwierigen Problems war die Entwicklung einer Samentasche an günstiger Stelle, einer „sekundären Geschlechtsöffnung“. Diese Samentasche tragen die Libellenmännchen gleich hinter der Brust auf der Unterseite des Körpers. Während der sogenannten Praekopula (Vorpaarung) ziehen sie ihren Hinterleib mit dem angekoppelten Weibchen hoch und klinken den letzten Hinterleibsring an der vorne liegenden Tasche ein. Der Samentransfer kann erfolgen, er dauert nur wenige Minuten. Ist das Samenpaket hinter der Brust verwahrt, löst sich die komplizierte Kupplung und die weibliche Weidenjungfer kann es übernehmen. Das Weibchen biegt sein Hinterende nach oben zum männlichen Übertragungsapparat und verankert es dort. Damit ist das für Libellen so typische *Begattungsrad* gebildet. Ein auf den ersten Blick etwas umständliches Verfahren, das sich aber seit langem bewährt hat.

Nach der erfolgreichen Spermaübernahme löst sich das Paarungsrad. Als Tandem aneinandergekoppelt fliegt das Paar zur Eiablage. Unter Führung des

Phasen der Paarung:
In der ersten Phase koppelt sich das Männchen an ein Weibchen an. Das Tandem hängt sich senkrecht an einen Zweig (links).

Bei der Vorpaarung (Praekopula) wird der Hinterleib des Männchens mit dem angekoppelten Weibchen nach vorn gezogen und der Samen in die Samentasche übertragen (Mitte).

Das Paarungsrad oder Paarungsherz (Kopula) entsteht, wenn das weibliche Tier sein Hinterende zum Übertragungsapparat des Männchens nach vorn biegt (rechts).

ziehenden Männchens steuert das Paar über dem Wasserspiegel hängende Zweige von Erlen und Weiden an. Nach der Landung leistet die weibliche Weidenjungfer Schwerstarbeit. Rund 200 Eier müssen in die harte Rinde gestochen werden. Eine winzige Miniatursäge am Legebohrer des Weibchens hilft dabei. Nur wenige Sekunden dauert das Stichsägen jeweils. Winzige Spuren von Sägemehl der harten Erlenrinde rieseln ins Wasser. Die Ablage der Eier durch das Rindenloch kann erfolgen. Durch den dünnen Stichkanal quellen vier längliche Libelleneier in das feuchte Rindengewebe. Doch nicht wahllos werden die Eier versteckt, das Weibchen zeigt Methode: links oben, links unten, rechts oben, rechts unten werden die Eier x-förmig eingestochen.

Der ungeheure Energieaufwand, den die Eiablage erfordert, wurde ergonomisch optimiert. Die nächste sogenannte ‚Eiloge' mit vier Eiern wird nur wenige Millimeter weiter am Zweig versteckt. Das Weibchen beginnt auf *der* Seite, auf der das letzte Ei abgelegt wurde: rechts oben, rechts unten, links oben, links unten. Es spart sich also eine mühsame Körperdrehung beim Bohren. Vier Stunden lang bohren die Weibchen an diesem Herbstnachmittag ihre Eier in das Rindengewebe. Die Männchen sind immer dabei. Obwohl sie der mühsamen Eiablage tatenlos zusehen, erfüllen sie einen wesentlichen Zweck: Weidenjungfernmänner blockieren mit ihren Haltezangen die Halsregion ihres Weibchens und schützen es so vor anderen paarungswilligen Männchen, die bei dem mittäglichen Rendezvoussystem leer ausgingen. Diese „Verlierer" im biologischen Sinne sollen keine Weibchen auf Umwegen erobern können. Soziobiologen sehen dieses Verhalten so: Ein die Eiablage überwachendes Männchen bringt seine eigenen

Weibchen der Weidenjungfer bei der Eiablage. Allein legende Weibchen sind bei dieser Art die Ausnahme.

Erbanlagen sicher bis in das Ei, ohne die erwählte Libelle anderen, weniger starken Männchen zu überlassen. Sicherung der am besten angepaßten Nachkommen bedeutet das. Optimale Eiablageplätze sind an warmen August- und Septembertagen reich bevölkert. Zu Hunderten drängen sich hier legewillige Paare.

Um zu prüfen, ob Weidenjungfern Dauerehen während ihrer Lebenszeit eingehen, wurden Paare mit rotem Nagellack an den Flügeln markiert. Das stört die Insekten nicht und gibt Aufschluß über ihr Verhalten. Das Ergebnis: Weidenjungfern paaren sich jeden Tag neu mit beliebigen Partnern. Allerdings scheinen „starke“Männchen während ihres ganzen Lebens stark, „schwache“ eben schwach zu sein. So sorgen die Kampfmaßnahmen um den besten Sitzplatz für die Weitervererbung geeigneter Eigenschaften innerhalb einer Population.

Nach einmonatiger Eiablagetätigkeit sind die über dem Wasser hängenden Weidenzweige von Einstichlöchern mit den Eilogen übersät. Dicht bei dicht liegen die Weidenjungferneier im Viererpack. Sie verbleiben im feuchten Bett des Pflanzengewebes bis zum nächsten März. Und dann erweist sich die Strategie der Weidenjungfern, nur in über Wasser hängende Zweige abzulegen, als sinnvoll. Aus den ehemaligen Bohrlöchern schlängeln sich winzige Vorlarven und fallen ins Wasser. Nur über Wasser hängende Zweige garantieren jetzt den Weg zurück in den Teich. Im Lebenselixier der Jugendstadien von Libellen schlüpfen aus den Vorlarven kleine Larven, die den neuen Kreislauf beginnen. Das komplizierte Lebenskarussell der Weidenjungfern beginnt sich erneut zu drehen. Doch was geschieht mit den Elterntieren, den Imagines? Verbraucht und ermattet vom ständigen Revierkampf, von Paarung und Eiablage stolpern alte Weidenlibellen in die zahlreichen Netze von Schilfradnetzspinnen. Die verbrauchten Libellen dienen Spinnen und anderen Räubern als eiweißreiche Nahrung.

Wo liegen die Vorteile der komplizierten Biologie in der Kosten-Nutzen-Bilanz des Libellenlebens? Mit dem aufwendigen Rendezvous-Ritual verringern Weidenjungfern das Risiko, daß ihre Männchen artfremde Weibchen begatten, denn fünf weitere nahe verwandte Arten leben im gleichen Biotop. Libellenmännchen versuchen sich meist an „alles, was fliegt“ anzukoppeln. Sie haben

Die Einstichstellen zeigen, wo sich die Eigelege der Weidenjungfer befinden.

Beliebte Eiablageplätze sind oft über und über besetzt. Einige der Tiere wurden mit rotem Nagellack markiert.

Zwei Weidenjungfernpaare bei der Eiablage. Das Männchen ist immer dabei.

nicht die Fähigkeit, arteigene Weibchen im Flug zu erkennen. Die Reviere der Weidenlibellen liegen höher als die Paarungszonen anderer Binsenjungfern. Die paarungsbereiten Weidenjungfernmännchen vermeiden also den Kontakt zu anderen Libellenarten während einer „sensiblen Phase" und sichern so die Arterhaltung. Zusätzlich belohnt das vertikal aufgebaute Rendezvoussystem „starke Männchen". Die am besten angepaßten Individuen eines Libellenvolkes gelangen so als erste zum Paarungserfolg und sichern als erste das Überleben der Art. Der Lebensweg der Weidenjungfer ist erstaunlich. Aber die Überlebensstrategien der übrigen 79 heimischen Libellenarten sind nicht weniger aufregend und erfindungsreich.

Die Urlibellen: 250 Millionen Jahre Geschichte

Als das erste primitive Leben in Form von Meeresalgen auf der Erde entstand, war unser blauer Planet schon mindestens 600 Millionen Jahre alt. 20 Millionen Jahre später lebten die ersten hartschaligen Tiere wie Seeigel, Schwämme und Krebse (Trilobiten) in den Meeren. Obwohl damit bereits die Entwicklung der heutigen Vielfalt der Lebensformen eingeleitet war, sollte es noch unvorstellbar lange dauern, bis die Tiere das Land eroberten.

Rund 250 Millionen Jahre vor unserer Gegenwart schwebten libellenähnliche Urnetzflügler, die Palaeodictyopteren, auf netzadrigen Tragflächen durch die Schachtelhalmsümpfe des oberen Karbon. Zu dieser Zeit gab es schon einige Gefäßpflanzen, auch Lurche und Kriechtiere, aber die Entwicklung der Blütenpflanzen, vieler Insekten, der Säugetiere und der Vögel lag noch lange im Ungewissen von Zufall und Auslese.

Das obere Karbon war die Zeit, als riesige Schachtelhalmwälder mit über 30 Meter hohen Siegelbäumen und Riesenfarnen in tropischem Klima wuchsen und nach dem Absterben das organische Bodenmaterial lieferten, aus dem unsere heutigen Steinkohlelager entstanden. Aus dieser Zeit stammt das erste Zeugnis einer Libelle. Im oberschlesischen Kohlebecken wurde der unvollständige Abdruck eines Vorderflügels der Urlibelle *Erasipteron larischi* gefunden, der noch typische Merkmale der „Protodonata", der ersten Libellen, aufweist. Außer der ältesten Libelle *Erasipteron* wurden in England und Nordamerika in den

Fossiler Abdruck der Urlibelle Cymatophlebia spec. aus dem Solnhofener Jura, circa 150 Millionen Jahre alt.

Rekonstruktionszeichnung der größten Libelle, die jemals lebte. Die Flügelspannweite der Meganeura monyi betrug 66 Zentimeter.

Schichten des mittleren und oberen Karbon etwa zwölf weitere Arten als Fossilien entdeckt. Der erste vollständig erhaltene Abdruck der Urlibelle *Meganeura monyi* gibt das größte bekanntgewordene europäische Insekt wieder. 66 Zentimeter Spannweite hatte diese Riesenlibelle. Ihre Lebensweise kennt niemand, aber aus der Anatomie lassen sich Rückschlüsse ziehen, die ein unbekannter Maler in dem Bild der *Meganeura* zum Ausdruck gebracht hat (siehe Abb. S. 17). Mit kräftigen Klammerbeinen und riesigen Flügeln ausgerüstet, waren diese Insektengiganten wahrscheinlich nur zu einem flatternden Gleitflug fähig.

Ihr langer, aber plumper Hinterleib diente jedoch sicher schon damals als „Balancierstange" beim ungelenken Flug. Etwas später, im Perm, lebten in Nordamerika rund 20 Libellenarten, die mit einer Flügelspannweite von bis zu 75 Zentimetern sogar noch größer waren als ihre europäischen Verwandten. Diese *Meganeuropsis*-Arten waren so etwas wie die Dinosaurier unter den Insekten. Viele von ihnen starben wahrscheinlich wieder aus, bevor das Erdmittelalter anbrach. Doch gibt es Flügelabdrücke, die darauf hinweisen, daß einigen der Protodonata das Überleben bis in die folgende Triaszeit gelang. In der Trias bestanden die Landgebiete der Erde größtenteils aus Wüsten und Bergen. Erst gegen Ende dieser 45 Millionen Jahre dauernden Zeitperiode bildete sich in Deutschland ein salzhaltiges Flachmeer aus. Aber das heiße Klima ließ es austrocknen. Zu Beginn der Juraperiode breiteten sich abermals Meere aus. Große Teile des heutigen Mitteleuropa lagen im Jura-Meer. Die Landgebiete waren meist von Sumpfwäldern bedeckt, mildes Klima und ausreichender Regen förderten üppiges Pflanzenwachstum. Die idealen Bedingungen für eine Artentfaltung der Libellen waren damit gekommen. Wahrscheinlich gelang es einigen Arten, aus dem Perm bis in das Mesozoikum hinein zu überleben und so den Grundstock für die Artentfaltung während der Jura-Zeit zu legen.

In Permschichten von Sibirien und Australien fanden sich etwa zehn Arten, die „Protanisoptera", die die Urahnen unserer heutigen Großlibellen (Anisoptera) gewesen sein könnten. Im Uralgebiet, in Amerika und auf den Falklandinseln wurden sogar 16 Arten mit den für Kleinlibellen typischen, gestielten Flügeln gefunden, die man heute als „Protozygoptera" zusammenfaßt und als Ausgangsformen für die Kleinlibellenevolution ansieht. Wie die Entwicklung dieser Libellenurahnen weiterging, muß im Nebel der Vorzeit verborgen bleiben. Auffallend ist jedoch, daß im Jura Libellenfossilien sehr zahlreich zu finden sind. Aus dem Solnhofener Plattenkalk konnten beispielsweise 24 Libellenarten rekonstruiert werden, einige davon in erstaunlich gutem Erhaltungszustand.

Trugen die Libellen des Erdaltertums noch über 30 Zentimeter lange Flügel, entsprechen die Libellen aus dem Solnhofener Jura schon mehr unseren heutigen Dimensionen. Mit drei bis zehn Zentimetern Flügellänge zeigen sie das gleiche Größenspektrum wie die rezenten Arten.

Das ist erstaunlich. Zwischen Perm und Jura muß also neben der Artentfaltung auch eine drastische Größenabnahme, verbunden mit einer „Verfeinerung" der Körperteile eingetreten sein. Seit der Jurazeit haben sich unsere Libellen kaum mehr verändert. Es gab damals schon Großlibellen (Anisoptera) und Kleinlibellen (Zygoptera), deren Körperform der der rezenten Arten entspricht. Allerdings gab es noch die „Anisozygoptera" als Zwischenformen, die bis auf die in Japan und im Himalaya vorkommenden Arten *Epiophlebia superstes* und *E. laidlawi* ausgestorben sind. Es muß eine ungeheuer erfolgreiche Lebensstrategie gewesen sein, die die Juralibellen fast unverändert über mehr als 150 Millionen Jahre überleben ließ.

Wie kam es dazu, daß wir heute im Stein über naturgetreue Abbildungen der damals lebenden Libellen verfügen? Die Einbettung der Tiere in den Kalkschlamm der Süßwasserlagunen des Jura-Meeres muß ziemlich überraschend erfolgt sein. Wahrscheinlich sanken tot auf der Wasseroberfläche schwimmende Libellen zu Boden und wurden vom Schlamm schnell zugedeckt. Nach der Verwesung des organischen Materials drangen Metalloxidlösungen in die dichten Kalkschichten und fielen als mineralische Substanz aus. Diese „Dendriten" bildeten die Hohlräume des Flügeladernetzes exakt nach. So erhalten wir heute, 150 Millionen Jahre später, den naturgetreuen Abdruck einer Urlibelle.

Die in der Jurazeit lebende Artenzahl ist noch unbekannt. Wir können nur aus den wenigen aufgefundenen Fossilien Rückschlüsse ziehen. Sicher gab es aber schon etwa 13 Gattungen von Juralibellen. Das läßt auf 80 bis 100 Arten schließen.

Folgende Gattungen sind bisher aus dem Solnhofener Plattenkalk bekannt:

Anisozygoptera:	Tarsophlebiidae:	*Tarsophlebia*
	Isophlebiidae:	*Anisophlebia*
		Isophlebia
	Stenophlebiidae:	*Stenophlebia*
Zygoptera:	Amphipterygidae:	*Steleopteron*
	Euphaeidae:	*Euphaeopsis*
		Pseudoeuphaea
Anisoptera:	Gomphidae:	*Aeshnogomphus*
		Nannogomphus
		Protolindenia
	Petaluridae:	*Cymatophlebia*
	Cordulegasteridae:	*Aeschnidium*
		Urogomphus

Vergleicht man die damals lebenden Libellen in bezug auf Körperform und Familienzugehörigkeit mit rezenten Libellengattungen, lassen sich sogar Rückschlüsse auf einzelne Lebensformtypen ziehen. Wahrscheinlich gab es schon Bergbachlibellen, Flußlibellen und Binsenjungfern an Teichen, und die Larven fingen ihre Beute schon mit jener vorschnellbaren Unterlippe, die heute noch erfolgreich beim Beutefang eingesetzt wird.

Wer sich mit Urlibellen beschäftigt, erlebt ein völlig neues Zeitgefühl. Die Versteinerungen demonstrieren die Entwicklung dieser Insektengruppe während der unvorstellbar langen Zeit von 250 Millionen Jahren: Libellengeschichte im Zeitraffer. Im Juramuseum von Eichstätt kann man sie betrachten, die Zeugen aus längst vergangener Zeit.

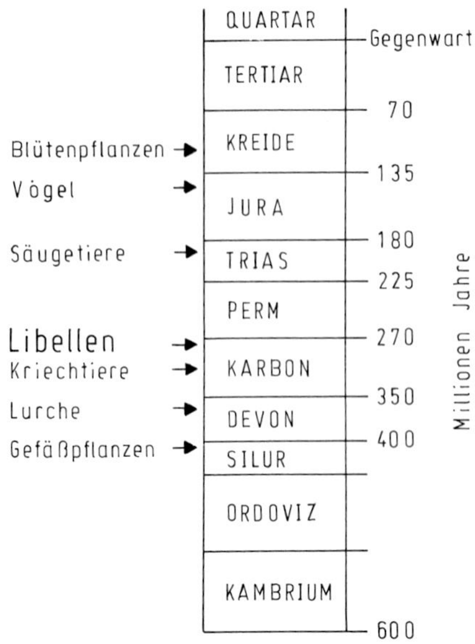

Die Zeittabelle gibt Auskunft darüber, in welchem Erdzeitalter die ersten Fossilien der betreffenden Tier- und Pflanzengruppen auftreten.

Die heimischen Arten: 80 Lebensläufe

In diesem Kapitel werde alle 80 heimischen Libellenarten vorgestellt. Die Artbeschreibungen erweitern und vertiefen die knapp gehaltenen Angaben im Bestimmungsschlüssel hinsichtlich der äußeren Erscheinung, der Verbreitung und Häufigkeit sowie der Phänologie.

Breiten Raum nimmt die Darstellung der Biologie und Ökologie der einzelnen Arten ein. Damit erhalten vor allem diejenigen, die sich bisher noch nicht mit Libellen beschäftigt haben, die Möglichkeit, zunächst vielleicht eher beiläufig beobachtete Verhaltensweisen der Tiere richtig zu deuten, oder aber, nachdem die Artenkenntnis etwas größer geworden ist, gezielter zu beobachten und eigene Interessenschwerpunkte und Fragestellungen zu verfolgen.

Es ist allgemein bekannt, daß man nur „sieht", was man weiß. Je besser das Vorverständnis ist, das heißt je genauere Vorstellungen man hat, welchen Libellenarten man beispielsweise an einem sauberen Flußoberlauf, einem nährstoffreichen See oder in einem Moor begegnen kann, desto genauer wird man auch hinsehen und das Gesehene richtig interpretieren.

Biologisches Grundlagenwissen und eine breite Artenkenntnis sind wiederum die wichtigsten Voraussetzungen für gezielte und effektive Schutzbemühungen. Wenn man die Lebenszyklen der verschiedenen Arten kennt, wenn man weiß, welche Ansprüche sie an ihren Lebensraum stellen und welche Nischen sie im Naturhaushalt besetzen, erst dann kann man ihren Bedürfnissen gerecht werden und sie wirksam schützen — vielleicht sogar in neuen, eigens geschaffenen oder durch gezielte Biotoppflege renaturierten Lebensräumen.

Symbole des Gefährdungsgrades

ohne Gefährdung 

potentiell gefährdet 

gefährdet 

stark gefährdet 

vom Aussterben bedroht 

1. **Federlibelle** (*Platycnemis pennipes*)

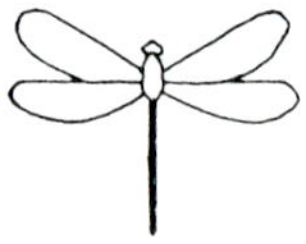

Diese Art ist in ganz Mitteleuropa von der Ostsee bis zum Mittelmeer verbreitet. Nach Norden hin wird sie seltener. Sie bewohnt langsam fließende, sonnige Gewässer oder Seen mit Bachanschluß, ist aber auch an mäßig verschmutzten Flüssen mit schwach ausgebildeter Ufervegetation häufig.

Kennzeichen

Abdomenlänge 27—31 mm.

♂: Hellblaue Libelle mit auffallend langem Hinterleib, der mit dünner, dunkler, strichartiger Zeichnung versehen ist. Die Beinschienen sind verbreitert, lang beborstet und erinnern an eine Feder (*pennipes* = federfüßig).

♀: Ähnlich dem ♂, lediglich die Brust wirkt eher blaßgrün als bläulich. Kopf hellgrün.

Biologie

Nach dem Schlüpfen leben Federlibellen in großen Trupps am Ufer von Flüssen und Bächen und sitzen gern auf Gräsern längs der Blattspreite. Ab 11 Uhr fliegen die Männchen auf sitzende Weibchen zu und koppeln sich an. Nach kurzer Praekopula sitzen die Paare etwa 15 bis 60 Minuten (je nach Wärme) im Kopulationsrad. Nach der Paarung suchen die Federlibellen flutende Wasserpflanzen wie Laichkraut (*Potamogeton)*, Tausendblatt (*Myriophyllum)*, gelbe Teichrosen (*Nuphar)*, Pfeilkraut (*Sagittaria)* oder abgestorbene Seggen (*Carex)* auf. Kurz nach der Landung richten sich die Männchen auf und sehen wie „Wachttürme" aus. Die Eier werden in Zickzackbändern unter Wasser in Pflanzenstengel eingestochen. Die Eiablage beginnt gegen 14 Uhr und dauert rund zwei Stunden. Die Eier werden von Juni bis September abgelegt. Wenige Wochen nach der Eiablage schlüpfen die Larven, die sich schnell entwickeln und überwintern. Die Libellen schlüpfen ab Mitte Mai vormittags und fliegen bis Ende August. Sie sind wenig scheu und lassen sich leicht aus der Nähe fotografieren. Federlibellen sind nicht gefährdet.

Männchen der Federlibelle (Platycnemis pennipes).

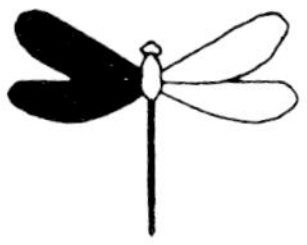

2. **Pokal-Azurjungfer** (*Cercion lindeni*)
Diese Hochsommerlibelle lebt an mäßig nährstoffreichen Teichen und schwach fließenden Gewässern mit einer ausgeprägten Schwimm- und Tauchblattzone. Als wanderfreudige Art folgt sie vor allem warmen Flußniederungen und besiedelt flußnahe Kiesgruben. Obwohl die Pokal-Azurjungfer in warmen Sommern lokal häufig auftreten kann, gilt diese Art als gefährdet. Bisher wurde sie nur im westlichen Bundesgebiet (vor allem in Rheingraben) festgestellt. Der neueste Nachweis stammt aus der Nähe von Münster (1976).

Kennzeichen
Abdomenlänge 35 mm.
♂: Die Grundfarbe ist blau mit typischer flammenartiger Schwarzzeichnung auf dem Hinterleib. Das Zeichen auf dem 2. Hinterleibssegment erinnert an einen Pokal. Die Unterseite des Hinterleibs ist grünlich. Die Hinterleibsanhänge sind auffallend lang.
♀: Der grünlich gefärbte Hinterleib ist dorsal von einem fast durchgehenden schwarzen Band überzogen. Die helleren seitlichen Hinterleibsringe sind manchmal bläulich.

Biologie
Die paarungsbereiten Männchen erwarten ihre Partnerinnen in Revieren, die heftig gegen andere Männchen der gleichen Art verteidigt werden. Diese Reviere liegen nahe der Wasserfläche im Uferbereich. Ankommende Weibchen werden verfolgt und im Flug mit den Hinterleibszangen ergriffen. Die Auffüllung des männlichen Kopulationsorgans mit Sperma (Praekopula) erfolgt unmittelbar nach Ergreifen des Weibchens noch im Flug. Mit diesem Verhalten nimmt die Pokal-Azurjungfer eine Sonderstellung unter den Azurjungfern (Coenagrionidae) ein. Zur Paarung setzt sich das Tandem in der Vegetation ab, sie dauert etwa 25 Minuten. Nach dem Lösen des Paarungsrades führt das Männchen sein Weibchen zum Eiablageplatz in der Schwimmblattzone. Legt das Weibchen direkt in Pflanzen nahe der Oberfläche ab, bleibt das Männchen angekoppelt. Gelegentlich tauchen die Weibchen zur Eiablage unter Wasser, wo sie dank des Luftvorrats im Borstenkleid bis zu einer halben Stunde bleiben können. Die Männchen lösen ihre Hinterleibszangen und kreisen wie ein bewachender Hubschrauber über der Tauchstelle. Das auftauchende Weibchen wird sofort wieder ergriffen. Zeigt es keine weitere Legebereitschaft, kehrt das Männchen in sein Revier zurück und erwartet das nächste ankommende Weibchen. Nach der Eiablage legen die Weibchen Ruhepausen ein, um sich zu putzen. Über die Larvenentwicklung ist bislang nichts bekannt.

3. **Späte Adonislibelle** (*Ceriagrion tenellum*)
Die Späte Adonislibelle ist von Nordafrika bis England verbreitet. Während sie als wärmeliebende Art in den Mittelmeerländern häufig ist, wird sie nach Norden hin seltener und ist nur im Westen der Bundesrepublik gelegentlich in Heidemooren und kleineren Sphagnentümpeln zu finden.

Die Vorliebe dieser Art für kleinere Gewässer, die mit Torfmoos zugewachsen sind, gefährdet sie. Derartige Kleinstgewässer werden oft zugeschüttet. Die Späte Adonislibelle ist in der Bundesrepublik vom Aussterben bedroht.

Kennzeichen
Auffallend rot gefärbte Art. Abdomenlänge 30—35 mm.
♂: Kopf und Brust sind oberseits metallisch grün gefärbt, die Augen leuchten dunkelrot. Der gesamte Hinterleib ist scharlachrot, ebenso die Flügelmale.
♀: Die ♀♀ treten in vier Farbvariationen auf:
a) Augen blaß grünlich, der Hinterleib glänzt schwarzgrün-metallisch
b) die ersten Hinterleibsringe rot, die letzten Segmente dunkelgrün-metallisch
c) Hinterleib rot, die letzten Segmente dunkler
d) ebenso gefärbt wie das ♂

Biologie
Die Imagines fliegen von Anfang Juni bis Anfang September an kleinen Torfstichen oder anmoorigen Teichen mit flutenden Torfmoosen. Vor dem Ergreifen des paarungsbereiten Weibchens füllt das Männchen seine Samentasche. Rund 40 Minuten sitzt das Paarungsrad zur Begattung in der Vegetation. Die Eiablage erfolgt unter Begleitung des Männchens in Binsenstengel (*Juncus*). Dabei werden senkrecht stehende Binsenstengel ebenso angenommen wie im Wasser schwimmende. Bei waagerechter Eiablage steht das Männchen auf der Vorderbrust des Weibchens, wie es für viele Coenagrioniden typisch ist. Die Eier entwickeln sich sofort, schon Anfang August schlüpfen die Larven. Wohnorte der Larven sind dichtes Schwimmpflanzengewirr und flutende Torfmoospolster. In warmen Gegenden ist die Larvenentwicklung bis zum Juni des kommenden Jahres abgeschlossen. In England dauert die Entwicklung zwei Jahre. Das Überleben der bei uns vom Aussterben bedrohten Art kann nur durch Unterschutzstellung auch kleinster Moorgewässer gewährleistet werden (Biotopschutz).

4. **Hauben-Azurjungfer** (*Coenagrion armatum*)
Diese seltene Libelle lebt vor allem im Norden Europas in Mooren, Seggensümpfen und nährstoffarmen Heidetümpeln. Die Art ist schon in Dänemark selten und wurde in Holland und Schleswig-Holstein nur sporadisch gefunden. So wurde sie in dem warmen Sommer 1982 bei Husum und auf Amrum nachgewiesen. In England ist sie sehr selten. In Deutschland ist die Hauben-Azurjungfer vom Aussterben bedroht, da hier die südliche Verbreitungsgrenze erreicht ist.

Kennzeichen
Abdomenlänge 23—30 mm.
♂: Der Hinterleib ist fast dunkel, nur das 2. und vorletzte Hinterleibssegment sind blau. Die Hinterleibsanhänge (Appendices) sind auffallend lang.
♀: Nicht verwechselbar. Augen, Brust und 2. sowie 8. Hinterleibsabschnitt sind auffallend grün gefärbt, im Gegensatz zur sonst sehr dunklen Grundfarbe.

Biologie
Anfang bis Mitte Mai fliegt die Art je nach Witterung und Breitengrad in Skandinavien. Die Imagines sitzen gern kopfabwärts, dicht an Stengel von Schachtelhalmen geschmiegt.
Die Männchen vollführen einen Flugtanz vor den paarungsbereiten sitzenden Weibchen und begleiten die begatteten Weibchen bei der Eiablage, die in schwimmende Wasserpflanzen erfolgt. Ein Untertauchen der Weibchen bei der Eiablage wurde nie beobachtet. Die Imagines fliegen sehr kurze Zeit, ab Mitte Juni sind sie wieder verschwunden.

Männchen der Blauflügel-Prachtlibelle (Calopteryx virgo).

5. **Speer-Azurjungfer** (*Coenagrion hastulatum*)
Diese Libelle ist mäßig häufig an Moortümpeln, flachmoorigen Teichen und zugewachsenen Kleingewässern aufgelassener Kiesgruben. Das Verbreitungsgebiet reicht von Skandinavien bis zum Alpenrand.

Kennzeichen
Abdomenlänge 22—26 mm.
♂: Hellblau mit hellgrünen bis türkisfarbenen Augen, Hinterleib mit typischer, aber oft variabler dunkler Zeichnung (vgl. Bestimmungsschlüssel).
♀: Sehr blaß grün, ventral hell, auf dem Rücken mit einem blau-schwarzen Strich.

Biologie
Ab der 2. Maihälfte, aber schwerpunktmäßig Anfang Juni, schlüpfen die Imagines morgens zwischen 8 und 9 Uhr. Ihre Lebensdauer beträgt knapp vier Wochen. Während der fünftägigen Reifezeit jagen sie Blattläuse und Eintagsfliegen. Zur Paarung koppeln sich die Männchen an ihre Weibchen meist im Flug, aber auch sitzend an und lassen sich auf Gräsern zur Praekopula und zur Bildung des Paarungsrades nieder.

Die Paarung dauert etwa 15 Minuten. Hauptpaarungszeit ist Mitte Juni. Die Eiablage erfolgt im Tandem in teilweise untergetaucht flutende Wasserpflanzen wie Laichkraut (*Potamogeton*), Hornblatt (*Ceratophyllum*), Flutendes Süßgras (*Glyceria fluitans*), Wasserminze (*Mentha*) oder Wasserlinsen (*Lemna*). Während der Eiablage steht das Männchen frei auf dem Weibchen, setzt sich aber gelegentlich auch nieder. Die Weibchen gehen häufig ganz unter Wasser. Die Männchen der Speer-Azurjungfer sind wenig standorttreu. Bei Markierungsversuchen wurden 71 % einer Population abseits der Brutgewässer ständig an kleinen Wasserstellen wechselnd wieder beobachtet. In Skandinavien zeigen die Larven besondere Anpassungen an die kalten Umweltbedingungen. Während die Populationen in Südschweden ein bis zwei Jahre zur Entwicklung benötigen, dauert das Larvenwachstum in Nordschweden drei bis vier Jahre. Die Steuerung der unterschiedlichen Wachstumsgeschwindigkeiten erfolgt durch die Tageslänge. Die Speer-Azurjungfer ist in Deutschland gefährdet.

6. **Sibirische Azurjungfer** (*Coenagrion hylas*)
Diese bei uns ausgestorbene Libelle bevorzugt saubere Zuflüsse nährstoffarmer, kalkreicher Bergseen. Dort lebt sie in Schachtelhalm-Seggen-Sümpfen. Das Verbreitungsgebiet reicht von Sibirien bis Japan. In der Bundesrepublik Deutschland wurde diese Art 1954 bei Inzell (Oberbayern) entdeckt, starb aber nach 1967 aus. Neuere Funde (1976) sind aus Österreich bekannt.

Kennzeichen
♂: Grundfarbe blau mit häufiger dunkler Zeichnung auf der Oberseite des Hinterleibs. Typisch für diese Art sind durchgehende schwarze Streifen an den *Seiten* des Hinterleibs. Die letzten beiden Segmente sind blau.
♀: Fast gleich gefärbt wie das ♂, doch sind die letzten beiden Hinterleibssegmente dunkler als beim ♂.

Biologie
Über die Verhaltensweisen dieser Art ist in der deutschen Literatur nichts bekannt. Sie soll von Juni bis August fliegen.

7. **Mond-Azurjungfer** (*Coenagrion lunulatum*)
Diese seltene sibirische Art lebt vor allem in Nordeuropa und wurde in Holland, Skandinavien, Schottland und Norddeutschland gelegentlich gefunden. Der Lebensraum der Mond-Azurjungfer sind nährstoffarme, anmoorige Tümpel mit ausgeprägter Schwimm- und Tauchblattzone, Heideweiher, gelegentlich auch Tonabbaustellen und Moore. Diese Art ist in der Bundesrepublik stark gefährdet und nur in Norddeutschland noch weiter verbreitet.

Kennzeichen
Abdomenlänge 25—30 mm, typische Coenagrionide.
♂: Blaßblau mit dunkler Hinterleibszeichnung. Typisch ist ein nach unten offener Sichelmond am 2. Hinterleibssegment, der durch zwei seitliche kommaförmige Streifen wie in „Anführungszeichen" gesetzt aussieht.
♀: Der Hinterleib der ♀♀ weist eine blasse, hell olivbraune Grundfarbe auf.

Biologie
Die Fortpflanzungsperiode der Mond-Azurjungfer ist sehr kurz und umfaßt nur etwa zehn Tage zwischen Ende April und Mitte Mai. Die geschlechtsreifen Männchen versammeln sich in niedrigwüchsigen Riedzonen am Rand der Wohngewässer. Nach der Paarung begleiten die Männchen ihre Partnerinnen, die ihre Eier in flutendes Laichkraut (*Potamogeton*), vorzugsweise unter der Wasseroberfläche einstechen. In Mooren werden auch die Stengel des Wollgrases (*Eriophorum*) zur Eiablage angenommen. Viele Paare steigen während der Eiablage ganz unter Wasser und verbleiben dort bis zu einer halben Stunde. Gegen Nachmittag lösen sich die Männchen und sonnen sich gerne an Riedhalmen. Die Nacht verbringen sie abseits der Gewässer.

In Holland fliegt diese seltene Art von Anfang Mai bis Anfang Juli mit einem Maximum Mitte Juni. Offensichtlich wird die Mond-Azurjungfer gelegentlich von der Speer-Azurjungfer (*Coenagrion hastulatum*) verdrängt, wenn beide im Moor gemeinsam auftreten. Die Biologie der Mond-Azurjungfer ist noch sehr unvollständig bekannt.

8. **Helm-Azurjungfer** (*Coenagrion mercuriale*)
Diese Libellenart lebt im westlichen Mittelmeerraum und stößt in seltenen Fällen (warme Sommer) bis in die Schweiz, nach West-Österreich und in den westlichen Rheingraben vor. Ausnahmebeobachtungen wurden aus Holland, England und Schleswig-Holstein gemeldet. Helm-Azurjungfern bewohnen langsam fließende, kalkreiche Wiesenbäche. Da die Bundesrepublik größtenteils außerhalb der Verbreitungsgrenzen liegt, gilt die Art bei uns als vom Aussterben bedroht.

Kennzeichen
Abdomenlänge 22—26 mm.
♂: Kleiner als viele andere Coenagrioniden. Die Grundfarbe ist blau. Das 2. Hinterleibssegment trägt eine typische Zeichnung, die sich gut mit dem geflügelten Helm des altrömischen Gottes Merkur vergleichen läßt.
♀: Meist blau, oft auch gelbgrün, der Hinterleib wirkt wegen der kräftigen schwarzen Zeichnung sehr dunkel.

Biologie
Ende Mai bis Anfang August fliegt diese wärmeliebende Hochsommerart an Wiesenbächen. Über die Praekopula und die Paarung ist nichts bekannt.

Bei der Eiablage begleiten die Männchen ihre Weibchen, die ihre Eier oft unter Wasser in Pflanzen stechen. Die Eiablage wurde des öfteren auf der Berle (*Sium erectum*) beobachtet, die Paare nehmen aber auch andere Pflanzen an. Nach etwa vier bis sechs Wochen schlüpfen die Larven, die nach der herbstlichen Fraßperiode etwa im 8. und 9. Stadium überwintern. In kälteren nördlichen Gebieten kann die Entwicklung zwei Jahre dauern.

Neuere Nachweise sind nur aus dem Westallgäu und vom südlichen Oberrhein bekannt.

9. **Vogel-Azurjungfer** (*Coenagrion ornatum*)

Diese Frühsommerlibelle ist in Südosteuropa zu Hause. Ihre nördliche Verbreitungsgrenze verläuft durch Mittelfranken und Baden-Württemberg, nördlichere Vorkommen sind sehr selten. Die Vogel-Azurjungfer lebt an langsam fließenden, kalkreichen Wiesenbächen und verkrauteten Wiesengräben. Diese Art wurde in den letzten Jahren nur bei Osnabrück (1980) und bei Erlangen (1984) beobachtet. Sie reagiert sehr empfindlich auf Veränderungen ihrer Wohngewässer und gilt deshalb als vom Aussterben bedroht.

Kennzeichen
Abdomenlänge 20—26 mm.
♂: Kräftig gebaut, Grundfarbe hellblau mit schwarzer Hinterleibszeichnung. Die Zeichnung des 2. Hinterleibssegments erinnert an eine Stimmgabel.
♀: Die Grundfarbe des Hinterleibs variiert von hellblau bis gelbgrün. Die dunkle Zeichnung bedeckt fast den gesamten Hinterleib.

Biologie
Ende Mai bis Mitte Juli fliegen die Imagines. Gegen Mittag ergreifen die Männchen die im Ufergras der Gräben sitzenden Weibchen. Schon in Tandemhaltung füllt das Männchen sein Kopulationsorgan mit Sperma. Nach Auflösung des Paarungsrades fliegen die Ketten in das Pflanzengewirr, wo die Weibchen ihre Eier bevorzugt in Stengel der Berle (*Sium erectum*) unterhalb der Wasseroberfläche einstechen. Während der Eiablage wechselt das Paar häufig den Legeplatz. Bevorzugt werden sonnige Plätze. Das weibliche Tier taucht bei der Eiablage nie unter; benetzt Wasser den Brustabschnitt und die Flügel, fliegt das Paar auf und sucht einen anderen Legeplatz. Über Ei- und Larvenentwicklung ist nichts bekannt.

10. **Hufeisen-Azurjungfer** (*Coenagrion puella*)

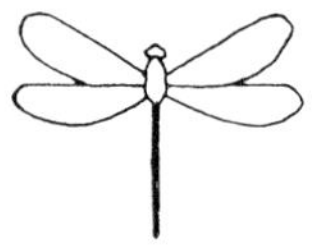

Die Art ist eine der häufigsten Libellen an stehenden und langsam fließenden Gewässern mit reicher Krautschicht und an Wasserflächen mit flutenden Schwimmpflanzen. Sie ist von Mittelschweden bis Nordafrika , im Osten bis nach Kleinasien weit verbreitet. Sie ist auch in England und auf den Nordseeinseln zu finden.

Kennzeichen
Abdomenlänge 23—30 mm.
♂: Hellblau mit geringer Schwarzfärbung auf dem Hinterleib. Typisch ist eine nach vorne offene rechtwinklige „Hufeisen“-Zeichnung auf dem 2. Hinterleibsring. (Variationen der Hinterleibszeichnungen siehe Bestimmungsschlüssel).

♀: Grundfärbung mehr grüngelb bis braungelb. Die Hinterleibszeichnungen deutlich dunkler und großflächiger als beim ♂.

Paarungsrad der Hufeisen-Azurjungfer (Coenagrion puella).

Biologie

Anfang Mai schlüpfen die Imagines am frühen Morgen. Ihre Lebensdauer beträgt zwar nur rund vier Wochen, doch ist die Art durch zeitlich versetztes Schlüpfen bis Ende August an Teichen zu finden. Rund fünf Tage streunen die Tiere nach dem Schlüpfen in der Krautschicht umher, wo sie nachts oft in geselligen Verbänden schlafen. Die geschlechtsreifen Männchen füllen *vor* der Partnersuche ihre Samentaschen, bevor sie ab etwa neun Uhr morgens sitzende Weibchen mit den Hinterleibszangen ergreifen und die etwa 15 Minuten dauernde Paarung vollziehen. Unmittelbar danach suchen die Paare offene Wasserflächen auf und lassen sich auf Pflanzenspitzen nahe dem Wasserspiegel nieder. Bis zum Nachmittag legen die Tiere meist gesellig ab. Die Eier werden in viele Wasserpflanzenarten eingestochen: Typisch sind Tausendblatt (*Myriophyllum*), Laichkraut (*Potamogeton*) und Seerosenblätter (*Nymphaea*). Die Männchen begleiten ihre Weibchen stets bei der Eiablage und stehen auf ihnen wie „Wachttürme". Sinn dieses Begleitverhaltens ist die Blockierung der weiblichen Halsregion gegenüber anderen paarungswilligen Männchen. Eierlegende Hufeisen-Azurjungfern tauchen im Gegensatz zu vielen anderen Azurjungfernarten nie unter. Die Eier entwickeln sich innerhalb von zwei bis fünf Wochen. Die Larven überwintern im Wasser. Zur Nahrungsaufnahme bewegen sie sich träge am Grund der Teiche und lauern auf Beute. Die Verwandlung zum Fluginsekt erfolgt im nächsten Frühsommer an Binsen- oder Schwertlilienstengeln etwa 10 bis 30 Zentimeter über der Wasseroberfläche. Die „Geburt" dauert je nach Witterung rund zwei Stunden. Das Geschlechtsverhältnis der Larven ist ausgeglichen, bei den Imagines überwiegen dagegen meist die Männchen.

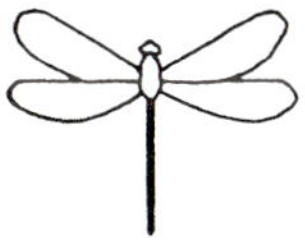

11. **Fledermaus-Azurjungfer** (*Coenagrion pulchellum*)

Die Fledermaus-Azurjungfer gehört zu den häufigsten Kleinlibellen. Sie kommt in ganz Europa vor und fehlt nur im äußersten Norden. Diese schlankste aller Azurjungfern zeigt sich wenig wählerisch in ihrem Habitat-Anspruch, solange die Gewässer sauber sind. Sie besiedelt Tümpel und Teiche ebenso wie Seen, Wiesenbäche und Gräben sowie Flachmoore. Besonders häufig ist sie an Teichen, die mit Seerosen bewachsen sind. Wegen ihres geringen Anspruchs an die Wohngewässer, wohl aber an deren Reichtum an Schwimmpflanzen, ist die Art nicht gefährdet und gilt noch als häufig. Allerdings liegen aus Hessen, dem Saarland und Rheinland-Pfalz auffallend wenige Nachweise vor.

Kennzeichen

Abdomenlänge 25—30 mm.

♂: Die Grundfarbe ist blau. Auf der Oberseite des Hinterleibs sind die ♂♂ sehr dunkel gezeichnet. Das bei den Azurjungfern oft so typisch gezeichnete 2. Hinterleibssegment weist eine stilisierte „Fledermaus" auf. Allerdings kann dieses Kennzeichen stark variieren (vgl. Bestimmungsschlüssel).

♀: Die ♀♀ ähneln den ♂♂, sind aber meist grün oder blaugrün gefärbt. Gelegentlich wirkt der Hinterleib bläulich. Variationen in der Färbung des Hinterleibs sind im Bestimmungsschlüssel dargestellt. Es treten aber auch Farbvariationen auf, die noch der Klärung durch Spezialisten bedürfen. Einzig sicheres Bestimmungsmerkmal ist derzeit der zweifach eckig ausgebuchtete Hinterrand der Vorderbrust (vgl. Bestimmungsschlüssel).

Biologie

Die Fledermaus-Azurjungfer fliegt den ganzen Sommer über an stehenden Gewässern aller Art. Sie lebt an krautigen Teichen und kleinen Seen, an Wiesengräben, in Torfmooren und ist oft die erste Libelle in frisch angelegten Feuchtbiotopen, sofern Schwimmpflanzen vorhanden sind. Nach dem Schlüpfen an warmen Maitagen streunen die Männchen durch die Ufervegetation und sitzen an sonnigen Uferrainen, Böschungen, in Schilfgürteln und auf Uferdämmen. Wer Anfang Mai über die Uferdämme von Weihern und Teichen wandert, findet überall auffliegende Fledermaus-Azurjungfern.

Nach etwa zwei Wochen Reifezeit suchen die Männchen nach Weibchen. Die Paarung beginnt gegen Mittag. Die Männchen verfolgen die Weibchen im Flug, landen auf deren Thorax (Brustabschnitt) und zwingen die ausgewählte Partnerin zur Landung. Das Männchen öffnet die Flügel, um sein Gleichgewicht zu bewahren, krümmt den Hinterleib, steckt ihn zwischen den Beinen durch und erfaßt den Nacken (= Prothorax) der Partnerin mit den Hinterleibszangen. Danach sitzen die Paare oft längere Zeit unbeweglich in Tandemstellung oder fliegen ein Stück. Kurz darauf wird das Paarungsrad gebildet, in dem die Tiere etwa 15 Minuten verbleiben. Nach dem Lösen des Rades fliegen sie im Tandem unter der Führung des Männchens gezielt zum Wasser. Die Paare suchen gerne windgeschützte, sonnige Buchten auf, wo sie sich auf Wasserpflanzen niederlassen. Bevorzugt werden Plätze, an denen schon andere Paare ablegen, meist sind es aus dem Wasser ragende Pflanzen wie Wasserminze (*Mentha*), Laichkraut (*Potamogeton*), Froschbiß (*Hydrocharis*), Wasserlinsen (*Lemna*) oder Seerosen (*Nymphaea*). Während das Männchen senkrecht auf der Vorderbrust des Weibchens steht, beginnt dieses sofort mit der Eiablage. Bei Wind halten sich die Männchen an Wasserpflanzen fest, um nicht „umgeworfen" zu werden. Die Eier werden seitlich in Wasserpflanzen eingestochen, und zwar stets in unter Wasser liegende Teile, nie in trockene Stengel.

Zwei Paare der Fledermaus-Azurjungfer (Coenagrion pulchellum) bei der Eiablage.

Gelegentlich steigen die Weibchen während der Eiablage, Eiloge um Eiloge einstechend, rückwärts unter Wasser. Manchmal folgen auch die männlichen Tiere. Das Paar kann bis zu 30 Minuten unter Wasser verbleiben. Während einer Legephase sticht ein Weibchen pro Minute etwa zwei bis drei Eier ein, insgesamt etwa 80 Eier pro Ort. Nach einer Legeperiode sitzt das Paar oft minutenlang regungslos in der Sonne und trocknet sich. Danach trennt sich das Paar.

Untersucht man solche bevorzugten Eiablageplätze, finden sich die Eier in konzentrischen Kreisen unter einem Seerosenblatt oder in Reihen auf Pflanzenstengeln. Man konnte schon bis zu 2 500 orangefarbene Einstichlöcher mit Eiern zählen, die aber sicher von mehreren Weibchen stammten.

Vier bis sechs Wochen nach der Eiablage entwickeln sich aus den Eiern Vorlarven (Prolarven), die aus den Einstichlöchern ins freie Wasser schlüpfen. Wenige Minuten später häutet sich die Vorlarve und entläßt das erste Larvenstadium. Im Frühjahr des folgenden Jahres sind die Larven schlupfbereit, nachdem sie etwa neun verschiedene Stadien durchlaufen haben. Sie halten sich zwischen abgestorbenen Pflanzenresten auf, um sich dann an den ersten Wasserpflanzen des Frühjahrs dicht über der Wasseroberfläche zum letzten Mal zur flugfähigen Libelle zu häuten. Rund zwei Stunden nach der Geburt ist die neue Generation bereit zum Abflug.

Obwohl die Fledermaus-Azurjungfern sehr zarte Tiere sind, müssen sie als aggressiv und konkurrenzstark gelten. Man beobachtete, daß diese Art die nah verwandte Hufeisen-Azurjungfer (*Coenagrion puella*) verdrängen kann, indem die Männchen paarungsbereite Weibchen der Konkurrenzart vertreiben. Auch die Männchen der beiden Arten liefern sich an einem Seeufer oft Flugkämpfe um die besten Sitzplätze. Probleme, die sich aus der Konkurrenz zwischen nah verwandten Arten ergeben, werden im Kapitel 7 (Paarung) näher besprochen.

12. **Gabel-Azurjungfer** (*Coenagrion scitulum*)
Die Gabel-Azurjungfer, eine sehr kleine Schlanklibelle, gehört zu den mediterranen Arten. In der Bundesrepublik ist diese Libelle sehr selten und wurde als Vermehrungsgast bisher nur vereinzelt in Südwestdeutschland beobachtet. Die letzten belegten Funde stammen aus dem Freiburger Raum. Die Art lebt an nährstoffreichen Teichen und langsam fließenden Wasserläufen mit flutenden Wasserpflanzen. Weil sie bei uns nur gelegentlich erscheint, ist die Gabel-Azurjungfer als potentiell gefährdet eingestuft.

Kennzeichen
Abdomenlänge 22—26 mm.
♂: Der Hinterleib ist blau gefärbt, wirkt aber wegen der reichen oberseitigen Zeichnung sehr dunkel. Die Zeichnung des 2. Hinterleibssegments erinnert an ein „W“, darf aber nicht mit derjenigen von *C. ornatum* oder *C. hylas* verwechselt werden. Außerdem kommen sehr stark abweichende Farbtypen vor (siehe Bestimmungsschlüssel). Die Hinterleibsanhänge wirken auffällig dünn, ihre äußeren Teile sind dünn schwarz gefärbt und schwach bogenförmig.
♀: Sicherstes Bestimmungskriterium ist die mittlere „Nase“ des Halsschildes, der aber Ähnlichkeiten mit *C. mercuriale* und *C. pulchellum* aufweist. Bestimmungen sollten in jedem Fall von Spezialisten überprüft werden!

Biologie
Über die Biologie von *C. scitulum* ist wenig bekannt. Diese sehr kleine Schlanklibelle fliegt im Juni an nährstoffreichen Teichen. Bevorzugter Aufenthaltsort ist die Schwimmblattzone der Teiche. Die Eiablage erfolgt nach bisherigen Beobachtungen in Tausendblatt (*Myriophyllum*), wobei das Männchen sein Weibchen begleitet.

13. **Becher-Azurjungfer** (*Enallagma cyathigerum*)
Die Becher-Azurjungfer ist sicher die häufigste Schlanklibelle in Europa. Diese etwas gedrungen wirkende Libelle besiedelt alle Arten von Gewässern, sofern flutende Wasserpflanzen oder Algenwatten vorhanden sind. Das Verbreitungsgebiet reicht vom Nordkap bis zum Mittelmeer. Sogar in Kanada kommt diese Art vor. Die Becher-Azurjungfer gilt als Ubiquist und ist in keiner Weise gefährdet.

Kennzeichen
Abdomenlänge 24—28 mm.
♂: Die ♂♂ sind auf dem ganzen Körper azurblau mit geringer dunkler Zeichnung. Die dunklen Zeichnungen auf den ersten fünf Hinterleibssegmenten erinnern an das Symbol „Pique“ des französischen Kartenspiels. Die Augen sind blau.
♀: Die Brustzeichnung ausgefärbter ♀♀ gleicht der des ♂. Die Augen sind grünlich. Ab dem 3. Hinterleibssegment wirken die ♀♀ blaßrosa bis blaßbraun. Die oben auf dem Hinterleib liegenden schwarzen Zeichnungen bilden eine Längsbinde mit seitlichen Buchten.

Biologie

Die Fortpflanzungsbiologie der Becher-Azurjungfer weicht in vielen Punkten von dem typischen Verhalten der übrigen Schlanklibellen ab: Von Anfang April bis Mitte September fliegen diese Libellen. Das ist außergewöhnlich lange. Die Imagines übernachten in hohen Gräsern in der Nähe ihrer Wohngewässer. Sie pressen nachts den Körper fest an den Halm (meistens waagerecht) und sind kaum zu sehen. Gegen Morgen sitzen sie in Schräghaltung und sonnen sich. Mit dem Erreichen der Geschlechtsreife fliegen die Männchen zum Wasser. Dicht über dem Wasserspiegel streichen sie dahin und suchen wenige Zentimeter aus dem Wasser ragende Pflanzen auf. Der Flug ist geradlinig und langsam, oft stehen die Tiere sekundenlang in der Luft. Mit dem Erreichen der Geschlechtsreife reagieren die Männchen aggressiv aufeinander, die frontal geflogenen Luftkämpfe wirken aber wenig heftig und enden meist schnell mit dem Absetzen an Wasserpflanzen. Becher-Azurjungfern verteidigen keine Reviere. Wahrscheinlich dient das frontale Aufeinanderfliegen der Geschlechtererkennung. Handelt es sich bei dem Flugpartner gegenüber um ein Weibchen, stößt das Männchen blitzartig zu und erfaßt es mit den Beinen am Thorax. Beide fallen auf schwimmende Blätter oder aufs Wasser, wo das Männchen schnell seine Hinterleibszangen einsetzt und die Partnerin im Tandem davonzieht. Gelegentlich beobachtete man den Blitzangriff auch auf ein sitzendes Weibchen. Die Auffüllung der männlichen Samentasche dauert nur fünf Minuten. Kurz darauf leitet das Männchen mit einigen Flügelschlägen und Auf- und Abbewegungen des Abdomens die Paarung ein. Diese läuft in drei Phasen ab:

a) Während das männliche Abdomen hoch aufgewölbt ist, entfernt das Tier mit rhythmischen Hinterleibsbewegungen das Samenpaket des Vorgängers aus der weiblichen Samentasche. Dieser Vorgang dauert etwa 10 bis 20 Minuten.

b) In der 2. Phase füllt das Männchen das weibliche Genitalorgan mit seinem eigenen Samenpaket. Die Bewegungen des Hinterleibs sehen wie Pumpbewegungen aus und dauern etwa zwei Minuten.

c) Es folgt eine Ruhepause, die etwa vier bis fünf Minuten dauert. Nach der Paarung löst das Weibchen das Rad und zwingt das Männchen zum Auffliegen.

Männchen der Becher-Azurjungfer (Enallagma cyathigerum).

Dicht über dem Wasserspiegel fliegend sucht das Paar niedrige Pflanzen, wie die Blütenstengel von Laichkraut (*Potamogeton*), Wasserschlauch (*Utricularia*) und andere Schwimmpflanzen auf. Das Weibchen beginnt sofort mit der Eiablage direkt am Wasserspiegel und steigt schnell abwärts. Bei Wasserkontakt löst das Männchen seine Haltezangen und bewacht den Legeplatz, während das Weibchen kopfüber an den Pflanzen unter Wasser steigt. Bis zu einer halben Stunde patrouilliert das Männchen über der betreffenden Stelle. Eierlegende Weibchen können sich bis zu 90 Minuten unter Wasser aufhalten, ohne Schaden zu nehmen. Auftauchende Weibchen werden wieder ergriffen und zu einer neuen Legestelle geführt. Gelegentlich wurden auch Eiablagen in Tandemstellung an der Wasseroberfläche beobachtet. Die Weibchen werden beim Auftauchen häufig Opfer von Wasserläufern (Gerridae) oder Fröschen.

Die Larven entwickeln sich bis zum Frühjahr im Gewirr der flutenden Wasserpflanzen. Sie überwintern meist im vorletzten Larvenstadium. Zum Schlupf klettern sie an Uferpflanzen empor, oft auch an Pflanzen, die einige Meter landeinwärts wachsen. In England lag 1966 das Maximum der reifen Männchen Mitte Juni und Mitte Juli. Diese Beobachtung spricht dafür, daß Becher-Azurjungfern zeitlich weit gestreut schlüpfen, um das Risiko von schädlichen Schlechtwetterperioden zu verkleinern (Risikostreuung). Die Lebensdauer der Männchen liegt im Mittel bei rund zwölf Tagen, kann aber bei schönem Wetter bis zu 39 Tage betragen.

14. **Großes Granatauge** (*Erythromma najas*)

Das Große Granatauge ist eine Charakterlibelle von Seerosenteichen, genauer gesagt, von nährstoffarmen Gewässern mit ausgeprägter Schwimmblattzone, vor allem mit Seerosen (*Nymphaea alba*) und Gelber Teichrose (*Nuphar lutea*). Die Wohngewässer können neu angelegte Teiche im 3.—5. Sukzessionsjahr sein sowie ruhig oder kaum fließende Altarme sauberer Flüsse. Das Verbreitungsgebiet dieser Art reicht von Nordeuropa bis zum nördlichen Teil Italiens, Frankreichs und Griechenlands. Die Art gilt noch als häufig, könnte aber wegen des zunehmend geringer werdenden Angebots von Schwimmblattzonen in den heute meist intensiv genutzten Teichanlagen und infolge der Abnahme ungestörter Altarme seltener werden.

Kennzeichen

Abdomenlänge 25—30 mm.

♂: Die Augen alter ♂♂ sind auffallend rot bis rotbraun. Der gesamte Körper ist oben pflaumenblau, und die Brust ist oben dunkel bis schwarz. Das 9. und 10. Segment ist von oben gesehen hellblau.

♀: Die Augen sind grünlich, der Hinterleib wirkt seitlich blaßblau, oben einheitlich dunkel. Junge Tiere lassen sich nur an den Hinterleibsanhängen (♂) und der dreieckigen Hinterseite der Vorderbrust (♀) sicher bestimmen (vgl. Bestimmungsschlüssel).

Biologie

Von Anfang Juni bis Ende August fliegen die Imagines über den Schwimmblattzonen von Teichen, Seen und Flußarmen. Der griechische Gattungsname *Erythromma* weist auf die auffällig roten Augen hin, die schon im Fernglas eine sichere Bestimmung und Beobachtung zulassen. Die Artbezeichnung *najas* (= Göttin der Flüsse) bezeichnet zutreffend die Habitate dieser Libelle. Die Männchen sind ausgezeichnete Flieger. Sie unterscheiden sich durch ihren

schnellen, ruckartigen Flug von allen übrigen Kleinlibellen und vergreifen sich häufig an Köcherfliegen, besonders auch an Schlankjungfern, die den Lebensraum mit ihnen teilen. Die auffallend kräftigen Tiere streiten sich nach Erreichen der Geschlechtsreife häufig mit Artgenossen um Sitzplätze dicht über der Wasseroberfläche. Solche bevorzugten Sitzplätze sind Seerosenblätter und Laichkrautstengel, auf denen sie meist waagerecht ruhen. Ob Granataugen Reviere verteidigen, ist noch unklar. Wahrscheinlich bewirken die Kämpfe der Männchen nur eine gleichmäßige Verteilung über die Schwimmblattzone, wo sie die Weibchen zur Paarung erwarten. Entdeckt ein Männchen ein sitzendes Weibchen, vollführt es einen Flugtanz. Vorwärtsschießende Flugbewegungen und rückwärts geflogene „Achten" sind dabei charakteristische Elemente. Bleibt das Weibchen sitzen, landet das Männchen auf dessen Rücken, füllt seine Samentasche und setzt danach die Hinterleibszangen hinter der Vorderbrust des Weibchens ein. Meist fliegt das Tandem ein Stück, bis es sich an einem Stengel absetzt und die 15 Minuten dauernde Paarung vollzieht. Danach fliegt das Paar zur Eiablage. Gelegentlich wurde beobachtet, daß paarungswillige Männchen Weibchen auch in der Luft ergreifen und zur Landung zwingen. Die Paarung findet meist Anfang Juni zwischen 11 und 14 Uhr statt.

Dieses Männchen des Kleinen Granatauges (Erythromma viridulum) sitzt auf Algenwatten.

Die Eiablage erfolgt in die Stengel von Schwimmpflanzen wie Gelbe Teichrose (*Nuphar*), Weiße Seerose (*Nymphaea*), Laichkraut (*Potamogeton*) und Froschlöffel (*Alisma*). Auf Schwimmblättern sitzende Paare laufen soweit rückwärts, bis das Weibchen mit dem Legeapparat Wasserkontakt hat. Dann steigt das Paar rückwärts langsam unter Wasser, wobei das Weibchen die Eier in die Pflanzenstengel sticht. Das regungslos sitzende Männchen wird mit unter Wasser gezogen. Eierlegende Paare klettern oft 50 bis 70 Zentimeter unter Wasser und können dort mit der zwischen den Körperborsten haftenden Luftblase bis zu 40 Minuten verbleiben. Dann läßt das Paar den Stengel los und schwimmt, vom Auftrieb emporgetragen, an die Wasseroberfläche. Nach kurzem Trocknen der Flügel beginnt ein neuer Legezyklus nach dem gleichen Muster. Die Eiablagestellen kennzeichnet eine mehr oder weniger gleichmäßige Zickzacklinie.

Die Entwicklung der Eier dauert vier bis sechs Wochen, je nach Wassertemperatur. Die Larven fressen und erreichen noch vor dem Winter das vierte bis sechste Entwicklungsstadium. Im Frühjahr finden sich die Larven zwischen halbverfaulten Pflanzenteilen versteckt am Grunde von Teichen oder in Altarmen schwach strömender Flüsse. Ab Mitte Mai steigen die Larven auf und halten sich zwischen Wasserpflanzen versteckt, den Hinterleib fest an das Substrat gepreßt.

An warmen Maitagen klettern die Larven frühmorgens an dünnen Stengeln etwa fünf Zentimeter aus dem Wasser und verankern ihre Krallen. Das Schlüpfen der Imagines dauert je nach der Temperatur zwei bis drei Stunden.

Das Große Granatauge ist derzeit bei uns nicht gefährdet. Wegen der starken Bindung dieser Art an Schwimmpflanzen, besonders an die Gelbe Teichrose, gerät diese Libelle jedoch angesichts intensiv genutzter Fischteiche und von Anglern stark frequentierter Altarme zunehmend in Bedrängnis.

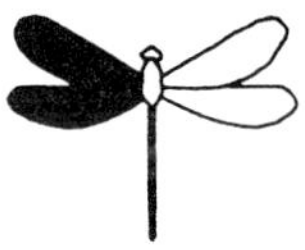

15. **Kleines Granatauge** (*Erythromma viridulum*)
Hauptverbreitungsgebiet des Kleinen Granatauges ist das Mittelmeergebiet. In Südwestdeutschland tritt es lokal häufig auf und breitet sich seit einigen Jahren nordwärts aus. So kommt diese Art zum Beispiel recht zahlreich an den Teichen des Botanischen Gartens in Bonn vor. Aus Schleswig-Holstein liegen nur Einzelfunde vor. Der Lebensraum sind nährstoffreiche Teiche und Altwasser mit reichem Schwimmblattgürtel. Die Art ist gefährdet.

Kennzeichen
Hinterleibslänge 24—25 mm.
♂: Ähnlich wie das Große Granatauge. Ein sicheres Unterscheidungsmerkmal ist die schwarze, x-förmige Zeichnung auf dem *letzten* Hinterleibsring.
♀: Hinterleibsseiten hell grüngelb, die der letzten beiden Hinterleibsringe grünlichblau. Oberseite dunkel, etwas bronzefarben glänzend.

Biologie
Das Kleine Granatauge fliegt bei uns von Mitte Juni bis Mitte September an Teichen und Altarmen mit Schwimmblättern. Die Imagines dieser Art zeigen in ihrem Verhalten einige Besonderheiten gegenüber den übrigen Familienmitgliedern. Die Larven leben in der Krautschicht stehender Gewässer. Beim Schlüpfen klettern sie nicht an senkrechten Halmen empor, wie bei Schlanklibellen üblich, sondern steigen auf die waagerechte Oberfläche von Schwimmblättern. Die Verwandlung erfolgt also waagerecht, ähnlich wie bei den Flußlibellen (Gomphidae). Ruhende Tiere sitzen gerne an kleinen, aus dem Wasser ragenden Stengeln

und halten dabei ihre Flügel nicht geschlossen wie andere Coenagrioniden, sondern halb geöffnet, wie es die Binsenjungfern (Lestidae) tun. Die Eiablage erfolgt meistens in knapp unter dem Wasser befindliche Stengel des Rauhen Hornblattes (*Ceratophyllum demersum*). Während der Eiablage richten sich die meist vor den Weibchen sitzenden Männchen auf und stehen in einem Winkel von 45° halb aufgerichtet flügelschlagend auf deren Prothoraxrand, ähnlich wie Adonislibellen das tun. Die mehr oder weniger rechtwinklig abstehende Position, wie sie bei Coenagrioniden sonst üblich ist, kommt kaum vor. Über die Ei- und Larvenentwicklung liegen bisher wenig konkrete Aussagen vor.

Das Kleine Granatauge ist sicher häufiger als bisher angenommen. Die Art wird vermutlich oft übersehen oder mit der Schwesterart verwechselt.

16. **Große Pechlibelle** (*Ischnura elegans*)

Diese kleine Libellenart ist an stehenden bis langsam fließenden Gewässern mit reicher Vegetation überall häufig zu finden. Sie ist von Skandinavien bis zum Mittelmeer verbreitet.

Kennzeichen

Abdomenlänge 21—25 mm.

♂: Unverwechselbar: Kopf oben schwarz mit je einem kreisrunden Fleck neben den Augen. Der Hinterleib ist schwarz, das 8. Segment umgibt ein hellblauer Ring. Junge ♂♂ haben einige Tage nach dem Schlüpfen eine violett-graublaue Brust.

♀: Die ♀♀ sind schwieriger zu erkennen. Sie treten in mehreren Farbvarianten auf:

a) Der Brustabschnitt (Thorax) ist violett oder grün und wird später blau. Das 8. Hinterleibssegment wird bräunlich.
b) Der Brustabschnitt ist bei jungen Tieren rosa-orange gefärbt und wird später dunkler und matter braun.
c) Der Brustabschnitt ist anfangs violett, nach einigen Tagen verfärbt sich das ♀ und sieht dann ebenso aus wie das ♂.

Männchen der Gemeinen Pechlibelle (Ischnura elegans).

Biologie

Nach dem Schlüpfen bleiben die Libellen am Brutgewässer und verstecken sich, den Körper dicht an die Halme gepreßt. Unter 15° C Lufttemperatur findet kaum Flugaktivität statt. Oft übernachten die Männchen gesellig.

Etwa fünf Tage nach dem Schlupf fliegen die geschlechtsreifen Männchen früh am Morgen zum freieren Wasser und besetzen dort aus dem Wasser ragende Halme. In Luftkämpfen mit Konkurrenten teilen sie diese Sitzplätze untereinander auf und erwarten als „dichtes Männchennetz" die ankommenden Weibchen. Anfliegende Weibchen werden spontan ergriffen, die Tandems setzen sich abseits in der Vegetationszone ab. Nach der wenige Minuten dauernden Praekopula bildet sich das Paarungsrad. Pechlibellen sitzen oft drei bis fünf Stunden im Paarungsrad am Halm. Nach dessen Auflösung fliegen die Weibchen allein zur Eiablage, die meist versteckt im Gewirr krautiger Wasserpflanzen direkt an der Wasseroberfläche erfolgt. Oft legen die Weibchen bis in die Nacht hinein ab. Die typische Eiablagepflanze ist das Tausendblatt (*Myriophyllum*). Aus den Eiern entwickeln sich in wenigen Wochen Larven, die zwischen den Wasserpflanzen heranwachsen und als ausgewachsene Larven überwintern. In warmen Sommern oder in warmen Gegenden (etwa in Südfrankreich) entstehen zwei bis drei Generationen pro Jahr. Die Larven können sich sogar in sauren Moorgewässern oder im Brackwasser meernaher Lagunen entwickeln. Diese Art ist von Anfang Mai bis Ende September überall zu beobachten und in ihrem Bestand nicht gefährdet.

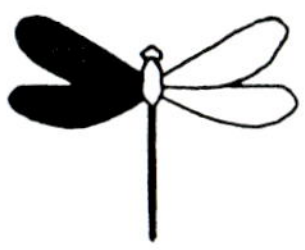

17. **Kleine Pechlibelle** (*Ischnura pumilio*)
Diese nach der Zwerglibelle kleinste heimische Art ist über ganz Mitteleuropa mit Ausnahme des Nordens verbreitet. Sie bewohnt flache Tümpel mit reicher Vegetation und Wiesengräben. Sie gilt auch als Erstbesiedler lehmiger Kleinsttümpel in Tonabbaustellen oder Kiesgruben und kommt oft zusammen mit der Blaugrünen Mosaikjungfer (*Aeshna cyanea*) vor. Wegen ihrer Störungsempfindlichkeit gilt die Art als gefährdet.

Kleine Pechlibelle (Ischnura pumilio). Das Weibchen gehört zur rosa-orangefarbenen Variante.

Kennzeichen
Abdomenlänge 22—25 mm.

♂: Sehr ähnlich der Großen Pechlibelle, aber mit anderer Färbung der letzten Hinterleibssegmente:
I. pumilio: 8. Segment nur zu einem Drittel blau, 9. Segment ganz blau.
I. elegans: 8. Segment ganz blau, 9. Segment schwarz.

♀: Auffallende, fast dreieckige Hinterhauptsflecken, Farbvarianten wie bei *I. elegans*.

Biologie
Kleine Pechlibellen tauchen gelegentlich an Kleinsttümpeln oder in Kiesgruben auf, brüten einige Jahre und verschwinden wieder. So entdeckten Studenten 1984 große Populationen in Kiesgruben nahe Erlangen. Diese Art fliegt von Mitte Mai bis September und scheint weit in der Landschaft umherzustreunen. Die Männchen jagen dicht über dem Wasser nach Fliegen und anderen Insekten. Nach erfolgreicher Jagd lassen sie sich an Halmen zum Fraß nieder.

Die Paarung dauert wie bei *Ischnura elegans* drei bis vier Stunden, wobei die Tiere tief in der Vegetation verborgen sitzen. Am späten Nachmittag trennen sich die Paare, das Weibchen fliegt *allein* zur Eiablage, die dicht über dem Wasserspiegel in Stengeln von Binsen oder Teichrosen erfolgt. Legende Weibchen steigen gelegentlich ganz unter Wasser und versenken an einer Legestelle 120 bis 140 Eier in das Pflanzengewebe. Vier Wochen nach der Eiablage schlüpfen die sehr aktiven Larven und entwickeln sich zwischen den Unterwasserpflanzen. Die gesamte Larvenentwicklung dauert bis zum nächsten Mai, dann schlüpfen am Vormittag die Imagines dicht über der Wasseroberfläche. Die winzigen Kleinen Pechlibellen werden häufig übersehen. An kleinen Tümpeln, die oft zufällig von Menschenhand entstanden sind (Tonabbau, Kiesgruben) und von Wasserpflanzen wie Rohrkolben (*Typha*) besiedelt wurden, lohnt sich eine gründliche Suche. Besonders auffällig sind die lachsrosa leuchtenden Farbvarianten der jungen Weibchen. Wichtig für den Schutz von *Ischnura pumilio* sind die Sicherung der unregelmäßig in der Landschaft verstreuten Kleinstgewässer und der Verzicht auf die Renaturierung von Kiesgruben.

Kopf einer Großlibelle. Die riesigen Komplexaugen umfassen den Kopf wie eine »Superbrille« und ermöglichen den Tieren eine fast lückenlose Rundumsicht.

18. **Zwerglibelle** (*Nehalennia speciosa*)

Die Zwerglibelle ist Europas kleinste und seltenste Libelle. Wenige Nachweise stammen aus Italien, Deutschland, der Schweiz, Frankreich, Belgien, Holland und Finnland. In Deutschland wurde diese Art lediglich in Oberbayern und im Bodenseegebiet gefunden. Bevorzugte Lebensräume sind dicht zugewachsene Seggensümpfe und Schachtelhalmteiche.

Kennzeichen

Abdomenlänge 19,5—25 mm. Flügellänge nur 12—15 mm.

♂: Oberseite metallisch grün, ähnlich einer Binsenjungfer. Brust- und Hinterleibsseiten hellgelb.

♀: Sehr ähnlich dem ♂.

Biologie

Die Imagines leben sehr versteckt in dichter Vegetation. Im Flug wirken sie unbeholfen, sie fliegen stets durch die Vegetation dicht über dem Wasser. Einander begegnende Männchen führen einen wellenartigen Flugtanz auf. Nach dem Ergreifen eines Weibchens füllt das Männchen sein Kopulationsorgan etwa 40 Minuten lang. Die sich anschließende Paarung dauert etwa drei Stunden. Nach der Paarung, die das Männchen oft mit heftigen Hinterleibsschlägen beendet, legt das Weibchen allein die Eier in Seggen (*Carex*).

Die Zwerglibelle fliegt von Mitte Juli bis Ende August. Diese kleine Art wurde bisher wegen ihrer unauffälligen Lebensweise sicher oft übersehen. Bei Verdacht auf ein Vorkommen sollten Spezialisten benachrichtigt und bei Nachweis der Biotop umgehend geschützt werden. Der letzte bayerische Fundort wurde durch unbedachte Baumaßnahmen zerstört. Diese Art ist vom Aussterben bedroht.

19. **Frühe Adonislibelle** (*Pyrrhosoma nymphula*)

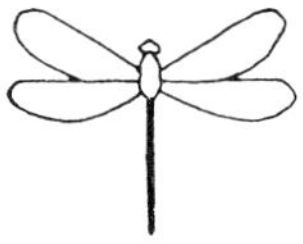

Diese auffallend rot gefärbte Kleinlibelle ist in ganz Mitteleuropa verbreitet. Sie besiedelt vorzugsweise Wiesengräben, deren Oberfläche mit Wasserlinsen (*Lemna*) überzogen ist. Als euryöke Art (Art mit geringem Habitatanspruch) lebt sie auch an nährstoffreichen Teichen sowie an Kolken von Hochmooren. Die Frühe Adonislibelle ist überall häufig und nicht gefährdet.

Kennzeichen

Abdomenlänge 26—30 mm.

Neben *Ceriagrion tenellum* die einzige Kleinlibelle mit leuchtend rotem Körper. Unterscheidungsmerkmale:

Bei *C. tenellum* ist das Flügelmal rotbraun, die Beine sind rötlich.

Bei *P. nymphula* sind Flügelmal und Beine schwarz.

♂: Gesamter Körper rot, nur die letzten Hinterleibsringe dunkel.

♀: Ebenso, oberseits auf dem Abdomen dunkle Zeichnung.

Biologie

Die Frühe Adonislibelle ist eine der ersten Libellen des Frühjahrs. Schon ab Anfang Mai fliegen die ersten Imagines und sind bis in den August hinein zu beobachten. Die Libellen sind auffallend flugunlustig, sie sitzen meist mit leicht geöffneten Flügeln in der Ufervegetation.

Die Paare bilden sich früher am Tag als bei allen anderen Schlanklibellen. Schon ab 7 Uhr morgens ergreifen die Männchen die Weibchen im Flug und koppeln sich an. Zu der nur 15 Minuten dauernden Paarung setzen sich die Räder in der Vegetation ab. Die Flügel des Männchens sind dabei stets spitzwinkelig geöffnet, die der Partnerin fest zusammengeklappt. Nach der Paarung fliegen die Ketten dicht über dem Gewässer und suchen aus dem Wasser ragende Pflanzen oder Schwimmpflanzen auf.

Die Körperhaltungen der Adonislibelle während des Legevorganges sind variabel und lassen sich keinem „Legetyp" so recht zuordnen. Sie legen manchmal nach Ceonagrioniden-Art, wobei das Männchen wie ein Wachtturm senkrecht auf der Brust des Weibchens steht, verhalten sich manchmal aber auch wie die Lestiden (Binsenjungfern), die während der Eiablage senkrecht an Halmen sitzen. Das Eierlegen beginnt morgens ab 10 Uhr und dauert etwa vier Stunden. Die Weibchen bohren ihre Eier in Schlangenlinien in die Pflanzenstengel und steigen während der Eiablage auch zusammen mit dem Partner unter die Wasseroberfläche. An solchen Stellen fand man schon 600 Einstichstellen an einem einzigen Stengel, wozu die Tiere rund eine Stunde benötigten. Bevorzugte Pflanzen zum Versenken der Eier sind Wasserminze (*Mentha aquatica*), Flammender Hahnenfuß (*Ranunculus flammula*), Laichkraut (*Potamogeton*), Hornblatt (*Ceratophyllum*), Froschbiß (*Hydrocharis*) und das Sumpfvergißmeinnicht (*Myosotis palustris*).

Die zylindrischen Eier der Frühen Adonislibelle entwickeln sich innerhalb von drei Wochen und entlassen dann die Prolarven. Neuere englische Untersuchungen zeigten, daß die Dauer der Larvenentwicklung, je nach der Dichte der Larven im Brutgewässer, zwischen einem und drei Jahren schwanken kann. Das ist, gemessen an der Zeit, die andere Kleinlibellen für die gleiche Entwicklung brauchen, ungewöhnlich lange. Offensichtlich stehen die Larven unter einem starken Konkurrenzdruck, der gelegentlich zu Kannibalismus führt. Ihre Dichte reduzierte sich in einigen Fällen innerhalb von sechs Wochen von 100 Larven/m^2 auf 3 Larven/m^2.

Die Larven überwintern das erste Jahr im fünften oder sechsten Stadium, den zweiten Winter verbringen sie als ausgewachsene Larven im ufernahen Bodenschlamm. Ende April steigen sie schon gegen 6 oder 7 Uhr morgens aus dem Wasser. Auffallend ist ihre Bewegungsfreudigkeit. Bevor die Imago schlüpft, entfernen sich die Larven bis zu zwei Meter weit vom Wasser und klettern mitunter zwei Meter hoch. Während der Reifephase fliegen die Jungtiere weitab vom Wasser über Wiesen oder im Erlenbruch. Erst zwei Wochen später kehren sie zum Wasser zurück und eröffnen einen neuen Lebenszyklus.

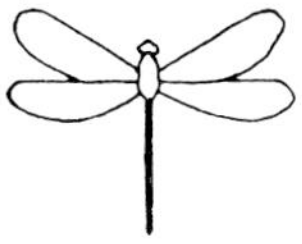

20. **Weidenjungfer** (*Chalcolestes viridis*)
Die Weidenjungfer, eine häufige Kleinlibellenart an Teichen und langsam fließenden Flüssen mit Erlen und Weiden als Uferbewuchs, lebt in ganz Mittel- und Südeuropa. Nach Norden hin wird sie seltener und kommt in Dänemark nur noch sporadisch vor. Die Art ist nicht gefährdet, reagiert aber empfindich, wenn etwa das Ufergebüsch entfernt wird.

Kennzeichen
30—39 mm Abdomenlänge.
♂: Die größte der heimischen Binsenjungfern (Lestidae) ist leicht an dem hellgelben, dunkel eingerahmten Flügelmal zu erkennen. Die Seiten des Thorax glänzen kupfern-metallisch, der Hinterleib junger ♂♂ ist oben goldgrün-metallisch gefärbt und wird im Laufe des Lebens kupfern. Die Beine sind schwarz. Weidenjungfern sind nie wachsartig bereift.
♀: Das ♀ ist ebenso gefärbt wie das ♂ und wirkt sehr kräftig.

Biologie
Ende Juli schlüpfen die Imagines in den frühen Morgenstunden. Die Verwandlung zum flugfähigen Insekt dauert etwa 3 1/2 Stunden. Nach der Geburt streunen die Imagines fernab vom Wasser, oft in lichten, warmen Wäldern umher und jagen Beute. Nach zehn bis zwölf Tagen sind sie geschlechtsreif und kehren zum Wasser zurück. Zur Mittagszeit besetzen und verteidigen die Männchen Reviere auf Hecken, Gebüschen oder an Waldrändern in der Nähe des Wassers. Dabei sitzen sie stets mit dem Hinterleib zur Sonne. Hochgelegene Zweigspitzen sind bevorzugte Sitzplätze, die oft heftig umkämpft sind. Sitzen die Männchen nach etwa einstündigem Kampf von oben nach unten gestaffelt auf den Zweigspitzen, lassen die Auseinandersetzungen nach, das Reviersystem ist stabil. Danach erscheinen die Weibchen und fliegen über die Bäume und Sträucher hinweg zum Wasser. Die am höchsten sitzenden Männchen starten jetzt und versuchen, auf einem fliegenden Weibchen aufzureiten. Gelingt es einem Männchen, das Weibchen mit den Hinterleibszangen zu erfassen, fliegt das Paar aus der Revierzone und setzt sich ab. Am Zweig hängend füllt das Männchen sein Spermareservoir etwa 60 Sekunden lang (Praekopula), danach kopuliert das Paar etwa eine halbe Stunde. Unmittelbar nach dem Lösen des Paarungsrades fliegt das Tandem ufernahe Büsche an, um in über Wasser hängende Zweige die Eier einzustechen. Unter Begleitung ihrer Partner bohren die Weibchen jeweils vier Eier x-förmig in eine Eiloge. Die Eiablage erfolgt von Mitte August bis Mitte Oktober in den Nachmittagsstunden. An geeigneten Zweigen sammeln sich oft Dutzende von Paaren und legen die Logen in langen Reihen an. Die Gelege schwellen an und sind später als runde Erhebungen auf dem Zweig leicht erkennbar. Im April des folgenden Jahres schlüpfen die Prolarven und zwängen sich mit heftigen Körperbewegungen aus dem Einstichkanal. Haben sie Wasserkontakt, schlüpfen die eigentlichen Larven und sinken auf den Gewässergrund. Sie häuten sich zehnmal und sind Ende Juli bereit, sich in die luftbewohnende Weidenjungfer zu verwandeln.

21. **Südliche Binsenjungfer** (*Lestes barbarus*)
Diese Binsenjungfer ist in Südeuropa rund um das Mittelmeer und im Balkan zu Hause. Als Wanderlibelle fliegt sie in warmen Sommern von Süden her in die Bundesrepublik ein und erreicht manchmal Dänemark und England. Lokal kann sie in solchen Jahren häufig vorkommen. Meist ist die Südliche Binsen-

jungfer zwei bis drei Jahre nach einer Invasion wieder verschwunden. Sie besiedelt sumpfige Kleingewässer mit reichen Binsen- und Seggenrieden. Gelegentlich ist diese Libelle auch an schnell verlandenden Wasserstellen in Sand- und Kiesgruben zu finden, oder sie besiedelt pflanzenreiche Zwischenmoore. Die Art ist bei uns vom Aussterben bedroht.

Männchen der Südlichen Binsenjungfer (Lestes barbarus).

Kennzeichen

27—35 mm Abdomenlänge.

♂: Die Imagines beider Geschlechter sind sofort an dem zweifarbigen Flügelmal (Pterostigma) zu erkennen, das außen weiß und innen rötlich-braun gefärbt ist. Den Thorax und die Seitenlinien des Hinterleibs durchziehen leuchtendgelbe Streifen. Hinterkopf und Thorax sind hellgrün und glänzen metallisch. Ältere ♂♂ wirken oft golden und kupfern angelaufen.

♀: Gleicht dem ♂.

Biologie

Von Ende Juni bis Anfang Oktober halten sich die Imagines vorwiegend in Binsen- und Seggenrieden auf. Partnerfindung und Paarung verlaufen wie bei der Gemeinen Binsenjungfer (*Lestes sponsa*). Nach der etwa halbstündigen Paarung löst sich das Rad und fliegt in Tandemhaltung senkrecht stehende Pflanzen an. Als Eiablagepflanzen dienen Froschlöffel (*Alisma*), Binsen (*Juncus*) und Seggen (*Carex*). Gelegentlich belegen die Weibchen auch über Wasser rankende Brombeeren mit Eiern.

Die Eier werden einzeln eingebohrt und liegen in langen Reihen. Gelegentlich, vor allem am Nachmittag, findet man allein legende Weibchen, deren Partner sich gelöst haben. Im Mittelmeerraum besiedelt *L. barbarus* sogar Brackwasser in Meeresnähe.

22. **Glänzende Binsenjungfer** (*Lestes dryas*)

Diese robust wirkende Binsenjungfer ist über ganz Europa einschließlich England und Irland verbreitet. Sie bewohnt bevorzugt krautige Kleingewässer und am Rand mit Seggengürteln bewachsene Tümpel in Waldnähe, kommt aber auch an moorigen Gewässern vor. Die Art zählt in der BRD zu den gefährdeten Arten, deren Bestände lokal stark abnehmen.

Kennzeichen

26—30 mm Abdomenlänge.

♂: Die Art kann leicht mit der Gemeinen Binsenjungfer (*Lestes sponsa*) verwechselt werden. Eine sichere Bestimmung ist nur anhand der bei *L. dryas* löffelförmig verbreiterten, hakenförmig nach innen gebogenen (inneren) Hinterleibsanhänge möglich (siehe Bestimmungsschlüssel). Die Augen sind tiefblau, der Hinterleib oberseits metallisch glänzend. Die letzten beiden Hinterleibssegmente leuchten oft hellblau bereift. Das Flügelmal ist einheitlich schwarzbraun gefärbt und von einer dünnen gelben Linie eingefaßt.

♀: Oberseits metallisch-grün bis bronzefarben, die Unterseite der Brust ist hellgelb. Der Legebohrer überragt das Ende des Hinterleibs.

Biologie

Ende Juni bis Ende September mit Schwerpunkt im August fliegen die Glänzenden Binsenjungfern an dicht bewachsenen Kleingewässern. Nach dem Schlüpfen verlassen die Imagines das Brutgewässer und streunen gerne auf Waldlichtungen umher. Während der rund drei Wochen dauernden Reifezeit fangen sie kleine Insekten und fressen sogar Artgenossen sowie andere Kleinlibellen. Sie beißen ihnen den Kopf ab und meißeln mit den harten Mundwerkzeugen den Thorax auf.

Die geschlechtsreifen Männchen fliegen vormittags zum Wasser zurück und nehmen Sitzwarten mit guter Rundumsicht ein. Anfliegende Weibchen werden so lange überflogen, bis das männliche Tier auf dem Rücken landen und seine Haltezangen hinter dem Kopf einsetzen kann. Nach der Praekopula schließt sich das Paarungsrad, die Begattung dauert rund eine Stunde. Nach der Paarung stechen die Weibchen in Begleitung ihrer Männchen die Eier einzeln in die Stengel von Froschlöffel (*Alisma*) oder Gelber Teichrose (*Nuphar*) ein. Die Eier liegen in einer Reihe, die an den Löchern als Stichmuster zu erkennen ist. Die Junglarven schlüpfen vier bis fünf Monate nach der Eiablage. Die Larvenentwicklung dauert bis zum Mai des folgenden Jahres.

Obwohl diese Libellenart von Fachleuten als gefährdet eingestuft wird, ist sie sicher häufiger als angenommen. Sie dürfte oft mit der Gemeinen Binsenjungfer verwechselt werden.

23. **Dunkle Binsenjungfer** (*Lestes macrostigma*)
Die Dunkle Binsenjungfer ist bei uns nur Irrgast und wurde bisher nur in wenigen Exemplaren im Münchener und Garmischer Raum gefunden (zuletzt 1978). Diese Kleinlibelle lebt vorwiegend im Mittelmeerraum und gehört dort zu den Charakterarten der Brackwasserseen und salzigen Binnenlaken. In Österreich wurde sie am Neusiedlersee gefunden. Als Irrgast wird sie als „potentiell gefährdet“ eingestuft.

Kennzeichen
Abdomenlänge 32—38 mm.
♂: Brust unverwechselbar blauschwarz-metallisch gefärbt (fast wie *Calopteryx*), Hinterleib weitgehend grüngolden und bläulich bereift.
♀: Gleicht dem ♂. Auffallend ist das übergroße Flügelmal, das vor drei bis vier Flügelzellen steht.

Biologie
Über die Biologie von *L. macrostigma* sind keine Einzelheiten bekannt. Sie dürfte aber der von *L. sponsa* und *L. barbarus* ähnlich sein. Im Mittelmeerraum, aus dem genauere Informationen vorliegen, fliegt die Dunkle Binsenjungfer von der zweiten Maihälfte bis Mitte September.

24. **Gemeine Binsenjungfer** (*Lestes sponsa*)
Lestes sponsa ist wohl die häufigste Libellenart Mitteleuropas. Als Ubiquist fliegt sie an Gewässern aller Art, sofern dort vertikal wachsende Pflanzen wie Binsen, Simsen und Schachtelhalme im Wasser stehen.

Kennzeichen
Abdomenlänge 26—31 mm.
♂: Augen intensiv blau, Brust und Hinterleib oberseits metallisch-grün. 1. Hinterleibssegment und letzte Abdomenringe stets blau bereift.
♀: Gesamte Oberseite kupfern glänzend, Tier unterseits violettgrau.

Biologie

Die Gemeine Binsenjungfer fliegt bei uns von Ende Juni bis Mitte September. Typisch ist die Ruhestellung der Tiere: Sie sitzen stets an aufrecht stehenden Halmen, der Hinterleib wird etwa in einem Winkel von 60° abgespreizt, die Flügel sind halb geöffnet. Bei Wind sitzen die Imagines auf der Leeseite. Der Flug wirkt ruhig und zielstrebig. Binsenjungfern putzen sich ausgiebig, die dornenbewehrten Vorderbeine dienen dem Reinigen der Augen und der Mundwerkzeuge. Mit hochgeschlagenem Hinterleib putzen sie ihre Flügel. Sehr häufig fliegen sie zur Wasseroberfläche und „schöpfen" mit den Mundwerkzeugen Wasser. Den im Borstengewirr des Mundes haftenden Wassertropfen trinken sie im Sitzen. Paarungsbereite Männchen fliegen zum Wasser und setzen sich auf eine Warte mit guter Rundumsicht. Jede anfliegende weibliche Kleinlibelle wird vom Männchen sofort überflogen. Ist das betreffende Tier nicht paarungswillig, gehört es zu einer anderen Art, oder ist es gar ein Männchen, wehrt es sich mit heftigen Flügelschlägen. Erfolglose *L. sponsa*-Männchen kehren dann auf ihre Sitzwarte zurück. Paarungsbereite *L. sponsa*-Weibchen fliegen während des Aufreitversuches ruhig weiter und gestatten den Einsatz der Hinterleibszangen ohne Gegenwehr. Nach dem Absetzen des Tandems erfolgen Praekopula und Kopula so, wie es in Kapitel 1 für *Chalcolestes viridis* beschrieben wurde. Gegen 11 Uhr vormittags suchen die Paare ihre Eiablageplätze auf, die meist an der Grenze zwischen dichter Verlandungsvegetation und dem offenen Wasser liegen. An die Eiablagepflanzen stellt die Gemeine Binsenjungfer keine besonderen Ansprüche, die Hauptsache ist, daß sie senkrecht im Wasser stehen. Ich beobachtete jedoch in einigen Fällen, daß die Tiere Simsen (*Scirpus lacustris*) zum Einstich der Eier bevorzugten. Zur Eiablage landen die Paare etwa 50 Zentimeter über dem Wasser am Halm. In mühevoller Arbeit sägt das Weibchen kleine Schlitze in die Pflanzenhaut und legt je zwei Eier in das Gewebe. Rückwärts schreitend wird im Abstand von wenigen Millimetern das nächste Loch gesägt und beschickt. An günstig gelegenen Simsenstengeln sammeln sich oft 10 bis 15 Paare, um gemeinsam abzulegen. Gelangen die Tandems dabei an die Wasser-

Männchen der Gemeinen Binsenjungfer (Lestes sponsa).

oberfläche, machen sie keineswegs halt. Sie steigen fortwährend abwärts und können bis zu einer Stunde unter Wasser verbleiben, sofern kein Frosch dazwischenkommt. Steigen die Paare wieder aus dem Wasser, schlagen sie nur leicht mit den Flügeln und beginnen erneut mit der Eiablage. Die Eier verbleiben bis zum Frühjahr im Pflanzengewebe und entwickeln sich ab April sehr schnell. Die Larven häuten sich neunmal. Schon acht Wochen nach Erscheinen der Prolarven sind die Larven erwachsen. Mitte bis Ende Juni schlüpfen die Imagines. Gemeine Binsenjungfern sind wenig scheu und lassen sich leicht beobachten.

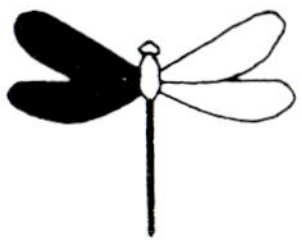

25. **Kleine Binsenjungfer** (*Lestes virens*)

Lestes virens ist eine wärmeliebende Binsenjungfer und deshalb hauptsächlich im Mittelmeerraum verbreitet. Im Süden Deutschlands kommt sie noch regelmäßig vor, im Norden ist sie nur im Hamburger und Lübecker Raum gefunden worden. Diese seltene Binsenjungfer bewohnt Zwischenmoore und Verlandungszonen nährstoffarmer, stehender Gewässer wie etwa Kiesgrubentümpel. Die Art ist in der Bundesrepublik gefährdet.

Kleine Binsenjungfer (Lestes virens). Das abgebildete Tier ist ein Weibchen.

Kennzeichen

27—30 mm Abdomenlänge.

♂: Oberseite glänzend goldgrün, die letzten beiden Hinterleibsringe blau bereift. Augen oberseits blau, unterseits grüngrau. Flügelmal braun mit seitlicher weißer Einfassung.

♀: Gleicht dem ♂.

Biologie

Die Kleine Binsenjungfer fliegt oft als letzte Libelle des Jahres. Ihre Flugzeit erstreckt sich vom Juli bis zu den ersten Nachtfrösten im Oktober oder November. Paarungs- und Eiablageverhaltensweisen decken sich weitgehend mit denen der übrigen Lestiden. Allerdings bevorzugt *L. virens* meist die Halme und Stengel der Flatterbinse (*Juncus effusus*) oder des Igelkolbens (*Sparganium*) zum Einstich der Eier. Wie bei den Herbstarten üblich, sieht man die Weibchen allein ablegen (siehe auch *Chalcolestes viridis*). Legende Weibchen tauchen nie unter Wasser.

26. **Winterlibelle** (*Sympecma fusca*)

Sie ist die früheste Libelle im Jahr und kommt in ganz Deutschland, Holland, Österreich und der Schweiz häufig vor. Im Norden (Schleswig-Holstein) ist sie seltener oder fehlt sogar ganz. Sie lebt an vegetationsreichen Teichen und Seen in Waldnähe.

Kennzeichen

♂: Körper hellbeige bis hellbraun, auf dem Rücken dunkle Zeichnungen. Augen manchmal dunkelblau, sonst bräunlich. Die Färbung erinnert sehr an einen trockenen Binsenhalm.

♀: Entspricht im Aussehen dem ♂.

Biologie

Die Winterlibellen eröffnen das Libellenjahr. Sie sind die einzigen heimischen Libellen, die den Winter als Imago (= erwachsenes Fluginsekt) überdauern. Sie verstecken sich unter Rinde oder im Heidekraut. Winterlibellen sind bereits an warmen Februar- oder Märztagen aktiv. Ende April kehren sie an die Teiche zurück und paaren sich. Die Paarung findet erst gegen Mittag statt und dauert 10 bis 30 Minuten. Am frühen Nachmittag suchen die Paare als Tandem aneinandergekoppelt schwimmende, abgestorbene Binsen- oder Schilfhalme auf und legen die Eier hinein. An günstigen, sonnigen Plätzen an nährstoffreichen Teichen legen oft 50 bis 100 Paare ab. Anfang Juni sterben die Imagines.

Die neue Generation schlüpft Anfang August. Die frischen Winterlibellen verbleiben bis Anfang September am Wasser, fressen und sonnen sich. Im Laufe des Monats September verlassen sie den Teich und fliegen von da an an Waldsäumen und auf Waldlichtungen. Dort jagen sie kleine Fliegen, bis sie im Oktober ins Winterversteck gehen. In ihren Winterquartieren wurden sie bisher selten gefunden. Während der Paarung und Eiablage im Frühling lassen sich die wenig scheuen Libellen leicht beobachten. Diese Art ist nicht gefährdet.

Männchen der Gemeinen Winterlibelle (Sympecma fusca) auf einer Seggenähre.

27. **Sibirische Winterlibelle** (*Sympecma paedisca*)

Diese weitgehend unbekannte Art hat ihren Verbreitungsschwerpunkt in Sibirien. Sie wurde bisher nur selten in Holland, Deutschland und in den Alpen nachgewiesen.

Kennzeichen

Sympecma paedisca weist gegenüber *S. fusca* nur wenige Unterschiede auf. Lediglich das schwarze Band der Brustseite ist schmaler als bei *S. fusca* und oft ausgebuchtet. Schwer zu bestimmen!

Biologie

Die Lebensweise ist wenig bekannt. In den Alpen erfolgt die Eiablage Mitte Mai bis Ende Juni. Der Vorgang entspricht den Verhältnissen bei *S. fusca*. In Holland fliegt die Art bis Ende Oktober. Auch diese Art überwintert als Imago. Die beiden *Sympecma*-Arten bevorzugen die gleichen Biotope, leben aber in geographisch weitgehend getrennten Lebensräumen. Bei zweifelhaften Bestimmungen sollte ein Spezialist gefragt werden.

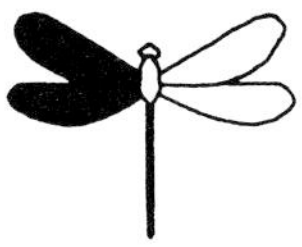

28. **Gebänderte Prachtlibelle** (*Calopteryx splendens*)
Diese wohl schönste einheimische Kleinlibelle bewohnt in ganz Mitteleuropa klare Fließgewässer. Das Verbreitungsgebiet reicht von Spanien, Italien und dem Balkan bis nach England, Irland und in den Südzipfel Finnlands. Wegen der zunehmenden Verschmutzung und Verbauung von Bächen und Flüssen sind die Bestände der Gebänderten Prachtlibelle stark rückläufig, die Art gilt als gefährdet.

Kennzeichen
Abdomenlänge 34—38 mm.
♂: Der gesamte Körper glänzt metallisch dunkelblau. Vorder- und Hinterflügel mit einer breiten braunen und manchmal schwach bläulich glänzenden Binde. Die Basis und die Spitzen der Flügel sind oft bräunlich getönt, aber noch durchsichtig. Auf der Unterseite des 8. Hinterleibssegmentes tragen die ♂♂ einen weißen bis hell ockerfarbenen Signalfleck, der während des Fortpflanzungsrituals dem ♀ gezeigt wird.
♀: Die ♀♀ glänzen auf dem gesamten Körper grün-metallisch. Die Flügel tragen keine Binde, sind aber leicht grünlich getönt. Die Tönung kann regional variieren.

Biologie
Nach dem Schlüpfen verleben die Prachtlibellen zehn Tage in der Nähe ihrer Brutgewässer. Nachts schlafen sie als lockere soziale Verbände gruppenweise im Schilf. Regentage verbringen sie unter dem schützenden Blätterdach. An sonnigen Vormittagen sitzen sie oft gemeinsam mit dem Hinterleib in Richtung Sonne, um sich aufzuwärmen. Mit Erreichen der Geschlechtsreife zeigen die Männchen ein ausgeprägtes Erkundungsverhalten. Sie fliegen morgens gegen 8 Uhr zum Fluß oder Bach und besetzen ein Revier. Ideale Reviere sind Bach- oder Flußabschnitte mit waagerechten Stengeln als Sitzwarten und mit flutenden Pflanzen als Eiablagezonen. Wichtige Kennzeichen eines Prachtlibellenreviers sind Pflanzenstrukturen, die als optische Reviermarken permanent vorhanden sind und leicht erkannt werden können (siehe Zeichnung). Ein Revier ist etwa 2,6 x 1 Meter groß. Derartige Reviere fliegen die Männchen sehr oft kontrollierend ab und verteidigen sie mit spiralartigen Schauflügen (siehe Kapitel „Flug") gegen andere Artgenossen. Dabei werden die farbigen Flügel als Schausymbole eingesetzt, um Eindringlinge zu vertreiben. Nicht immer sind die Bemühungen der Tiere erfolgreich.

Innerhalb eines Reviers liegt meist noch ein kleinerer Bereich mit Pflanzen, der gesondert patrouillierend abgeflogen wird. Er ist die eigentliche Eiablagezone. Die Reviere werden je nach Wetter rund 1 bis 13 Tage lang morgens bezogen und abends verlassen, die mittlere Aufenthaltsdauer im gleichen Revier liegt bei zwei bis drei Tagen. Optimale Reviere sind allerdings heiß umkämpft, was zu häufigem Besitzerwechsel führt. Gelangt ein paarungsbereites Weibchen in die Revierzone eines Männchens, zeigt der Revierinhaber ein spezifisches Werbeverhalten. Dabei vollführen die Flügel in einer Art „Stehflug" achtförmige Schraubenbewegungen, um die Schauwirkung der zweifarbigen Flügelflächen zur Gel-

tung zu bringen (siehe Kapitel „Flug"). Ist der Werbeflug erfolgreich, landet das Männchen mit den Beinen auf den Flügeln und der Brust des meist sitzenden Weibchens und verankert seine Hinterleibszangen an dessen Vorderbrust. Sehr kurz darauf erfolgt die Übertragung des Spermas vom 9. Abdominalsegment in die Samentasche des 2. Segments. Rund eine Minute nach der Samenübertragung beginnt die eigentliche Kopulation. Sie dauert in den meisten Fällen ungefähr 90 Sekunden.

Nach der Begattung trennt sich das Paar, das Weibchen will sofort Eier legen. Das Männchen fliegt, deutlich langsamer als gewöhnlich, voraus und weist dem Weibchen seinen Legeplatz durch mehrmaliges Hochspreizen der letzten, unten weiß gefärbten Hinterleibssegmente zu. Die weiße Markierung wirkt wie ein Signal: „Hier ist die Legestelle." Auf dieses Signal reagieren die Weibchen sofort mit Abbruch des Fluges. Sie lassen sich auf Wasserpflanzen nieder und beginnen mit dem Einstechen der Eier in schwimmende Pflanzenteile. Eierlegende Weibchen lösen die Rückkehr der Männchen auf ihre Sitzwarten aus, neu ankommende Weibchen dagegen lassen die Schauflüge der Männchen von neuem beginnen. So kommt es, daß ein Revierinhaber oft zwei bis fünf legende Weibchen „betreut". Fliegen diese auf, wird ihnen im Schauflug intensiv das weiße

Ein Paar der Gebänderten Prachtlibelle (Calopteryx splendens) hat sich auf einem Halm niedergelassen: links das Männchen, rechts das weibliche Tier.

„Schlußlicht" gezeigt, um sie erneut zum Legen zu zwingen. Legende Weibchen werden heftig gegen andere kopulationsbereite Männchen verteidigt.

Die „Schlußlichter" der vier europäischen *Calopteryx*-Arten sind unterschiedlich gefärbt: Bei *C. splendens* ist diese Zeichnung weiß, bei *C. virgo* rosa. Die beiden Mittelmeerarten *C. xanthostoma* und *C. haemorrhoidales* tragen gelbe beziehungsweise karminrote Signalflecken. Mit Hilfe dieser Markierungen können die Männchen jeweils die arteigenen Weibchen erkennen; Fehlpaarungen werden also weitgehend vermieden, und die Artgrenzen können sich nicht verwischen.

Die *Calopteryx*-Weibchen sind an den Lebensraum gebunden, in dem sie geboren wurden und in dem weitere Artgenossen leben. Wenn diese Habitate an strömenden Gewässern mit Fließgeschwindigkeiten von 2 bis 6 Zentimetern/Sekunde liegen und wenn die Wassertemperatur 18 bis 24° C beträgt, bedeutet dies, daß hier die Larven optimale Bedingungen vorfinden, vor allem im Hinblick auf die Sauerstoffversorgung. In stehendem Wasser sinkt der Sauerstoffgehalt oft auf 50% und bringt die Larven in Atemnot. *Calopteryx*-Larven sind damit vom Leben in Teich und Weiher ausgeschlossen. Ihr hoher Sauerstoffbedarf bindet sie an fließende, saubere Gewässer.

Die Larven von *C. splendens* meiden den Gewässerboden. Sie halten sich zwischen Baumwurzeln, Wasserpflanzen (*Potamogeton crispus, Ranunculus fluitans*) und zwischen ins Wasser hängenden Gräsern auf. In einem sauberen Bachbett können 800 bis 1 500 Larven in einem zehn Meter langen Abschnitt leben. Die Larvalentwicklung dauert etwa 10 Monate. Ab Mitte Mai schlüpfen die Imagines, meist am frühen Morgen.

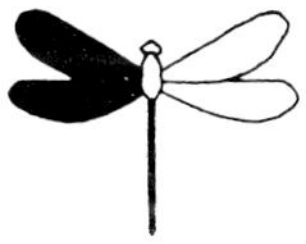

29. **Blauflügel-Prachtlibelle** (*Calopteryx virgo*)

Die Blauflügel-Prachtlibelle bewohnt ebenso wie ihre Schwesterart *C. splendens* klare Fließgewässer und bevorzugt schnell fließende, schmale und kühle Bäche. Optimale Lebensräume sind von Erlen und Weiden bestandene Wiesenbäche im Bereich der Mittelgebirge, zum Beispiel in der Fränkischen Schweiz und im Schweizer Jura bis 700 m Meereshöhe. Das Verbreitungsgebiet reicht von den Mittelmeerrandgebieten bis nach Skandinavien. Wegen ihres lokal drastischen Rückgangs ist die Art gefährdet.

Kennzeichen

34—41 mm Abdomenlänge.

♂: Der dunkle Körper glänzt blau-metallisch. Vorder- und Hinterflügel sind undurchsichtig und schimmern ebenfalls einheitlich blau-metallisch. Eine Binde wie bei *C. splendens* fehlt. Die Flügelansätze am Thorax leuchten bei jungen ♂♂ oft purpurfarben. Der Signalfleck auf der Unterseite des letzten Hinterleibssegments ist rosafarben.

♀: Die ♀♀ glänzen auf dem ganzen Körper grün-metallisch, im Alter wirken sie kupfern, manchmal goldglänzend. Die Flügel erscheinen schwach durchsichtig, sind aber bräunlich bis dunkelviolett angelaufen.

Biologie

Das Lebensprogramm der Blauflügel-Prachtlibelle gleicht weitgehend dem der Schwesterart *C. splendens*. Es gibt aber einige Unterschiede, die der Artisolation dienen.

Die Männchen von *Calopteryx virgo* verteidigen ebenfalls Reviere, die aber kleiner sind als bei *C. splendens*. Sie sind, wohl wegen der schmaleren Bäche, an denen die Art vorzugsweise lebt, nur etwa zwei Meter lang und 0,7 Meter breit. Die Imagines von *C. virgo* sind auch deutlich anfälliger gegen austrocknende Winde. Sie bevorzugen Bachabschnitte, deren Ufer mit Weiden und Erlen bewachsen sind und somit den Wind abhalten.

Wie die übrigen Calopterygiden entfernen sich die Imagines kaum von den Schlupfgewässern. Bach- oder Flußabschnitte von 10 bis maximal 200 Metern Länge bilden ihren gesamten Lebensraum. Der Grund für die enge Bindung an das Habitatgewässer liegt bei den Larven. Sie benötigen 13 bis 18° C kaltes Wasser zur Entwicklung und eine Fließgeschwindigkeit von 3 bis 6 Zentimetern pro Sekunde, da nur derartige Bäche eine optimale Sauerstoffzufuhr gewährleisten. Solche Faktoren sind für das Überleben der Art zwingend notwendig und müssen bei Naturschutzüberlegungen beachtet werden. Beide Arten sind äußerst empfindlich gegenüber Verschmutzungen ihrer Lebensräume. Bachbegradigungen, die eine höhere Fließgeschwindigkeit verursachen und Belastungen der Bäche mit Nährstoffen sind die wichtigsten bestandsbedrohenden Faktoren für Prachtlibellen.

Männchen der Kleinen Mosaikjungfer (Brachytron pratense).

30. **Kleine Mosaikjungfer** (*Brachytron pratense*)

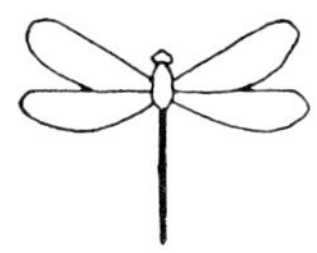

Diese kleinste aller Edellibellen ist über ganz Europa verbreitet und fliegt vor allem in der Ebene. Im Gebirge und in Mittelgebirgslagen kommt sie nicht vor. Die Art lebt an Teichen und Weihern mit ausgedehnten Schilf- und Röhrichtzonen, an den Ufern kleiner Seen, an Wiesengräben und gelegentlich an Torfmooren. Die Kleine Mosaikjungfer ist noch recht häufig und bislang nicht gefährdet. Sie wird aber oft übersehen, da sie schon Anfang Mai fliegt und Anfang Juli wieder verschwindet.

Kennzeichen

Abdomenlänge 36—43 mm.

♂: Gesicht gelb mit schwarzem T-Fleck auf der Stirn. Brust rotbraun, seitlich hellgrün. Hinterleib himmelblau mit zahlreichen schwarzen Flecken.

♀: Flügel mit langem gelbem Flügelmal. Brustseiten und seitlicher Hinterleib hellgrün. Augen oben blau, unten rostbraun. Körper fein behaart.

Biologie

Fliegende Imagines der Kleinen Mosaikjungfer zu Gesicht zu bekommen, ist ein Glücksfall. Die Männchen verhalten sich anders als ihre Verwandten und fliegen nur selten. Meist sitzen sie an sonnigen, windgeschützten Stellen und erheben sich nur bei wirklich warmem Wetter. Dann streifen sie in geringer Höhe ruhig und etwas zickzackartig vor den Schilfflächen auf und ab. Nur wenn sie Rivalen der eigenen Art treffen, werden sie lebendig und jagen sich, bis man sie in der Luft aus den Augen verliert. Noch seltener kann man einmal die Weibchen beobachten. Sie halten sich während der Reifephase hoch in den Wipfeln wassernaher Bäume auf. Zur Paarung treffen sich die Partner am Schilffeld oder im dichten Rohrkolbendickicht. Mit großer Vorsicht dringen die Männchen im Tiefflug in das Schilffeld ein. Nur ein gelegentliches leises Knistern verrät sie. Ein entdecktes Weibchen wird mit den langen, lappenartigen Hinterleibszangen ergriffen und zur Paarung weit ins Buschwerk oder in die Baumkronen entführt.

Die Eier legen die Weibchen allein. Zum Einstich wählen sie schwimmende, halbverfaulte Wurzelstöcke des Rohrkolbens (*Typha*), im Wasser treibende Sprosse der Wassernuß (*Trapa natans*) oder Seggenblätter, die sich aber stets im

Dickicht der Röhrichte befinden müssen. Schon vier Wochen später schlüpfen die Larven und klammern sich an die Wurzeln. Sie wachsen langsam und häuten sich nur alle zwei Monate. Ihre Gesamtentwicklung dauert drei Jahre. *Brachytron*-Larven sind leicht zu erkennen. Sie pressen sich mit ihrem unten abgeplatteten Hinterleib fest an das Substrat und stellen sich bei Berührung tot. Im April des vierten Jahres ihrer Entwicklung steigen die Larven an Schilfhalmen empor und verwandeln sich morgens ab 6 Uhr zur Imago. Die Verwandlung geht sehr schnell vor sich. Schon nach zehn Minuten sind die Flügel entfaltet. Bis zum Abflug dauert es dann allerdings noch rund 2 1/2 Stunden. Die Kleine Mosaikjungfer — ein Heimlichtuer unter den Edellibellen.

31. **Südliche Mosaikjungfer** (*Aeshna affinis*)

Verwachsene Flachmoorgräben, pflanzenreiche Weiher, Baggerseen und Moore sind die Lebensräume dieser wärmeliebenden Edellibelle. Als mediterrane Art ist die Südliche Mosaikjungfer bei uns sehr selten und taucht nur als gelegentlicher Vermehrungsgast im warmen Rheingraben auf. Als sporadisch einwandernder Gast gehört diese Libelle bei uns zu den potentiell gefährdeten Arten.

Kennzeichen
Abdomenlänge 46 mm.
♂: Stirn mit schwarzem T-Zeichen, Augen blau. Brust oben mit zwei gelben Kommaflecken, Brust seitlich blaugrün. Hinterleib mit lebhafter dunkler Zeichnung.
♀: Brustseiten gelbgrün, Hinterleib mit leuchtend gelbgrünen Flecken auf rotbraunem Grund.

Biologie
Von Anfang Juli bis Ende August fliegt die Südliche Mosaikjungfer über der Sumpfvegetation, bevorzugt über Schachtelhalmsümpfen. Offenes Wasser meidet sie. Vor der Paarung füllt das Männchen sein Kopulationsorgan mit Sperma während des Patrouillenfluges. Hat es dann eine Partnerin gefunden, wird diese ohne Umschweife ergriffen. Gleich anschließend bildet sich im Flug das Paarungsrad. Unruhig fliegt das Rad zickzackartig hin und her, bis es sich für wenige Minuten an einen Zweig hängt.

Bei der Eiablage zeigt *Aeshna affinis* ein für Edellibellen untypisches Verhalten, wenn man von dem der Kleinen Königslibelle (*Anax parthenope*) absieht: Das Männchen begleitet sein Weibchen bei der Eiablage in Tandemhaltung. Allerdings wurden auch schon allein legende Weibchen beobachtet.

Die Eier werden, und auch das ist untypisch, in feuchten Humus nahe der Wasserlinie eingebohrt. Die Beobachtung legender Paare ist schwierig. Ständig wechseln die Tandems den Platz. Die Entwicklungsdauer der Eier und Larven ist noch unbekannt.

32. **Alpen-Mosaikjungfer** (*Aeshna coerulea*)

Diese Libelle bewohnt die boreale Zone von Europa, Asien und Nordamerika, d. h. die nördliche Nadelwaldzone der Erde.

In Mitteleuropa und in der Bundesrepublik beschränkt sich das Vorkommen dieser Art auf den Alpenraum und den Schwarzwald. Letzte Lebensräume sind dort alpine Hochmoore und Quellmoore in 1 000 bis 2 000 Metern Höhe. Die Alpen-Mosaikjungfer ist vom Aussterben bedroht.

Männchen der Alpen-Mosaikjungfer (Aeshna coerulea).

Kennzeichen

♂: Augen blau, Brust dunkelbraun mit je zwei schmalen, gezackten blauen Seitenstreifen. Hinterleib auffallend azurblau.

♀: Brust dunkelbraun mit je zwei schmalen gelben Seitenstreifen. Hinterleibszeichnungen matt gelblichweiß.

Biologie

Diese seltene nordische Libelle fliegt zwischen Juli und August über die alpinen Quellmoore, und zwar stets nur in den Vormittagsstunden. Die Tiere fliegen sehr tief und setzen sich häufig auf hellem Untergrund (zum Beispiel auf Birkenrinde oder Felsblöcken) ab. Die Paarungsräder bilden sich im Flug. Das Weibchen legt die Eier allein direkt in den Torfboden in der Nähe von rinnendem Wasser ab. Über die Larvenentwicklung ist nichts bekannt.

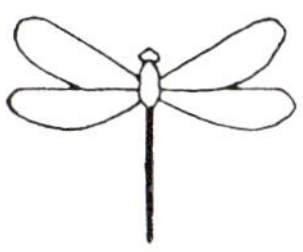

33. **Blaugrüne Mosaikjungfer** (*Aeshna cyanea*)

Diese Libelle ist häufig an Tümpeln, Teichen und Seen zu beobachten, fliegt selbst in Städten und sucht Gartentümpel auf. Besonders gern hält sie sich auch an schattigen Waldtümpeln auf.

Kennzeichen

Abdomenlänge 65—80 mm. Typisch ist ein schwarzer T-Fleck auf der Stirn. Brust des ♂ braun mit zwei sehr breiten hellgrünen Längsstreifen. Hinterleib mit blaugrünen Mittelflecken, am Hinterende liegen drei himmelblaue Flecken.

Biologie

Von Mitte Juni bis Ende Oktober fliegt diese Art. Sie ist spezialisiert auf die Eiablage in Kleinstgewässern. Die Weibchen legen die Eier in Moos, verwelkte Pflanzen und sogar in morsche Brückenpfeiler. Die Männchen suchen ihre Weibchen am Wasser auf. Genaue Untersuchungen an markierten Männchen zeigten, daß sie mehrmals am Tag mehrere Kleinstgewässer in der Landschaft nach kopulationsbereiten Weibchen absuchen. Stoßen die patrouillierenden Männchen auf Kontrahenten, bestimmt die Zahl der Auseinandersetzungen ihre Aufenthaltsdauer. So wird sichergestellt, daß immer ein Männchen für die paarungsbereiten Weibchen anwesend ist. Diese optimale Paarungsstrategie hat Konsequenzen für den Naturschutz: Kleinstgewässer mit Einzelnachweisen von *Aeshna cyanea*-Männchen sollten stets in etwaige Naturschutzüberlegungen einbezogen werden, da sie in ein Verbundnetz patrouilliernder Männchen eingebunden sind und von wesentlich mehr Mosaikjungfern besucht werden, als es zunächst vielleicht den Anschein hat.

Blaugrüne Mosaikjungfer (Aeshna cyanea). Das abgebildete Tier ist ein frischgeschlüpftes, noch unausgefärbtes Männchen.

In unserer dicht besiedelten Landschaft können auch ältere, naturnah gestaltete Gartenteiche oder kleine Fischteiche in dem Aktionsraum der Blaugrünen Mosaikjungfer liegen und als Eiablagegewässer eine Rolle spielen. Die Larven können zwar an Kleinfischen im Teich einigen Schaden anrichten, doch sollte man darüber eigentlich hinwegsehen können. Nachdem die Larven aus den Eiern geschlüpft sind, leben sie zwei bis drei Jahre im Teich. Hier erbeuten sie je nach ihrer Größe Wasserflöhe, Eintagsfliegen, Stechmücken und im letzten Stadium auch sehr kleine Fischbrut. Wirtschaftliche Schäden können jedoch nur bei unmäßigem Überbesatz auftreten, da die Fische in normal besetzten Teichen in der Regel schneller wachsen als die räuberischen Larven. Ihr genetisch festgelegtes Beutefangmuster ist auf Objekte bis zu einer Länge von 35 Millimetern ausgelegt. Größere bewegliche Beute wird nicht angenommen, wie man in Experimenten klar nachweisen konnte. Diese Libellenlarven üben somit für den Fischzüchter eine willkommene Auslese zurückgebliebener, schwacher Fischbrut aus und verhindern darüber hinaus einen allzu dichten Bestand an Stechmücken. Sie sind deshalb Bundesgenossen des Menschen in künstlichen Kleinstteichsystemen. Nach zwei bis drei Wintern schlüpfen die erwachsenen Libellen und beginnen den Lebenskreislauf von vorn.

34. **Braune Mosaikjungfer** (*Aeshna grandis*)

Geographisch reicht die Verbreitung dieser häufigen Edellibelle von Mitteleuropa, Nord- und Osteuropa bis nach Sibirien. Sie gilt als Charakterart von Heidegewässern und Flachmooren, kommt aber auch an Waldteichen, an verlandeten Tümpeln und an langsam fließenden, verkrauteten Gräben vor. Diese euryöke Art ist bei uns weit verbreitet und nicht gefährdet.

Kennzeichen

Abdomenlänge 53—56 mm.

♂: Unverwechselbar. Körper und Flügel rostrot, Beine orange-braun, Flügelbasen mit blauen Flecken.

♀: Gleicht dem ♂, nur die Flecken am Hinterleib sind heller.

Biologie

Diese große prächtige Aeshnide ist ein ausgezeichneter Segelflieger. Von Ende Juni bis Ende September fliegt diese Libelle unermüdlich den ganzen Tag über. Mit wenigen Flügelschlägen schraubt sie sich in die Luft, um dann minutenlang in majestätischem Flug dahinzugleiten. Gegen das Sonnenlicht leuchten die getönten Flügel wie glänzendes Kupfer. Tagsüber sitzen diese rastlosen Großlibellen kaum, erst gegen Abend sonnen sie sich an Baumstämmen.

Die Flugreviere der Braunen Mosaikjungfer sind groß. Oft folgt sie einem Bachlauf 300 Meter weit, bis sie zu ihrem Waldteich zurückkehrt. In ruhigen Waldwinkeln jagen oft 10 bis 15 Imagines, ohne sich gegenseitig zu stören. Die Paarung erfolgt am Morgen und wird in der Luft eingeleitet. Erst nach dem Schließen des Paarungsrades hängen sich die Libellen kurzzeitig in Bodennähe an Zweige und verschwinden so aus dem Luftraum anderer paarungswilliger Männchen. Nach der Paarung trennen sich die Tiere. In schnellem, geradlinigem Flug sucht das Weibchen geeignete Eiablageplätze wie vermodernde Baumstubben im Moor, faulende Seerosenstengel oder selbst morsche Brückenpfeiler. Während des Einstiches verhält sich *A. grandis* anders als alle übrigen Aeshni-

Ein Weibchen der Braunen Mosaikjungfer (Aeshna grandis) bei der Eiablage.

den. Im Sitzen krümmt sie den Hinterleib bis fast an die Brust und beginnt mit dem Einbohren der Eier. Nach jeder Eiablage setzt sie den Legebohrer ein Stück weiter weg, bis schließlich das Abdomen fast gestreckt ist. Auch die Reaktion auf Störungen weicht vom üblichen Schema ab. Wenn sie von paarungswilligen Männchen unterbrochen werden, fliegen die Weibchen auf und schweben mit stark gekrümmtem Hinterleib in der Luft. Dieses Signal bewirkt sofort die Umkehr des Störenfrieds. Das Weibchen landet anschließend an derselben Stelle und fährt mit der Eiablage fort. Die geringe Empfindlichkeit der *Aeshna grandis*-Weibchen macht sie zu besonders geeigneten Beobachtungsobjekten. Sie lassen sich auch aus nächster Nähe fotografieren.

Die Eier überwintern im morschen Pflanzensubstrat. Mitte April schlüpfen die Larven, die im Schlamm leben und sich etwa alle fünf Wochen häuten. Ihre gesamte Entwicklung dauert zwei bis drei Jahre. Ab Mitte Juni schlüpfen die Imagines, meist in sehr warmen Nächten. Die Verwandlung erfolgt in etwa 20 bis 30 Zentimetern Höhe an Seggen, Rohrkolben oder Schwertlilien. Bei kühlem Wetter verzögert sich die Metamorphose (Verwandlung) um einige Tage.

Segelnde Braune Mosaikjungfern zu beobachten gehört zu den schönsten Erlebnissen eines Teichsommers.

35. **Torf-Mosaikjungfer** (*Aeshna juncea*)

Als nordische Art bewohnt die Torf-Mosaikjungfer bei uns Zwischen- und Hochmoore. In Schleswig-Holstein fliegt sie über Moorschlenken der Geest, im Süden beschränkt sich ihr Lebensraum auf hochgelegene Alpenseen mit Binsen- und Seggensümpfen, vor allem aber auf die Moore der Mittelgebirge (Fichtelgebirge und Rhön). In den Bergen fliegt sie bis in Höhen von 2200 Metern. Die Art ist als gefährdet eingestuft.

Kennzeichen

50—56 mm Abdomenlänge.

♂: Ähnlich wie *Aeshna mixta*, jedoch Vorderflügelrand größtenteils gelb. Kopfhinterseite schwarz mit je einem gelben Fleck hinter den Augen. Brust zwischen den Flügeln hellblau.

♀: Brust und Hinterleib braun und gelb, Kopfhinterseite mit zwei gelben Flecken.

Biologie

Sonne, Wasser und Binsen — wenn diese Faktoren in Mittelgebirgsmooren vorhanden sind, fliegen in der Regel Torf-Mosaikjungfern dort. Von Mitte Juni bis Mitte Oktober schweben die Imagines auch über den Binsen- und Seggensümpfen schleswig-holsteinischer Geestmoore. In den Alpen tauchen die Imagines dagegen erst Anfang Juli auf.

Am ersten warmen Julitag schlüpfen die Torf-Mosaikjungfern. Wie es bei Arten mit mehrjähriger Entwicklung häufig vorkommt, erscheinen auch bei dieser Art alle Tiere am gleichen Tag. Hunderte von leeren Larvenhäuten (Exuvien) hängen dann an den Seggen rings um die Moorschlenken. Überall glitzern frisch gehäutete Imagines. Gegen Mittag löst sich der Schlupfverband auf. Die Libellen sind flugbereit und schwirren ab. Die ausgefärbten Männchen sind sehr lebhaft. Mit leicht durchgebogenem Hinterleib fliegen sie unablässig die Uferzone in einem Meter Höhe an der Wasserlinie ab. Dazwischen rütteln sie auf der Stelle und verfolgen sich gegenseitig. Gegen 9 Uhr erscheinen die Weibchen zwischen den patrouillierenden Männchen und werden sofort verfolgt. In wilden

Luftjagden erhaschen die Männchen ihre Partnerinnen und koppeln sich mit den langen Hinterleibsanhängen an diese an. Oft rasen die Tandems in wildem Flug als Kette über den Moorsee. Im Flug füllt das Männchen sein Kopulationsorgan, bevor sich in großer Höhe das Paarungsrad bildet. Nach diesem wilden Ritt durch die Lüfte hängt das Rad hoch in den Baumkronen und bleibt fast eine Stunde regungslos sitzen. Mit leichtem Flügelschlagen löst das Weibchen schließlich das Paarungsrad. Das Männchen fliegt zurück zum See, um erneut an der Partnersuche teilzunehmen. Das Weibchen sucht nach kurzer Pause in der Nähe gelegene Pflanzen auf und erkundet einen geeigneten Ort zur Eiablage. Fast im Sturzflug landet das Weibchen am Fuß einer solchen *Carex*-Bülte oder eines Binsenhorstes und beginnt mit dem Einstich der Eier in die Blätter. Alle zwei Sekunden legt es ein Ei. Gegen paarungswillige Männchen verhält sich das Weibchen jetzt störrisch.Es klammert sich fest an die Halme und läßt sich nicht mit fortziehen. Gelingt es dem Männchen doch, fliegt das Weibchen einige Pirouetten und verschwindet im Binsendickicht.

Bei der Eiablage sind Torf-Mosaikjungfern nicht allzu wählerisch. Sie nehmen Wasserschwertlilien ebenso an wie Froschlöffel oder Igelkolben. Bevorzugt stechen sie die Eier auch in die Luftkammern von Binsen der Länge nach ein. Die Eier entwickeln sich erst im nächsten Jahr. Rund zehn Monate nach dem Einstich schlüpfen die Prolarven. Zwölfmal müssen sie sich während der nächsten drei bis vier Jahre häuten, bis die schlüpfbereiten Larven endlich etwa 30 Zentimeter an Seggenhalmen emporklettern und die neuen Mosaikjungfern ins Luftleben entlassen.

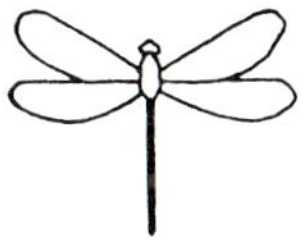

36. **Herbst-Mosaikjungfer** (*Aeshna mixta*)

Diese Edellibelle ist vom Mittelmeer bis nach Dänemark verbreitet. Nur im Norden Europas fehlt sie. Ihr Lebensraum sind nährstoffreiche stehende Gewässer mit ausgedehnter Verlandungszone. Die Herbst-Mosaikjungfer ist allgemein verbreitet und überall häufig.

Männchen der Herbst-Mosaikjungfer (Aeshna mixta).

Kennzeichen

46—47 mm Abdomenlänge.

♂: Die Zeichnung und Färbung ähnelt derjenigen von *Aeshna juncea*. Augen blau, Brustseiten mit zwei kräftigen gelben Binden. Stirn mit schwarzem T-Fleck. Oberseite des Hinterleibs sehr dunkel mit kleinen blauen Flecken.

♀: Oberseite des Hinterleibs sehr dunkel mit leuchtend gelbgrünen Flecken, die aber kleiner als beim ♂ sind. Brustseiten mit zwei kräftigen grünlichen Binden.

Biologie

Aeshna mixta ist die flinkste und beweglichste Edellibelle, so scheint es jedenfalls, wenn die im August und September fliegenden Imagines abends nach Mücken jagen. In ungestümem, ruckartigem Flug rasen sie am Waldrand entlang, stoppen, stehen auf der Stelle und schrauben sich blitzschnell zehn Meter hoch, um eine Mücke zu fangen. Oft jagen 100 bis 150 Herbst-Mosaikjungfern gleichzeitig im letzten Tageslicht.

An warmen Herbsttagen fliegen die Tiere niedrig über den Verlandungszonen der Teiche. Schon ab 9 Uhr morgens suchen sie zwischen Rohrkolbeninseln oder Schilflücken nach Weibchen. Nach dem Ankoppeln schwirrt das Paarungsrad, das sich in schnellem Flug gebildet hat, mit wilden, zackigen Flugbewegungen zwischen den Sumpfbülten umher. Nur das geübte Auge kann es verfolgen, bis es sich, beispielsweise an Schilfstengeln oder Kalmusblättern, anhängt. Rund 30 Minuten dauert die Ruhephase. Nach der Trennung legt das Weibchen seine Eier in die Wurzelstöcke von Kalmus (*Acorus*), Rohrkolben (*Typha*), in faulende Simsen (*Scirpus*) oder in abgestorbene Schilfhalme. Ich selbst beobachtete häufig die Eiablage in den Basisbereich von Schwertlilienblättern (*Iris*).

Männchen der Grünen Mosaikjungfer (Aeshna viridis).

Die Eier überwintern und entwickeln sich erst im Mai des folgenden Jahres. Anfang Oktober sind die Larvenstadien acht bis neun erreicht, die noch einmal den Winter unter Wasser zwischen Wurzeln versteckt verbringen. Die Larven leben sehr vereinzelt und sind sehr flink. Gelegentlich kann man sie im April/Mai zwischen den abgestorbenen, ins Wasser ragenden Blättern einer *Carex*-Bülte käschern. In der letzten Juliwoche schlüpfen die Imagines, und zwar in den Nachtstunden. Will man die Verwandlung miterleben, suche man vor warmen Julinächten Seggen nahe der Uferlinie nach aus dem Wasser schauenden Larven ab. Ein knapp herausragender Larvenkörper ist ein sicheres Indiz dafür, daß der Schlupf während der Nacht stattfinden wird.

37. **Hochmoor-Mosaikjungfer** (*Aeshna subarctica*)

Als Hochmoorspezialist ist diese Libelle im Norden bis zum Polarkreis verbreitet. Die wenigen Vorkommen in der Bundesrepublik beschränken sich auf alpine Hangmoore im Allgäu und im Schwarzwald sowie auf die letzten intakten Hochmoore Schleswig-Holsteins. Die Hochmoor-Mosaikjungfer ist eine bei uns stark gefährdete Art.

Kennzeichen

50—52 mm Abdomenlänge.

♂: Ähnlich *A. juncea*. Rückseite des Kopfes *ohne* hellen kleinen Fleck an beiden Seiten. (Kopfhinterrand *mit* hellen Flecken typisch für *A. juncea*!). Brust oberseits mit zwei kommaförmigen, gelbgrünen Strichen, seitlich blau.

♀: Sehr schwer zu bestimmen, da *A. juncea* sehr ähnlich.

Biologie

Die Hochmoor-Mosaikjungfer ist der Doppelgänger der Torf-Mosaikjungfer. Beide Arten besiedeln den gleichen Lebensraum. So verwundert es nicht, daß *Aeshna subarctica* erst um 1920 in Deutschland entdeckt wurde. Leichter als die Trennung der beiden Arten anhand körperlicher Merkmale ist die Unterscheidung anhand ihrer Ökologie. Die Hochmoor-Mosaikjungfer ist ausschließlich an das Hochmoor, besonders an *flutende Torfmoose* (Sphagnen) gebunden.

Der Schlupf der Imagines beginnt in Schleswig-Holstein Mitte Juli, erreicht Mitte August seinen Höhepunkt und klingt dann bis Mitte September ab. Die männlichen Imagines jagen während der Reifephase meist tagsüber, während die Weibchen abends hoch in den Kronen der Moorbirken Beute suchen. Die Paarung findet in den Morgenstunden statt, wenn die paarungsbereiten Weibchen zum Wasser fliegen und von den Männchen ergriffen werden. Auffällig ist, daß sich die Paare noch in Tandemstellung am Boden absetzen. In dieser Zeit füllen die Männchen ihr Kopulationsorgan.

Während der folgenden Flugphase bildet sich das Paarungsrad, das sich meist 30 bis 75 Minuten lang an Zweige anhängt. Danach lösen sich die Paare, und das Weibchen fliegt allein zur Eiablage. Die Eier werden *ausschließlich* in flutende Sphagnen abgelegt. Rund 10 bis 15 Minuten verbleibt das legende Weibchen an einem Platz, danach sucht es einen anderen, wenige Meter entfern-

ten auf. Die gesamte Ablage dauert etwa eine Stunde, wobei die Weibchen häufig durch paarungswillige Männchen gestört werden. Nach 14 Uhr legen die Weibchen nicht mehr ab. Die Entwicklung der Larven in den Torfmoosen nimmt etwa drei bis vier Jahre in Anspruch. Die Imagines schlüpfen in den späten Morgenstunden. Die Schlupforte liegen einen bis vier Meter vom Ufer entfernt, teils an Moospolstern, teils an Halmen.

Wer Flugzeit, Paarungsverhalten und vor allem die Eiablage beobachtet, kann *A. subarctica* und *A. juncea* kaum verwechseln. Die auf intakte Hochmoore spezialisierte *Aeshna subarctica* ist vor allem darauf angewiesen, daß die verbliebenen geeigneten Biotope geschützt werden, weil sie anders bei uns nicht überleben kann.

38. **Grüne Mosaikjungfer** (*Aeshna viridis*)

Die Grüne Mosaikjungfer ist ein extremer Habitat-Spezialist. Sie lebt nur in Flachmooren, an Seen oder Gräben, in denen die Krebsschere (*Stratiotes aloides*) wächst.

Als Nordland-Libelle bewohnt sie Finnland, Schweden, Dänemark und Holland sowie den Norden der Bundesrepublik. Infolge umfangreicher Biotopvernichtungen in den letzten Jahren gehört *Aeshna viridis* zu den vom Aussterben bedrohten Arten.

Kennzeichen

51—53 mm Abdomenlänge.

♂: Augen oben wasserblau, unten gelb. Brust oben rotbraun, seitlich grün. Hinterleib ähnlich wie bei *Aeshna cyanea.*

♀: Augen olivgrün, ebenso der gesamte Körper. Hinterleib oberseits mit braunen Zeichnungen.

Biologie

Anfang Juli bis Ende September fliegen die Imagines über Krebsscherenteichen oder -gräben. Vor der Geschlechtsreife schweifen sie weit umher und wurden sogar schon in Städten beobachtet. Gegen Mittag paaren sie sich im Flug und setzen sich kurze Zeit ab. Das Weibchen legt die Eier allein, vorzugsweise in Krebsscheren, aber auch in Rohrkolben (*Typha*) oder Igelkolben (*Sparganium*). Legende Weibchen zu entdecken ist schwer. Oft stecken sie bis zum Flügelansatz mitten in einer Krebsscherenpflanze und verraten sich nur durch das knisternde Flügelgeräusch beim Auffliegen. Pro Legeplatz werden vom Weibchen 20 bis 40 Eier dicht unter der Wasseroberfläche eingebohrt. Die Eier überwintern, erst im folgenden Mai/Juni schlüpfen die Larven. Die Gesamtentwicklung verläuft über 13 Larvenstadien (inklusive Prolarve) und dauert zwei bis drei Jahre.

Die akute Bedrohung der Grünen Mosaikjungfer hat ihren Grund vor allem darin, daß die wenigen Krebsscherenweiher durch Sportangler und Teichwirte nicht selten völlig ausgeräumt werden, damit sie intensiver genutzt werden können.

39. **Keilflecklibelle** (*Aeshna isosceles*)

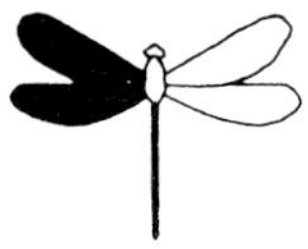

Die Keilflecklibelle ist fast in ganz Europa, abgesehen vom nördlichen Skandinavien, verbreitet. In Norddeutschland bewohnt sie vermoorte Seebuchten und Flachmoorteiche. Im Süden ist sie eine Charakterart nährstoffreicher Teiche mit ausgedehnten Riedgürteln, vor allem mit Rohrkolben- und Schilfbeständen.

Diese Libelle wurde auch schon an Altwässern und an den Zuflüssen von Seen beobachtet. Im Gebirge kommt sie nicht vor. Der Bestand ist gefährdet.

Kennzeichen

42—53 mm Hinterleibslänge.

♂: Augen einfarbig hellgrün, Körper rostbraun. Auf dem 2. Hinterleibssegment ein deutliches hellgelbes Dreieck. Flügel durchsichtig (= Unterscheidungsmerkmal zu *Aeshna grandis*).

♀: Gleicht dem ♂.

Die Keilflecklibelle (Aeshna isosceles), hier ein Weibchen.

Biologie

Aeshna isosceles fliegt nur kurz. Sie erscheint im Mai und verschwindet Ende Juni schon wieder. Ab 11 Uhr vormittags kann man die Männchen ruhige Kreise entlang von Schilffeldern ziehen sehen. Häufig setzen sie sich etwa einen Meter hoch an Schilfhalme und ruhen im Vergleich zu den übrigen Aeshniden auffallend lange. Die Paarung erfolgt in den Mittagsstunden. Das im Flug gebildete Paarungsrad steigt in rasendem Flug bis zu den Baumkronen empor und hängt sich dort etwa 15 Minuten an. Die Eiablage wird vom Weibchen allein vorgenommen und erfolgt in schwimmende Pflanzenteile (*Carex*). Sie zu beobachten ist sehr schwierig, da die Weibchen gerne in Schilffelder hineinfliegen. Die Eier werden in parallelen Reihen eingestochen. Sechs Wochen nach der Eiablage schlüpfen schon die Prolarven — ungewöhnlich früh für eine Edellibelle, da bei Aeshniden stets die Eier überwintern. Die gesamte Larvalentwicklung dauert zwei bis drei Jahre.

Die systematische Stellung dieser Libellenart ist umstritten. Manche Autoren stellen *Aeshna isosceles* auch zur Gattung *Anaciaeshna*. Die Keilflecklibelle ist sicher häufiger als angenommen. Ihre frühe Flugzeit und die Verwechslungsgefahr mit *Aeshna grandis* (stets dunkle Flügel!) haben wohl häufiger falsche Bestandserhebungen verursacht.

40. **Große Königslibelle** (*Anax imperator*)

Diese größte heimische Libellenart gehört zu den wärmeliebenden Faunenelementen Süd- und Mitteleuropas. Im Norden dringt sie nur in Einzelexemplaren gelegentlich bis nach Schleswig-Holstein vor.

Als euryöke Libelle ist *Anax imperator* eine Charakterart nährstoffreicher Teiche und Altwässer mit reich entwickelten Schwimmblattzonen, vor allem mit Laichkraut (*Potamogeton*). Diese Großlibelle ist noch weit verbreitet und nicht gefährdet.

Kennzeichen

50—57 mm Abdomenlänge (einschließlich der Anhänge).

♂: Augen oben blau, unten grün. Brustseiten bläulichgrün, Hinterleib kräftig azurblau mit schwarzer Zeichnung oberseits. Flügel schwach gelblich getönt.

♀: Ähnlich dem ♂, nur etwas mehr grün auf dem gesamten Körper. Flügel schwach gelbbraun getönt.

Biologie

„Herr und Herrscher" lautet die Übersetzung des lateinischen Gattungs- und Artnamens. Dieser Name wird dem Verhalten der Großen Königslibelle mehr als gerecht. In ruhigem Flug segelt diese Libelle majestätisch und unermüdlich über den Teich, alle schwirrenden Kleinlibellen nicht beachtend. *Anax imperator* ist der Mauersegler unter den Insekten. Wendig, schnell und überlegen ist ihr Flug. Wie rasende Pfeile verfolgen die patrouillierenden Männchen ihre Konkurrenten, um kurz darauf wieder ruhig und leicht über den Teich zu schweben. Ein fast unmerkliches Flügelschlagen genügt, um diese Libelle über die Schwimmblattzone gleiten zu lassen. Von Mai bis September fliegt die Große Königslibelle, aber nur, wenn es richtig warm ist und die Luft über dem Wasser flimmert. An solchen Sommertagen schwebt unsere größte Libelle vom frühen Morgen bis in die späten Abendstunden über dem Wasser. Nur selten setzen sich die Männchen an Binsenstengeln ab.

Gegen Abend fliegen die Königslibellen zur Jagd. Bevorzugte Beute sind Schmetterlinge, aber auch einen Vierfleck sah ich schon in ihren Fängen. Fast vier Wochen dauert das Jagdleben während der Reifezeit, die die Tiere oft abseits der Gewässer verbringen. Geschlechtsreife Männchen streifen in schnellem Flug dicht über die Schwimmblattzone, wobei sie jede Ecke und jede Bucht genau inspizieren. Die Weibchen werden in rasantem Flug ergriffen, und das Männchen koppelt sich an. Das Weibchen hebt daraufhin sofort seinen Hinterleib und klinkt die Geschlechtsorgane am Kopulationsorgan des Männchens ein. Unruhig und in wildem Zickzackflug strebt das Paar jetzt zum Ufer, wo es sich in Büschen oder am Boden absetzt. Die Paarung dauert nur 5 bis 10 Minuten. Löst sich das Paar, setzt das Männchen ohne Umschweife seinen ruhigen, majestätischen Patrouillenflug fort. Das Weibchen fliegt tief über das Wasser auf der Suche nach Eiablagepflanzen, die auf der Oberfläche schwimmen. Typische Eiablagepflanzen sind das Tausendblatt (*Myriophyllum*), Hornblatt (*Ceratophyllum*), Laichkraut (*Potamogeton*) und die Wasserpest (*Elodea*). Ohne zu zögern landet das Weibchen auf den Schwimmpflanzen und beginnt mit dem kräftigen Hinterleib die Stengel der Pflanzen zu sondieren. In dicke Stengel werden die Eier zweizeilig, in dünne dagegen nur einzeilig eingestochen. Angreifende, paarungswillige Männchen wehren die Weibchen jetzt mit heftigem Flügelschlagen ab. Während der Eiablage tragen die weiblichen Tiere ihre Flügel waagerecht. Sie dienen der Aufrechterhaltung der Balance auf den schwankenden Schwimmpflanzen.

Schon vier Wochen nach der Eiablage schlüpfen die Prolarven. Die Junglarven bewegen sich schwimmend vorwärts, indem sie Wasser aus dem Enddarm stoßen und so nach dem Rückstoßprinzip davonschießen. Nach der fünften Häutung ändert sich das Verhalten. Die Larven werden lichtscheu und drücken sich an die Schattenseite von Pflanzen. Beim Beutefang sind die Larven äußerst wendig. Selbst Zuckmückenlarven und später Wasserschnecken erbeuten sie mit ihrer vorschnellbaren Unterlippe. Elf Häutungen müssen sie durchmachen, in warmen flachen Teichen geschieht das oft schon innerhalb eines Jahres. Die Alt-

Ein noch unausgefärbtes Männchen der Großen Königslibelle (Anax imperator).

larven überwintern dann. Aus den später im Jahr gelegten Eiern entwickeln sich die Larven langsamer. Sie benötigen zwei Jahre für die Gesamtentwicklung.

Anfang Juni klettern die erwachsenen Larven gegen 21 Uhr an Schilfhalmen oder Binsenstengeln empor. In 10 bis 80 Zentimetern Höhe über dem Wasserspiegel verankern sie ihre Fußkrallen. Man fand auch schon Larven, die fünf Meter hoch saßen. Der Schlupf der Imagines erfolgt innerhalb von drei Stunden. Im Morgengrauen erheben sich die Tiere zum ersten, noch ungeübten Flug. Schon gegen Mittag schweben die jungen Königslibellen über den Teich, als hätten sie nie etwas anderes getan.

41. **Kleine Königslibelle** (*Anax parthenope*)

Anax parthenope ist wie die nah verwandte Große Königslibelle ebenfalls eine wärmeliebende Art, deren Verbreitungszentrum im östlichen Mittelmeerraum liegt. In Deutschland lebt sie vereinzelt im Bodenseegebiet, im Oberrheingraben, in der Pfalz und in Franken. Wenige Funde in Schleswig-Holstein lassen auf eine Zuwanderung aus der mecklenburgischen Seenplatte schließen. Der Lebensraum der Kleinen Königslibelle sind nährstoffreiche Seen und Weiher mit reich entwickelter Schwimmblattzone. *Anax parthenope* gilt bei uns als stark gefährdete Art.

Ein Paar der Kleinen Königslibelle (Anax parthenope) bei der Eiablage; oben das Männchen, unten das Weibchen.

Kennzeichen

48—53 mm Abdomenlänge.

♂: Kaum kleiner als *Anax imperator*, Augen smaragdgrün, Hinterleib schmutzig braunviolett, *aber*: 2. und 3. Hinterleibssegment leuchtend blau oder türkisfarben.

♀: Ähnlich dem ♂, *aber*: 2. und 3. Hinterleibssegment an der Basis gelb, sonst verwaschen blau. Restlicher Hinterleib olivgrün mit rostfarbener Binde oberseits. Flügel gelblichbraun getönt.

Biologie
Die Kleine Königslibelle ähnelt in ihrem Lebenslauf sehr der großen „Schwester“ *Anax imperator*. Kleine Königslibellen fliegen von Mai bis September, also im gleichen Zeitraum wie *A. imperator*. Sie teilen auch deren Vorliebe für große Seen oder Weiher, die mit Laichkräutern bewachsene Zonen aufweisen. Beide Geschlechter zeigen den gleichen majestätischen Flug und das gleiche Paarungszeremoniell wie *A. imperator*. *Anax parthenope*-Weibchen legen sowohl allein ab als auch mit begleitendem, angekoppeltem Männchen. Die verschiedenen Eiablagetypen dürften eine Reaktion auf unterschiedliche Männchendichten sein. In dünn besiedelten Teichgebieten (zum Beispiel in Franken) legen *A. parthenope*-Weibchen allein ab. In Gebieten mit großen Populationen beobachtete ich dagegen nur Eiablagen in Tandemstellung. So fand ich in frisch bespannten Reisfeldern der Camargue bis zu 15 Paare, die gleichzeitig ablegten. Ständig patrouillierten Männchen über den Paaren und versuchten, auf den Weibchen aufzureiten. Die Blockade der Kopfregion des Weibchens durch dessen Männchen verhindert jedoch eine Störung der Eiablage. Im Kapitel „Eiablage“ wird dieses Phänomen ausführlicher behandelt.

Die Entwicklungsdauer der Larven beträgt bei uns zwei Jahre, im Mittelmeergebiet vollzieht sich der Zyklus in einem Jahr.

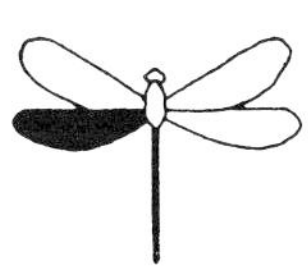

42. **Schabrackenlibelle** (*Hemianax ephippiger*)
Die Heimat dieser bei uns äußerst seltenen Art ist Afrika. Sie bewohnt die Wüstengebiete von der Sahara bis nach Indien. Wahrscheinlich brütet die Schabrackenlibelle auch in Südfrankreich. Als Wanderlibelle gelangt sie mit warmen Luftströmungen gelegentlich nach Deutschland. 1957 wurde sogar ein Weibchen in Schleswig-Holstein gefunden. Der letzte deutsche Nachweis stammt aus dem Jahre 1979 vom Bodenseegebiet, wo sie über großen stehenden Gewässern mit hoher Wassertemperatur flog. Als Irrgast stufe ich diese Art als „potentiell gefährdet“ ein.

Kennzeichen
44—46 mm Abdomenlänge.
♂: Körper sandbraun mit dunkler Zeichnung auf dem Hinterleib. Typisch ist ein blauer Fleck auf dem 2. Hinterleibssegment, der an eine Satteldecke (Schabracke) erinnert.
♀: Die Grundfarbe ist — in Anpassung an den Wüstenbiotop — ebenfalls sandbraun. Der blaue Fleck auf dem 2. Hinterleibssegment ist aber deutlich matter und weniger auffällig.

Biologie
Über die Biologie dieser Invasionsart ist sehr wenig bekannt. Die Flugzeit dürfte im Juni liegen, Einzelfunde eingewanderter Tiere stammen jedoch auch aus dem April (Schleswig-Holstein) und dem Oktober (Irland). Vermutlich ähneln die Verhaltensweisen dieser Art denen der übrigen Edellibellen.

43. **Asiatische Keiljungfer** (*Gomphus flavipes*)
Die Asiatische Keiljungfer ist eine Libellenart des warm-kontinentalen Klimabereichs. Ihr Verbreitungsgebiet reicht von den östlichen Teilen Europas bis nach Persien. In Deutschland trat diese Libelle nur sporadisch auf, sie gilt heute bei uns als ausgestorben. Die letzten Funde stammen aus dem Kreis Herzogtum

Lauenburg (1977) sowie aus dem Spreewald (1979). 1982 wurde diese Keiljungfer noch an der Loire (Frankreich) beobachtet. Fünf aktuelle Nachweise stammen aus Holland.

Der Lebensraum dieser Art sind saubere, breite Unterläufe von Flüssen. Sie wird hier aufgeführt, da im Donauraum gelegentliche Beobachtungen dieser Libelle durchaus möglich sind.

Kennzeichen
37—42 mm Abdomenlänge.
♂: Augen grünblau, der gesamte Körper grüngelb, nur die Hinterleibsspitze hellgelb. Vorderbeine einheitlich gelb (*flavipes*!), Mittel- und Hinterbeine gelb mit dunklen Streifen.
♀: Gleicht dem ♂.

Biologie
Zur Bildung des Paarungsrades ergreift das Männchen sein Weibchen in der Luft und setzt sich etwa 5 bis 10 Minuten am Boden ab. Die Eiablage erfolgt Ende Juli bis Anfang August, wobei das Weibchen allein fliegt und seinen Hinterleib öfter ins Wasser taucht, um die hervorquellenden Eier abzustreifen. Die Larvenentwicklung soll drei bis vier Jahre dauern.

44. **Westliche Keiljungfer** (*Gomphus pulchellus*)

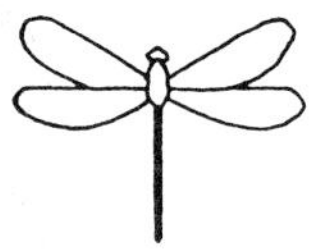

Unter den Flußlibellen (Gomphidae) ist die Westliche Keiljungfer die einzige Art, deren Lebensraum stehende Gewässer wie etwa nährstoffreiche Teiche und Seen darstellen. Sie kommt aber auch an langsamen Fließgewässern vor. Wie der Name sagt, ist sie im Westen und Südwesten Europas, in Portugal, Frankreich, Belgien, Holland, der Schweiz und Süddeutschland (Rheingraben) zu Haus. Diese Libelle dehnt zur Zeit ihr Areal nach Norden und Osten aus und hat bereits Mittelhessen erreicht. Sie folgt offensichtlich dem Main flußaufwärts. *Gomphus pulchellus* ist noch häufig und bislang nicht gefährdet.

Kennzeichen
34—38 mm Abdomenlänge.
♂: Augen wie bei allen Gomphiden getrennt, hier hellblau. Brust olivgrün, seitlich gelbgrün. Hinterleib mit einer typischen *durchgehenden* gelben Mittellinie auf schwarzem Feld. Flügelmal gelb oder orangerot. Beine gelb mit schwarzen Streifen.
♀: Gleicht dem ♂. Unterseite des Hinterleibs graublau angelaufen.

Biologie
Von Ende Mai bis Anfang August kommt diese Libelle an Seen und Teichen mit vegetationsarmen Ufern vor. Die Westliche Keiljungfer gehört zu den ruhigen Libellen. Sie fliegt wenig und sitzt gerne auf Wegen, aber auch senkrecht an Weidenbüschen. Wenn die Tiere jedoch gestört werden, ist ihr Flug schnell und wellenförmig. Während der Reifezeit erbeuten sie Kleinlibellen, Raubfliegen (Asilidae) und Schlupfwespen.

Über die Paarung und Eiablage der Art sind nur wenige Einzelheiten bekannt, sie dürften aber weitgehend mit dem Verhalten anderer Gomphiden übereinstimmen.

Sechs bis acht Wochen nach der Eiablage schlüpfen die auffallend flachen Larven. Sie sind Bewohner des Seegrundes. Tagsüber graben sie sich in den Bo-

Frischgeschlüpfte Westliche Keiljungfer (Gomphus pulchellus).

denschlamm ein, nachts verlassen sie ihre Verstecke und wandern umher. Die Länge der Entwicklungszeit ist nicht genau bekannt, sie könnte etwa vier bis fünf Jahre betragen.

Zum Schlüpfen wandern die Larven ans Ufer und klettern wenige Zentimeter am Rand hoch. Flußlibellen schlüpfen in waagerechter Haltung, die Imagines verlassen die Häute senkrecht nach oben. Die Geburt verläuft sehr schnell. Schon eine halbe Stunde nach der Körperentfaltung können die Gomphiden fliegen.

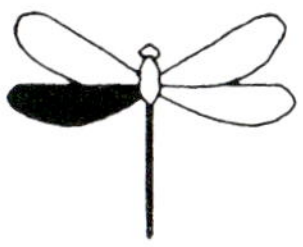

45. **Gelbe Keiljungfer** (*Gomphus simillimus*)
Die Gelbe Keiljungfer lebt vor allem im Mittelmeerraum und erreicht Deutschland nur ausnahmsweise. Letzte Nachweise stammen aus dem Raum um Konstanz/Bodensee (1960, 1979), wo die Imagines am Rheinufer beobachtet wurden. Die Ober- und Mittelläufe klarer Flüsse stellen ihren Lebensraum dar. Als Irrgast ist diese Libelle bei uns zu den potentiell gefährdeten Arten zu rechnen.

Kennzeichen
33—38 mm Abdomenlänge.
♂: Doppelgänger von *G. pulchellus*! Zur Bestimmung auf das ausgeprägte dunkle Y an der Seitenbrust achten. Die schwarzen seitlichen Bruststreifen sind breiter als bei *G. pulchellus*.
♀: Gleicht dem ♂.

Biologie
Über die Lebensweise der Gelben Keiljungfer ist wenig bekannt. Sie fliegt von Anfang Juni bis Ende Juli.

46. **Gemeine Keiljungfer** (*Gomphus vulgatissimus*)

Die Gemeine Keiljungfer, die einst wegen ihrer Häufigkeit den Artnamen *vulgatissimus* (= sehr häufig) erhielt, ist heute eine unserer seltensten Libellen. Sie bewohnte früher Fließgewässer und die Brandungszonen von Seen in ganz Mitteleuropa. Die letzten neueren Nachweise stammen aus Berlin (1984), aus Schleswig-Holstein (1979), vom Niederrhein (1970) und aus dem Bodenseegebiet (1976). Diese Art reagiert äußerst empfindlich auf die Verschmutzung unserer Flüsse und Wiesenbäche und ist daher vom Aussterben bedroht.

Kennzeichen
33—37 mm Abdomenlänge.
♂: Augen grüngrau, helle Flächen auf der Brust und den ersten Hinterleibsringen gelbgrün. Hinterleib sich keilförmig nach hinten verbreiternd, schwarz mit feiner gelber Mittellinie oberseits. Flügel leicht getönt.
♀: Dem ♂ sehr ähnlich, Hinterleib aber zylindrisch. Helle Flächen der Brust mehr grün als gelblich.

Biologie
Die Gemeine Keiljungfer ist die früheste Flußjungfer. Von Anfang Mai bis Ende Juni fliegt sie in schnellem, wellenförmigem Flug an Kanälen entlang, über der Brandungszone großer Seen oder an langsam fließenden Flüssen. Nach kurzem Flug läßt sich die Libelle plump fallen und landet auf Steinen oder auch auf waagerechten, vom Wind bewegten Schilfblättern. Die Gemeine Keiljungfer ist äußerst störanfällig und schießt bei der geringsten Beunruhigung davon. Paarungsbereite Weibchen werden gegen Mittag im Sitzen oder auch im Flug ergrif-

Männchen der Gemeinen Keiljungfer (Gomphus vulgatissimus).

fen. Die etwa fünf bis zehn Minuten dauernde Paarung vollzieht sich im Sitzen, meist in geringer Höhe über dem Boden. Nach der Begattung sucht das Weibchen einsame Stellen auf. Es setzt sich auf Steine, aus dem Wasser ragende Pfähle oder andere waagerechte Flächen. Jetzt quellen die Eier aus dem leicht aufgerichteten Hinterleib. Haben die Eimassen etwa Erbsengröße erreicht, schießt das Weibchen mit dem anhaftenden Eipaket schnell und reißend davon. In etwa 20 bis 30 Zentimetern Höhe streicht es über die Wasseroberfläche und streift in unregelmäßigen Abständen die Eier ins Wasser, die sofort auf den Grund sinken. Schon vier bis sechs Wochen nach der Eiablage schlüpfen die Larven, die sich dann aber auffallend langsam entwickeln. Tagsüber leben sie verborgen im sandigen Bodensatz des Gewässers, nachts kommen sie heraus und gehen auf Jagd. Die gesamte Larvalentwicklung dauert drei bis fünf Jahre.

Zum Schlüpfen kriechen die Larven gegen Abend nur wenige Zentimeter weit an Land und erwarten den Morgen. Gegen 6 Uhr verankert die Larve ihre Krallen im Substrat. Die Larvenhaut platzt auf dem Rücken, der Kopf und die Brust schieben sich nach oben aus dem Panzer. Schon eine Stunde später entfalten sich die Flügel. Der erste Flug erfolgt insgesamt zwei Stunden nach dem Platzen der Larvenhaut. Die Geburt vollzieht sich nirgends so schnell wie bei den Flußlibellen. Trotz der Eile fallen die noch frischen Libellen häufig Vögeln zum Opfer. Ich konnte 1964 beobachten, wie Haussperlinge den ganzen Morgen über ihre Jungen mit Keiljungfern fütterten. Die Sperlinge werden sich umstellen müssen. Innerhalb von nur 20 Jahren ist diese einst kommune Gomphide eine der seltensten Libellen unserer Heimat geworden.

47. **Kleine Zangenlibelle** (*Onychogomphus forcipatus*)
Diese auffällige Großlibelle mit den verbreiterten Hinterleibszangen lebt in Mitteleuropa an schnell fließenden Bächen und Flüssen mit ausgedehnten Geröll- und Sandflächen. Auch in der Nähe von größeren Seen des Voralpenlandes ist sie gelegentlich zu beobachten. Bodenständig ist sie noch um Bad Reichenhall, im Chiemgau und im Breisgau sowie am Hochrhein. Diese schöne Libelle ist bei uns vom Aussterben bedroht.

Kennzeichen
31—37 mm Abdomenlänge.
♂: Augen olivgrün, Brust und Hinterleib gelb-schwarz gesprenkelt. Das Hinterleibsende ist verbreitert. Die Hinterleibszangen sind auffällig vergrößert und ineinander verfalzt.
♀: Sehr ähnlich dem ♂, jedoch ohne die auffallenden Hinterleibszangen. Das Abdomenende ist nicht verdickt.

Biologie
Wie alle Gomphiden sind die Zangenlibellen gute Flieger, aber diese Art fliegt am „leichtesten“ und elegantesten. Ihr Flug ist rasch und zielstrebig. Meistens sitzen die Imagines auf hellen Steinen und Sandwegen, wobei sie in der Mittagshitze ihren Hinterleib steil aufrichten, um sich möglichst wenig aufzuheizen. Zangenlibellen sitzen nie an Büschen oder auf Bäumen. Die Imagines sind sehr scheu und reagieren auf die kleinste Störung mit Flucht. Meist kehren sie aber nach wenigen Sekunden auf den gleichen Sitzplatz zurück. Ich habe sie stundenlang am Thumsee bei Bad Reichenhall beobachtet, wo sie auf intensiv begangenen Wegen saßen. Vor jedem Wanderer flogen sie auf, um sich wenige Sekunden später wieder an der gleichen Stelle niederzulassen. Obwohl sich dieses Flugma-

növer oft 50 mal pro Stunde wiederholte, kehrten die Zangenlibellen stets zurück. Beide Geschlechter sonnen sich im gleichen Bereich, doch sind die Weibchen viel seltener zu sehen.

Die Flugzeit der Zangenlibellen erstreckt sich von Ende Mai bis Mitte August mit Schwerpunkt im Juli. Die Paarung erfolgt in der Luft. Hat ein Männchen seine Partnerin mit den großen Zangen, die vorn auf der Stirn und am Unterrand der Augen einrasten und fast den gesamten Kopf umklammern, ergriffen, steigen die Paare in rasendem Flug in die Höhe. Wie alle Gomphiden verweilen die Weibchen nach der Trennung einige Zeit sitzend, bis die Eier in dicken Paketen aus dem Hinterleib treten. Danach streifen sie die Eier ins Wasser. Die Larven schlüpfen noch im gleichen Jahr und vergraben sich im Sand. Nur zum Jagen oder zur Häutung verlassen sie ihr Versteck. Die Larven fressen selten, sie können sogar tagelang im Sand verborgen bleiben. Aus diesem Grund dauert die Gesamtentwicklung drei bis fünf Jahre.

Männchen der Kleinen Zangenlibelle (Onychogomphus forcipatus).

Die Verwandlung erfolgt am späten Vormittag. Die Larven klettern wenige Zentimeter aus dem Wasser und erklimmen Ufersteine. Dort bricht die Rückennaht der waagerecht sitzenden Larven auf, und die Imagines schlüpfen senkrecht nach oben heraus. Die Metamorphose verläuft sehr schnell. Schon eine Stunde nach dem Platzen der Larvenhaut erhebt sich die ausgeformte Zangenlibelle in die Luft. Interessant ist die Ausformung der Flügel während des Schlüpfens. Während beispielsweise die Edellibellen ihre Flügel in senkrechter Stellung entfalten, entwickeln sich die Flügel der Zangenlibellen waagerecht. Die Streckung vollzieht sich in wenigen Minuten. Diese Libellen sind wesentlich früher zu einem Notstart fähig als alle anderen Libellenarten.

Es fällt schwer, die genauen Gründe für die extreme Gefährdung der Kleinen Zangenlibelle anzugeben. Wahrscheinlich spielen die Verbauung von Bergbächen und die intensive Freizeitnutzung von klaren Seen sowie die Gewässerverschmutzung dabei eine wichtige Rolle.

48. **Große Zangenlibelle** (*Onychogomphus uncatus*)
Auch die Große Zangenlibelle ist bei uns vom Aussterben bedroht. Ihr Lebensraum sind schnell fließende, sehr saubere Bäche und Flüsse im Bereich des Mittelmeeres, in Spanien und in den Pyrenäen.

Kennzeichen
36—40 mm Abdomenlänge.
♂: Sehr ähnlich der Kleinen Zangenlibelle, doch sofort an den gelben Hinterleibszangen von *O. forcipatus* (schwarze Zangen) unterscheidbar. Die Augen sind blaugrau.
♀: Gleicht dem ♂, jedoch ist der Hinterleib nicht verdickt, sondern zylindrisch. Die ausgeprägten Hinterleibszangen des ♂ fehlen dem ♀.

Biologie
Das Verhalten von *O. uncatus* gleicht dem von *O. forcipatus*, nur wirken die Tiere viel ruhiger. Der einzige Fundort in der Bundesrepublik war bisher die Umgebung von Schaffhausen, wo sie 1920 noch sehr häufig war. Der letzte Nachweis stammt vom 7. 8. 1970. Möglicherweise ist diese Art bei uns schon ausgestorben.

49. **Grüne Keiljungfer** (*Ophiogomphus serpentinus*)
Wie fast alle an die Oberläufe sauberer Bäche und Flüsse angepaßten Libellenarten ist auch die Grüne Keiljungfer bei uns vom Aussterben bedroht. Diese Art benötigt Flachwasserbereiche mit sandigem Grund zur Entwicklung. Besonders gern werden solche Flußabschnitte aufgesucht, deren Ufer bewaldet sind. Die geographische Verbreitung der Grünen Keiljungfer reicht von Mittel- und Südeuropa bis Mesopotamien. Die letzten Nachweise stammen aus dem Altmühltal (1965), dem Nordschwarzwald (1962), der Vorderpfalz (1976), der Umgebung von Celle (1974) und dem Frankenwald (1983).

Kennzeichen
37—39 mm Abdomenlänge.
♂: Größte einheimische Flußlibelle. Augen grün, Brust grasgrün, Hinterleib mit gelben, nach hinten sich verjüngenden Keilen auf schwarzem Grund.
♀: Zeichnung und Färbung wie beim ♂. Der Hinterleib wirkt noch plumper. Am Hinterrand der Augen tragen die ♀♀ zwei gezähnte Warzen.

Biologie
Diese sehr selten gewordene Libelle fliegt von Mitte Juni bis Anfang Oktober, ihr schwerfälliger Flug fällt sofort auf. Die Imagines sitzen gerne auf Wegen, oder sie lassen sich im Gras an den Ufern sandiger Waldbäche nieder, wobei sie während der Landung mit den Flügeln schwirren. Die Paarung dauert 5 bis 10 Minuten und wird im Sitzen beendet. Die Eiablage erfolgt nach Gomphiden-Art durch das allein fliegende Weibchen, das die aus dem Hinterleib quellenden Eier in ruhig fließendem Wasser abstreift.

Die Larven leben am Grund klarer Bäche und Flüsse, graben sich aber nicht ein, sondern drücken sich in Vertiefungen. Die gesamte Entwicklungszeit dauert zwei bis vier Jahre. Ich selbst habe die Grüne Keiljungfer im September 1983 in einem engen Bachtal bei Zeyern (Frankenwald) beobachtet, als sie über einem sonnigen Bachabschnitt jagte. Die plump wirkende Libelle kann auf der Jagd nach Mücken sehr wendig fliegen.

Gestreifte Quelljungfer (Cordulegaster bidentatus).

Männchen der Grünen Keiljungfer (Ophiogomphus serpentinus).

50. **Gestreifte Quelljungfer** (*Cordulegaster bidentatus*)

Die Gestreifte Quelljungfer lebt in Mitteleuropa im Quellbereich und am Oberlauf (Forellenregion) klarer, schnell fließender Bergbäche. Hier benötigt sie Seichtwasserstellen mit sandigem Untergrund. *Cordulegaster bidentatus* ist weitaus seltener als *C. boltoni*. Aktuelle Vorkommen liegen im Allgäu, im Werdenfelser Land, im Südschwarzwald und im Bodenseeraum. Diese Libelle ist vom Aussterben bedroht.

Kennzeichen

52—63 mm Abdomenlänge.

♂: Augen grün, Brust und Hinterleib schwarz mit gelben Ringen. Im mittleren Abschnitt des Hinterleibs nur mit *einem* gelben Ring pro Segment (*C. boltoni* mit zwei Ringen).

♀: Ebenso, Hinterleib dicker.

Biologie

Die seltene Gestreifte Quelljungfer fliegt von Anfang Juni bis Ende August. Oft kommen beide Quelljungfern gemeinsam in einem Biotop vor, obwohl *C. bidentatus* die Quellregion von höher gelegenen Bergbächen bevorzugt. Ich habe sie im Berchtesgadener Land in 1 000 Metern Höhe häufig beobachten können. Ihr Verhalten gleicht dem der verwandten Art, nur wirkt *C. bidentatus* etwas plumper in ihren Bewegungen.

Die Larven leben eingegraben im Sand, lediglich die Augen und die Schwanzstacheln sehen heraus. Als Bewohner nährstoffarmer, kalter Berggewässer benötigen sie drei bis fünf Jahre zu ihrer Entwicklung.

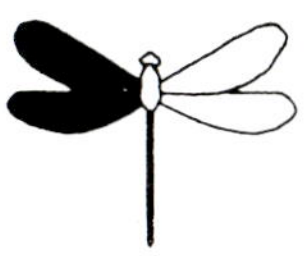

51. **Zweigestreifte Quelljungfer** (*Cordulegaster boltoni*)

Diese Quelljungfer lebt in fast ganz Europa an kalten, schnell fließenden Bergbächen und Quellsümpfen mit sonnigen Sickerwasserstellen. Neuere Nachweise stammen aus dem Berchtesgadener Land (1983), dem Schwarzwald, Frankenwald, Teutoburger Wald, dem Fichtelgebirge und der Rhön. *Cordulegaster boltoni* gehört zu den gefährdeten Arten.

Kennzeichen

54—61 mm Abdomenlänge.

♂: Augen grün schillernd, Brust und Hinterleib schwarz mit gelben Ringen. Auf dem Hinterleib je eine breite und eine schmale gelbe Querbinde im Wechsel.

♀: Gleicht dem ♂.

Männchen der Zweigestreiften Quelljungfer (Cordulegaster boltoni).

Biologie

Ich habe diese Art 20 Jahre auf dem Loipl, einer 1 000 Meter hoch gelegenen Hochalm im Berchtesgadener Land, regelmäßig beobachtet. Von Anfang Juni bis Anfang August fliegen diese alpinen Großlibellen in etwas unsicher wirkendem Flug an kleinen Rinnsalen und Bächen. Besonders bevorzugte Aufenthaltsorte sind tief eingekerbte Bachtäler mit starker Sonneneinstrahlung. Die Tiere lassen sich häufig auf dünnen Pfeifengrasstengeln nieder, die Minuten nach der Landung noch nachschwingen. Die Flügel bleiben in Ruhehaltung stets waagerecht ausgebreitet. Die Vorder- und Mittelbeine umfassen den dünnen Halm, die Hinterbeine ragen weit nach vorne und stützen das schwere Tier. Der Hinterleib wird fast waagerecht gehalten. Die Imagines fliegen sehr ruhig und langsam, nur vor dem Ergreifen eines Weibchens in der Luft fliegen die Quelljungfer-Männchen reißend. Während der Paarung setzen sich die Quelljungfern ab, wobei sie stets an Büschen hängen, aber nie am Boden sitzen. Zur Eiablage fliegen die Weibchen allein. In einem aufregenden Flugtanz bohren die Quelljungfern ihre Eier unter erbsengroße Steinchen an sickerfeuchten, überhängenden Ufern oder in schlammige Bereiche. Dabei stehen sie senkrecht in der Luft und visieren mit dem abwärts gerichteten Abdomen das Substrat an, in das die Eier gelegt werden sollen. Rund einmal pro Sekunde senkt sich das Tier im schwerfälligen Flugtanz, 20 bis 30 mal auf einer Stelle, um die Eier zu verstecken. Bei jedem Stoß taucht das Legerohr tief in den Grund. Gegen Ende der Flugzeit sind die Legebohrer oft abgenutzt oder sogar gebrochen. Kein Wunder bei diesem Kraftakt!

Die Entwicklung der Larven in den kalten Gebirgsbächen dauert etwa drei bis fünf Jahre. Die Larven leben eingegraben im Bachgrund, nur die löffelförmige Fangmaske am Kopf schaut heraus. Als wir einmal eine erwachsene Larve fanden, versuchte sie sich mit den spitzen Stacheln des Hinterleibs heftig zu wehren. Auf wasserüberströmten Kies gesetzt, grub sie sich mit kräftigen Beinbewegungen, die den Kies nach der Seite wegschleuderten, sofort ein. Schon nach einer Minute war sie verschwunden. Nur die Stacheln, die der Atmung wegen im freien Wasser bleiben müssen, waren noch zu sehen.

In dieser Stellung lauern Quelljungferlarven stundenlang auf Beute. Sie erfassen mit der Fangmaske blitzschnell Tiere, die mit dem Bach abwärts driften, so zum Beispiel Eintagsfliegen- oder Steinfliegenlarven.

Fütterungsversuche mit Larven, die drei Wochen lang gehungert hatten, zeigten, daß sie in acht Minuten 24 Zuckmückenlarven verzehren konnten. Sie sind offensichtlich darauf eingestellt, ein reiches Beuteangebot intensiv zu nutzen, um dann wieder lange hungern zu können. Ab Ende Mai klettern die Larven aus dem Wasser und steigen oft weitab vom Bach an Gräsern oder Wurzeln 15 bis 30 Zentimeter empor. Die Larven hängen bei der Metamorphose stets leicht nach hinten übergeneigt. Während der Nacht beginnt der Schlupf; es dauert fast bis zum Mittag des nächsten Tages, bis die neugeborenen Quelljungfern abfliegen können.

Die Gefährdung der Zweigestreiften Quelljungfer hat ihren Grund sicher vor allem in der Verbauung der Bergbäche und den daraus resultierenden Veränderungen der Strömungsverhältnisse.

52. **Gemeine Smaragdlibelle** (*Cordulia aenea*)

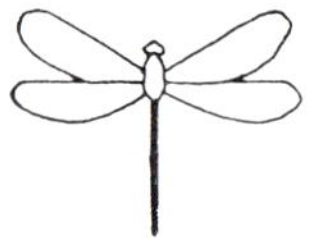

Die Gemeine Smaragdlibelle ist eine Charakterart stehender Gewässer aller Art. Man begegnet ihr an Teichen, Tümpeln oder Torfstichen. Die Art ist in Mitteleuropa fast überall häufig und nicht gefährdet.

Kennzeichen

33—39 mm Abdomenlänge.

♂: Düster metallisch grün bis kupferfarben. Augen grün, die der Alttiere bronzefarben. Hinterleib am Ende leicht verbreitert. Flügel durchsichtig, an der Basis gelb getönt.

♀: Gleicht dem ♂. Flügel älterer ♀♀ leicht bräunlich getönt.

Gemeine Smaragdlibelle (Cordulia aenea). Das Tier ist soeben geschlüpft, wie man an der am Halm hängenden Exuvie unschwer erkennt.

Biologie

Diese Frühjahrslibelle erscheint Ende April oder Anfang Mai und fliegt bis Anfang August. Schon am frühen Morgen segeln die Imagines mit leicht angehobenem Hinterleib über ihrem Teich. Oft stehen sie im Rüttelflug lange auf der Stelle, schweben einige Meter und rütteln erneut. Smaragdlibellen sind wenig scheu und bleiben oft nur einen halben Meter vor dem Beobachter in der Luft stehen. Geschlechtsreife Männchen inspizieren stundenlang die kleinen Buchten der Verlandungsvegetation. Vor jeder Bucht rütteln sie lange in der Luft, so als wollten sie sich genau umsehen. Sie sind sehr ortstreu und patrouillieren oft den ganzen Tag die gleiche Uferlinie ab. Die Weibchen jagen bis in den Abend hinein fernab vom Wasser nach Eintagsfliegen (Ephemeroptera).

Das Ergreifen der Weibchen zur Paarung erfolgt in der Luft. Ein sicheres akustisches Kennzeichen dafür, daß eine Kopulation stattfindet, ist das charakteristische, gut hörbare Flügelknistern. Die Paare entfernen sich nie weit vom Wasser und hängen sich nur für wenige Minuten an Sträucher oder Bäume. Die Paarung erfolgt besonders häufig zwischen 9 und 11 Uhr an warmen Maitagen. Nach der Paarung trennen sich die Räder. Während die Männchen weiter patrouillieren, fliegen die Weibchen tief über dem Wasser zu kleinen Buchten oder

Uferbänken. Dort rütteln sie so lange, bis die Eier in Paketen von 10 bis 20 Stück aus dem Hinterleib gequollen sind. Aus dem Rüttelflug heraus peitschen sie mit dem Hinterleib das Wasser und streifen dabei die Eier ab. Die Weibchen verstreuen ihre Eier in weitem Umkreis. Ohne System schlagen sie mal hierhin und mal dorthin. Die weißlich-gelben Eier sinken einzeln langsam zu Boden. Kurze Zeit nach der Ablage bildet sich eine gallertige Hülle um die Eier, mit der sie an Unterwasserpflanzen wie Tausendblatt (*Myriophyllum*) oder Armleuchteralgen (*Chara*) anhaften und oft richtige Einester bilden. 18 bis 24 Tage nach der Eiablage schlüpfen die Larven. Während die Junglarven zwischen Wasserpflanzen leben, graben sich ältere Stadien im Schlamm ein. Sie überwintern mindestens zweimal. Zur Verwandlung klettern die Larven hoch aus dem Wasser. Man fand schon schlüpfende Imagines mehrere Meter hoch an Baumstämmen, die zwei Meter abseits des Ufers standen. Die Imagines schlüpfen am frühen Morgen. Etwa gegen 11 Uhr sind sie flugbereit. Smaragdlibellen bei ihrem Rüttelflug aus der Nähe zu beobachten gehört zu den schönsten Eindrücken eines Libellensommers.

53. **Zweifleck** (*Epitheca bimaculata*)
Große Weiher mit reichem Bestand an Sumpfbinsen (*Schoenoplectus lacustris*) und klare Seen mit Schilfzonen sind die Lebensräume dieser seltenen, vom Aussterben bedrohten Libelle. Die europäisch-asiatische Art wurde in Deutschland nur noch an schleswig-holsteinischen Seen (1975), in Oberschwaben (1978), bei Karlsruhe (1965) und im Zwillbrocker Venn (1975) beobachtet. Sicher wird der Zweifleck wegen seines wilden, reißenden Fluges weitab der Ufer manchmal übersehen.

Kennzeichen
39—43 mm Abdomenlänge.
♂: Die Libelle erinnert an den Vierfleck (*Libellula quadrimaculata*), ist aber deutlich größer. Augen grünblau, Brust braungelb. Hinterleib an den Seiten gelb, oben in der Mitte und am Ende schwarz, leicht abgeplattet. Hinterflügel an der Basis mit auffallendem schwarzem Fleck.
♀: Sehr ähnlich dem ♂, jedoch sind Brust und Hinterleib mehr rostbraun.

Biologie
Im Gegensatz zu den übrigen Falkenlibellen halten sich die Männchen des Zweiflecks immer über dem *freien* Wasser auf und fliegen 10 bis 20 Meter vom Ufer entfernt. Von Mitte Mai bis Ende Juni leben diese kraftvoll fliegenden Libellen. Bemerkenswert ist die Art der Eiablage: Die begatteten Weibchen trennen sich von den Männchen und setzen sich an geschützten Stellen ab. Sie pressen einen erbsengroßen, rotbraunen Eiklumpen aus, der am Hinterleib haften bleibt. Dann suchen sie Stellen mit Unterwasserpflanzen auf und streifen dort ihren Hinterleib über die Wasseroberfläche. Bei Wasserkontakt entwirrt sich der Eiklumpen zu einem 50 bis 70 Zentimeter langen Gallertstrang, in dem rund 1 900(!) Eier eingebettet sind. Die Eischnüre legen sich über die Wasserpflanzen und erinnern an Krötenlaichstränge. Vier bis neun Wochen später schlüpfen die Larven und lassen sich zu Boden sinken. Hier jagen sie zwischen Wasserpflanzen. Sie benötigen zwei bis drei Jahre zur Entwicklung. Der Schlupf erfolgt binnen weniger Tage, und zwar meist in Gesellschaft. Oft kann man in geschützten Buchten mehrere Exuvien (Larvenhäute) nebeneinander an Seggenbülten oder Schilfhalmen finden.

54. **Gekielte Smaragdlibelle** (*Oxygastra curtisi*)

Die zu den Falkenlibellen gehörende Gekielte Smaragdlibelle ist bei uns ein seltener Vermehrungsgast. Sie ist im Südwesten Europas, in Spanien, Südfrankreich und Norditalien beheimatet und gelangt gelegentlich mit warmen Südwinden nach Deutschland. Die letzten Brutnachweise stammen allerdings aus den vierziger Jahren von der Siegmündung nördlich von Bonn. Seitdem liegen keine neuen Funde vor. Der Lebensraum dieser Art sind buschreiche Flußufer an schnell fließenden Wasserläufen oder an Kanälen.

Als Vermehrungsgast wird *Oxygastra curtisi* zu den potentiell gefährdeten Arten gerechnet.

Kennzeichen

34—39 mm Abdomenlänge.

♂: Grün-metallische Art mit rautenförmigen gelben Flecken auf dem Hinterleib.

♀: Gleicht dem ♂. Die Basis der Flügel ist gelblich gefärbt.

Biologie

Die Imagines fliegen im Juni und Juli an buschreichen Flüssen und setzen sich häufig auf Wegen oder hellen Steinen ab. Sie sind keineswegs scheu. Paarung und Eiablage erfolgen nach dem für Falkenlibellen üblichen Schema. Die Larven leben im Schlamm der Flußufer. In warmen Sommern muß auf diese Art geachtet werden. Ihr Auftreten ist im Rheingraben nicht unwahrscheinlich.

55. **Alpen-Smaragdlibelle** (*Somatochlora alpestris*)

Diese boreo-alpin verbreitete Art lebt in Nordeuropa bis hinauf nach Lappland. Bei uns ist ihr Vorkommen auf die Hochmoore der Alpen und auf die Mittelgebirge in Höhenlagen von 800 bis 2 100 Metern beschränkt. *Somatochlora alpestris* ist heute in Deutschland vom Aussterben bedroht. Die letzten Vorkommen liegen im Allgäu, im Nordschwarzwald und im Harz.

Kennzeichen

32—35 mm Abdomenlänge.

♂: Augen blaugrün bis türkisfarben. Brust glänzend grün, manchmal kupfern. Hinterleib düster schwärzlich mit einem dünnen gelben Ring um die Hinterleibssegmente 1 bis 3. Abdomen in der Mitte leicht verbreitert.

♀: Gleicht dem ♂, das Abdomen ist aber zylindrisch.

Biologie

Diese Art liebt vor allem kleine offene Wasserlachen oder Rinnsale auf alpinen Schuttflächen in Moornähe. Die Imagines fliegen von Juni bis September sehr lebhaft tief über dem Wasserspiegel und erinnern in ihrem Verhalten an *Cordulia aenea*. Während der Eiablage fliegen die Weibchen mit leicht aufwärts gebogenem Hinterleib.

Zur Eiablage wählen sie kleine Flachwasserbuchten und berühren mit ihrem Hinterleib die Wasseroberfläche, um die Eier abzustreifen. Bevorzugt tun sie dies im Übergangsbereich zwischen Land und Wasser. Die Zahl der abgelegten Eier ist sehr hoch, es sind jeweils rund 1 600. Die Eier entwickeln sich teilweise noch im gleichen Jahr, in Hochlagen überwintern sie jedoch. Die gesamte Entwicklungsdauer dürfte drei Jahre in Anspruch nehmen, in Hochlagen wahrscheinlich noch länger.

56. **Arktische Smaragdlibelle** (*Somatochlora arctica*)

Diese typische Hochmoorlibelle ist über ganz Nordeuropa bis nach Schottland verbreitet. In Deutschland ist sie an Hochmoore gebunden und ist nachgewiesen aus dem Allgäu, dem Nordschwarzwald, der Pfalz, dem Harz und aus einigen Mooren Ostholsteins. Diese Art ist bei uns stark gefährdet.

Kennzeichen

32—35 mm Abdomenlänge.

♂: Diese Art darf nicht mit *Somatochlora alpestris* verwechselt werden. Augen rötlich braun, Körper düster metallisch-schwarz glänzend, Brust seitlich ungefleckt. 2. Hinterleibssegment mit zwei deutlichen gelben Flecken.

♀: Ebenso, die gelben Flecken auf dem 2. Hinterleibssegment sind größer als beim ♂.

Biologie

Zwischen Anfang Juni und September fliegen die Männchen in schnellem, unregelmäßigem Flug über die Hochmoore. Zur Paarung werden die Weibchen in

Weibchen der Arktischen Smaragdlibelle (Somatochlora arctica).

der Luft ergriffen, das Rad setzt sich ab und verbleibt etwa 30 Minuten in dieser Stellung. Die Eiablage erfolgt bei warmem Wetter um die Mittagszeit. Das Weibchen fliegt mit hoch aufgebogenem Hinterleib über das Wasser und tupft das Körperende in kurzen Abständen auf. Die im Juni abgelegten Eier entwickeln sich noch im gleichen Jahr, später abgelegte Eier überwintern. Die etwa 1 600 Eier eines Weibchens sind von Gallerthüllen umgeben, mit denen sie an den flutenden Torfmoosen haften bleiben. Zwölf Stadien durchlaufen die Larven, sie benötigen dazu zwei bis drei Jahre. Wie bei allen Hochmoorlibellen schlüpfen die Imagines am ersten warmen Maitag wie auf ein Kommando.

57. **Gefleckte Smaragdlibelle** (*Somatochlora flavomaculata*)

Diese Falkenlibelle lebt in den Ebenen Mittel- und Südeuropas an Seggensümpfen, Röhrichten und sumpfigen Wiesen in der Nähe nährstoffreicher Seen. Sie meidet jedoch offene Gewässer. Neuere Nachweise stammen aus Franken, der Vorderpfalz, Holstein, Holland und Dänemark. Die Art ist gefährdet.

Kennzeichen
34—40 mm Abdomenlänge.
♂: Augen oberseits grün, Körper düster metallisch mit deutlichen gelben Flecken an den Seiten des Hinterleibs.
♀: Hinterleib bräunlich, die gelben Seitenflecken deutlicher und noch auffallender als beim ♂.

Biologie
Diese von Juni bis August fliegende Art unterscheidet sich von allen anderen Corduliiden. Während *Cordulia aenea*, *S. metallica* und *S. alpestris* über offenem Wasser und *S. arctica* über Hochmooren fliegen, findet man *Somatochlora flavomaculata* fast immer über sumpfigen Wiesen oder an Waldrändern. Hier erfolgt auch die Paarung, die im Flug eingeleitet wird. Unruhig hin und her sausend sucht das Paar Büsche auf und hängt sich für 10 bis 15 Minuten an Zweige. Die Eiablage erfolgt wie bei *Cordulia aenea*. Die Larven leben im Bodenschlamm und benötigen für ihr Wachstum etwa drei Jahre.

58. **Glänzende Smaragdlibelle** (*Somatochlora metallica*)

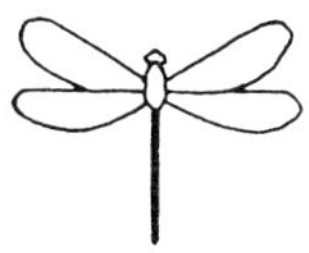

Die Glänzende Smaragdlibelle zählt noch zu den häufigen Falkenlibellen, sie kommt überall in Mitteleuropa vor. Als euryöke Art (= Art ohne besondere Biotopansprüche) bewohnt sie schlammige, nährstoffreiche Teiche ebenso wie Flachmoore, Wiesenbäche oder langsam fließende Flüsse.

Kennzeichen
37—44 mm Abdomenlänge.
♂: Körper mit intensiv grünem Metallglanz. Augen oberseits hellbraun, unterseits grünlich.
♀: Augen grün, Hinterleibsfärbung wie beim ♂, die Flügel sind oft schwach getönt. Hinterleib breit zylindrisch, mit 3 mm langem, rechtwinklig abstehendem Legeapparat.

Biologie
Die Glänzende Smaragdlibelle ist leicht mit *Cordulia aenea* zu verwechseln. Sie erscheint aber erst Ende Juni, also rund zwei Monate später als *Cordulia*. Be-

Gefleckte Smaragdlibelle (Somatochlora flavomaculata).

sonders häufig fliegt *Somatochlora metallica* im Juli und August etwa in 40 bis 50 Zentimetern Höhe über dem Wasserspiegel, bleibt rüttelnd stehen und fliegt rastlos weiter. Jedes Männchen patrouilliert kleinere Uferpartien ab und vertreibt in diesem Revier alle Rivalen. Mit ihrem aggressiven Verhalten gegenüber Artgenossen sorgen die Tiere für eine gleichmäßige Verteilung der Männchen über die Uferzone eines Teiches oder Sees.

Bei Sonne fliegen die Imagines den ganzen Tag und setzen sich sehr selten ab. Das Paarungsrad wird in der Luft gebildet. In wildem Zickzackflug fliegt das Paar dann vom Wasser weg und hängt sich für etwa 15 Minuten an Uferpflanzen oder Zweige. Für die Eiablage wählen die Weibchen ruhige Uferpartien mit schwimmenden Algenwatten oder offene Schlammflächen. Im Rüttelflug schweben die Weibchen dicht über den Algen und schlagen in kurzen Abständen auf die Unterlage. Die letzten Hinterleibssegmente sind dabei senkrecht nach oben gebogen, die Legescheide ist senkrecht abwärts gewinkelt. Auf diese Weise bildet das Hinterleibsende eine Art „Spitzhacke", mit der das Tier auf die Wasseroberfläche schlägt. Dadurch werden die Eier aus dem Hinterleib gepreßt und weggeschleudert. In unregelmäßigen Abständen taucht das Weibchen die Abdomenspitze ins Wasser und befeuchtet die Legescheide. An geeigneten Plätzen tanzen die Weibchen oft zwei Minuten lang auf der Stelle und drehen sich dabei mehrmals um ihre Längsachse. Ein einziges Weibchen kann auf diese Weise über 900 Eier ablegen. Die Eier sinken zwischen den Wasserpflanzen ab. Nach kurzem Wasserkontakt bildet sich eine klebrige Gallerthülle, mit der sie an den Pflanzen haften bleiben.

Vier bis sechs Wochen später schlüpfen die Larven, die meist auf dem Grunde leben, sich aber nicht eingraben, sondern zwischen reich verzweigten Unterwasserpflanzen auf Jagd gehen. Sie sind sehr lebhaft und „stolzieren" tagsüber mit merkwürdigen Bewegungen über den Grund. Die Winter verbringen sie zwischen Wasserpflanzen. Die gesamte Entwicklung von *S. metallica* dauert zwei bis drei Jahre.

Die Metamorphose erfolgt an Seggenstengeln oder Binsen in etwa 20 bis 30 Zentimetern Höhe unmittelbar am Ufer. Die Exuvien erkennt man an der auffallend abgeplatteten Form. Im Querschnitt sind sie fast dreieckig.

59. **Feuerlibelle** (*Crocothemis erythraea*)

Diese leuchtend rote Segellibelle mit dem treffenden Namen lebt im mediterranen Klimabereich an stehenden, nährstoffreichen Gewässern, an Gräben, Kanälen und in den Reisfeldern der Camargue. In Deutschland fliegt sie mit warmen Südwinden (z. B. dem Scirocco) durch die Täler von Rhône und Rhein ein und vermehrt sich vor allem in den warmen Teichen des Rheingrabens. Sie ist seit mehreren Jahren bei Karlsruhe bodenständig, wurde aber auch an verschiedenen Altrheinarmen bei Offenbach sowie an der Mosel im Raum Trier gefunden. Als Vermehrungsgast zählt die Feuerlibelle bei uns zu den potentiell gefährdeten Arten.

Kennzeichen

22—29 mm Abdomenlänge.

♂: Junge Tiere leuchten safrangelb, ältere werden wunderschön leuchtend rot. Die rote Farbe ist so kräftig, daß sich eine Verwechslung mit *Sympetrum*-Arten ausschließt. Der Hinterleib ist abgeplattet.

♀: Junge Tiere wirken olivgrün, später ändert sich die Färbung in ein helles Braun.

Biologie

Diese auffallende Art ist im Mittelmeerraum sehr häufig und wird sicher jedem Urlauber schon begegnet sein. Von Mai bis August fliegt sie äußerst lebhaft über Reisfeldern und an Bewässerungsgräben, oft auch weitab vom Wasser. Feuerlibellen setzen sich häufig auf den Boden, den Hinterleib steil in die Luft reckend, um der heißen Sonne möglichst wenig Fläche zu bieten. Wie die verwandten *Sympetrum*-Arten drehen die Feuerlibellen nach der Landung ihre Flügel weit nach vorne, so daß sie einen nach vorn offenen Winkel von 60° bilden. Der Kopf ist ständig in Bewegung, nichts entgeht den großen, feuerroten Augen. Die Imagines können blitzschnell starten, eine Mücke fangen und ebenso schnell wieder auf der gleichen Stelle landen.

Die nur wenige Sekunden dauernde Paarung erfolgt während der Zeit der größten Mittagshitze, und zwar im Flug. Zur Eiablage fliegen die Weibchen allein zum Wasser und tupfen die Eier auf die Wasseroberfläche, besonders dort, wo Tausendblattrasen (*Myriophyllum*) dicht unter dem Wasserspiegel fluten. Die Entwicklung der Eier dauert etwa neun bis zehn Wochen, die Gesamtentwicklung bis zur Imago etwa 285 Tage.

Im Mittelmeerraum kann der Lebenszyklus wahrscheinlich schneller ablaufen, wenn sich die Larven während der milden Winter schneller weiterentwickeln können. In der Camargue beispielsweise fliegen Feuerlibellen von Mitte Mai bis Mitte Oktober.

Männchen der Feuerlibelle (Crocothemis erythraea).

60. **Östliche Moosjungfer** (*Leucorrhinia albifrons*)

Wie alle Vertreter der Gattung *Leucorrhinia* lebt die Östliche Moosjungfer an sauren Torfgewässern. Sie bewohnt jedoch vor allem Zwischenmoore und Waldseen, die mit Seerosen bewachsen sind. Das eigentliche Hochmoor meidet sie. Diese seltene Libelle ist vom Aussterben bedroht und kommt aktuell nur noch an wenigen Stellen in Schleswig-Holstein und im Einbecker Raum vor.

Kennzeichen

Abdomenlänge 24—25 mm.

♂: Sehr ähnlich der Zierlichen Moosjungfer. Körper fast schwarz, Stirn hellweiß, Flügelmal schwarz (bei *L. caudalis* hell!). Hinterleib schwach spindelförmig mit blauer Bereifung auf den vorderen Segmenten.

♀: Wie das ♂ gefärbt.

Biologie

Die Östliche Moosjungfer bevorzugt die gleichen Biotope wie die Zierliche Moosjungfer (*L. caudalis*), fliegt aber später. Von Ende Mai bis Ende Juli, mit Schwerpunkt in der zweiten Junihälfte, leben diese dunklen, zierlichen Libellen an düsteren Waldseen. Meist sitzen sie unauffällig auf liegenden Schilfhalmen, wobei die Flügel weit nach vorne geknickt sind. Die Tiere sind wenig lebhaft. Über ihr Fortpflanzungsverhalten ist nichts bekannt, es dürfte aber dem von *L. caudalis* sehr ähnlich sein. Die Larvalentwicklung dauert zwei Jahre.

61. **Zierliche Moosjungfer** (*Leucorrhinia caudalis*)

Das Verbreitungsgebiet dieser in der Tat zierlichen Libelle umfaßt Mittel- und Osteuropa. Sie bewohnt ähnlich der Östlichen Moosjungfer saure Torfgewässer in der Ebene, vor allem nährstoffarme Waldseen mit einer Schwimmblattzone aus Seerosen (*Nymphaea*). *Leucorrhinia caudalis* gilt als stark gefährdete Art.

Kennzeichen
21—25 mm Abdomenlänge.

♂: Körper schwarz, Thorax mit violetten, purpurnen und goldenen Reflexen. Hinterflügel mit schwarzem Basisfleck, Flügelmal hell weißlich. Hinterleibsanhänge weiß. Hinterleib manchmal blau bereift, Stirn weiß.

♀: Körper schwarz, zweites bis sechstes Abdominalsegment mit viereckigem, ockergelbem Mittelfleck. Flügelmale braun, Stirn weiß.

Biologie
Leucorrhinia caudalis ist an dem schwebenden, leicht wirkenden Flug und den leuchtendweißen Flügelmalen ohne Schwierigkeiten zu erkennen. Die Imagines sitzen gerne auf Schwimmblättern, wobei die Flügel leicht nach oben gewinkelt werden und das Abdomen aufgerichtet ist.

Die Männchen jagen sich gegenseitig, kehren aber meist auf ihre Stammplätze zurück. Ihre Flugzeit liegt zwischen Mitte Mai und Ende Juni.

Die Paarung erfolgt in der Mittagszeit an sonnigen Stellen. Die Räder setzen sich gern waagerecht ab und verbleiben für etwa 5 bis 15 Minuten in Kopula.

Zur Eiablage trennen sich die Paare. Mit schnellen kurzen Schlägen tupft das Weibchen im Flugtanz die Eier auf Wasserpflanzenrasen oder Sumpfflächen ab. Dabei wird der Hinterleib fast rechtwinklig nach unten geschlagen.

Die Eier entwickeln sich bereits innerhalb von sechs Wochen. Die Larven leben zwischen Wasserpflanzen und verbringen dort auch den ersten Winter. Nach zehn Häutungen sind sie erwachsen und überwintern ein zweites Mal.

Die Zierliche Moosjungfer scheint eng an die Schwimmblattzonen saurer Waldseen gebunden zu sein. Die Gefährdung ergibt sich vor allem infolge des Freizeitrummels und der Zerstörung dieser Schwimmblattzonen.

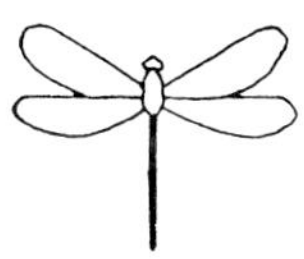

62. **Kleine Moosjungfer** (*Leucorrhinia dubia*)
Die bei uns noch häufige Kleine Moosjungfer ist eine typische Hochmoorlibelle. Als boreo-alpine Art bewohnt sie die Hochmoore Norddeutschlands und Skandinaviens. Im Süden lebt sie nur in den alpinen Mooren bis in eine Höhe von etwa 2 000 Metern. Diese Art ist streng an Moorschlenken mit flutenden Torfmoosen (Sphagnen) gebunden. *L. dubia* ist noch nicht gefährdet.

Kennzeichen
21—27 mm Abdomenlänge.

♂: Körper schwarz, Hinterleib oberseits mit leuchtendroten Flecken. Flügelmal schwarz.

♀: Körper schwarz, Hinterleib oberseits mit leuchtendgelben Flecken, die im Alter oft gelbgrün werden. In Ausnahmefällen kommen rote Flecken vor.

Biologie
Die Kleine Moosjungfer gehört im Frühjahr zu den ersten Arten, man findet sie oft schon Ende April. An Hochmoorschlenken ist sie meist die dominante Art. Diese Libelle bleibt stets in Wassernähe und fällt durch ihren unsicheren, „hüpfenden“, aber schnellen Flug sofort auf. Die Männchen setzen sich gerne auf waagerechte Halme, die über das freie Wasser ragen, die Weibchen dagegen sitzen häufiger in der Heidekrautvegetation nahe am Ufer.

Rund zwölf Tage dauert die Reifezeit, während der die Männchen über die Moorschlenken fliegen. Ihre Aktivität hängt von der Temperatur und der Sonneneinstrahlung ab. Mit dem Erreichen der Geschlechtsreife werden die Männchen ortstreu. Sie kehren an ihre Geburtsstätten zurück und nehmen dort Sitzplätze ein, die sie über mehrere Tage besetzt halten. Die Weibchen werden im Flug ergriffen, das Paarungsrad setzt sich für etwa 25 bis 40 Minuten an Heidekraut oder waagerechten Halmen ab. Auf Störungen reagieren die Paare mit schneller, fast reißender Flucht. Läßt das Männchen sein Weibchen los, fliegt dieses sofort zum Wasser und beginnt mit der Eiablage. Das Männchen verfolgt es und schwebt geraume Zeit über dem tanzenden Weibchen. Andere Männchen werden verjagt. Während der Eiablage fliegt das Weibchen fast hüpfend dicht über das Wasser und tupft hier und da den Hinterleib auf die flutenden Torfmoose. Pro Schlag werden zehn bis zwölf Eier abgestreift. Der gesamte Eivorrat eines Weibchens umfaßt etwa 500 bis 600 Eier.

Männchen der Kleinen Moosjungfer (Leucorrhinia dubia).

Nach rund drei Wochen sind die Eier entwickelt und geben die Larven frei, die ihre gesamte Lebenszeit zwischen den flutenden Torfmoosen verbringen. Sie häuten sich 14mal innerhalb von zwei Jahren. Zum Schlüpfen klettern die Larven etwa eine Handbreit aus dem Wasser. Ich erlebte einmal im Kohlschachtenfilz im Bayerischen Wald ein Massenschlüpfen dieser Art. Dort erschienen am 16. 6. 1978 gegen 10 Uhr morgens aus einem nur zimmergroßen Moortümpel über 600 Imagines der Kleinen Moosjungfer. Die Fluginsekten leben rund drei Monate. Einzelne Individuen fliegen noch im August.

63. **Große Moosjungfer** (*Leucorrhinia pectoralis*)

Diese größte aller Moosjungfern lebt in Nord- und Mitteleuropa an sauren Torfgewässern der Ebene. Sie gilt als Charakterart von Waldmooren und besiedelt auch Teiche, sofern deren Untergrund anmoorig ist. Diese Libelle wird zunehmend seltener und wird heute bereits als stark gefährdet eingestuft. Aktuelle Vorkommen liegen im Allgäu, im Zwillbrocker Venn und in der Lauenburgischen Seenplatte.

Männchen der Großen Moosjungfer (Leucorrhinia pectoralis).

Kennzeichen

23—37 mm Abdomenlänge.

♂: Körper schwarz, Hinterleibsflecken oberseits rot bis rostbraun. Auf dem siebenten Segment leuchtet ein auffälliger zitronengelber Fleck. Flügelmal schwarz.

♀: Körper schwarz. Hinterleibsflecken oberseits trüb orangegelb, Fleck auf dem siebenten Segment nur wenig auffallend.

Biologie

Die Große Moosjungfer fliegt von Anfang Mai bis Ende Juli. Die Männchen besetzen am Ufer Territorien von etwa 50 Metern Länge und suchen dort nach Weibchen. Sehr aktiv sind sie nicht, denn schon nach etwa fünf Minuten Flugzeit ruhen sie meist längere Zeit, wobei sie oft an Wollgrasblüten sitzen.

Zur Paarung ergreifen die Männchen ihre Partnerin im Flug. Das Paarungsrad setzt sich während der Kopula etwa 15 bis 20 Minuten in die Ufervegetation. Während der Eiablage, die bei *L. pectoralis* in das freie Wasser erfolgt, bewacht das Männchen sein Weibchen; es schwebt rüttelnd dicht über ihm. Die Eier werden mit kleinen Schlägen des Hinterleibs auf die Wasseroberfläche getupft. Die Larven leben zwischen Wasserpflanzen verborgen, ihre gesamte Entwicklungszeit beträgt zwei Jahre.

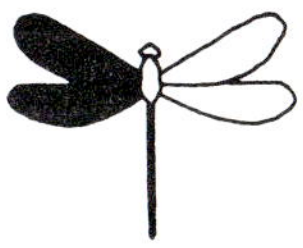

64. **Nördliche Moosjungfer** (*Leucorrhinia rubicunda*)

Als typischer Bewohner der nördlichen Nadelwaldzone lebt *L. rubicunda* vor allem im Norden Deutschlands, kommt aber auch in der Oberpfalz und in Oberschwaben vor. Typischer Lebensraum dieser Art sind nährstoffarme Torfmoosschlenken in Mooren und angrenzende Heidetümpel. Die Nördliche Moosjungfer gehört zu den gefährdeten Arten.

Kennzeichen

24—27 mm Abdomenlänge.

♂: Sehr ähnlich der Kleinen Moosjungfer (*L. dubia*), die roten Hinterleibsflecken sind jedoch größer, das Flügelmal ist rot.

♀: Helle Hinterleibsflecken trüb gelb. Flügel an der Basis gelb gefärbt, Flügelmal schwarz.

Biologie

Von Anfang Mai bis Ende Juni lebt die Nördliche Moosjungfer. Die Männchen setzen sich häufig auf den Boden, bevorzugt auf helle Stellen. Meist behaupten sie über Stunden den gleichen Sitzplatz. Sie sind sehr scheu. Die Weibchen halten sich mehr über der Ufervegetation auf und setzen sich gerne an Bäumen und Sträuchern ab. Hat ein Männchen ein Weibchen ergriffen, steigt das Tandem in wildem Flug senkrecht empor und vollzieht die Paarung hängend an den Zweigen hoher Bäume. Die Eiablage erfolgt anders als bei den übrigen Moosjungfern: Ohne Männchenbewachung fliegt das legewillige Weibchen dicht über die Wasseroberfläche. Wo Torfmoose dicht unter der Oberfläche fluten, tippt es das Hinterleibsende ins Wasser und zieht es im Tiefflug hindurch. Nach etwa 30 Zentimetern Flugstrecke steigt es auf und beschreibt eine Kurve, um dann erneut eine Spur durch das Wasser zu ziehen. Dieser Vorgang erfolgt drei- bis viermal hintereinander an einer geeigneten Stelle. Die Larven leben zwischen Unterwasserpflanzen (Sphagnen) versteckt und benötigen mindestens zwei Jahre zu ihrer Entwicklung.

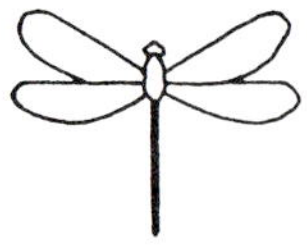

65. **Plattbauch** (*Libellula depressa*)

Der Plattbauch ist in ganz Europa mit Ausnahme des Nordostens beheimatet. Seine Vorliebe für vegetationsarme Teiche mit lehmigen oder sandigen, freien Uferflächen macht ihn zu einem Erstbesiedler neu angelegter Gewässer oder neu entstehender Tümpel in Kiesgruben. Diese auffallende Libelle ist überall häufig.

Kennzeichen

21—27 mm Abdomenlänge, Breite 6—8 mm.

♂: Hinterleib breit und abgeplattet. Ausgefärbte ♂♂ mit wachsblauem Hinterleib, seitlich mit gelben Flecken. Flügel an der Basis mit dunkelbraunen Flecken. Junge ♂♂ olivbraun.

♀: Olivbraun, ältere ♀♀ manchmal schwach blau gestreift.

Biologie

Diese wunderschöne Libelle ist der beste Flieger unter den Odonaten. Die langen und kräftigen Flügel verleihen dem Tier trotz des plumpen, kurzen und abgeplatteten Hinterleibs eine fast unvorstellbare Leichtigkeit und Schnelligkeit des Fluges. Mit rasender Geschwindigkeit sausen die Libellen dicht über die Wasseroberfläche, um im nächsten Moment regungslos in der Luft zu schwirren.

Der Plattbauch ist eine Frühlingslibelle, die schon Anfang Mai schlüpft und bis Ende Juni fliegt. Das Verhalten ist dem des Vierflecks sehr ähnlich. Auch Plattbauch-Männchen verteidigen Sitzwarten am Teich und erwarten dort die meist weit herumvagabundierenden Weibchen. Diese werden in der Luft ergriffen. Die Paarung dauert nur 30 Sekunden. Danach inspiziert das Weibchen gründlich die Wasseroberfläche. Zur Eiablage benötigt der Plattbauch ein gut durchfeuchtetes, besonntes Substrat. Die Weibchen schätzen besonders die Bestände von Wasserschlauch (*Utricularia*), Tausendblatt (*Myriophyllum*), Wasserhahnenfuß (*Ranunculus*) oder Wasserfeder (*Hottonia*). Wenn die Wasserpflanzen knapp unter dem Wasserspiegel eine „feste Schicht" bilden, vollführt das Weibchen den Legetanz. Aus dem Rüttelflug gleitet es alle zwei bis drei Se-

Männchen des Plattbauchs (Libellula depressa).

kunden gegen den Wasserspiegel und schlägt die Hinterleibsspitze hinein. Dieser Vorgang erfolgt 20 bis 30 mal, es wurden allerdings auch schon 119 Schläge an der gleichen Stelle beobachtet. Die Präzision des tanzenden Weibchens ist einmalig. Die Eier werden so regelmäßig abgelegt, daß sie alle genau nebeneinander liegen und einen Eispiegel von drei bis fünf Zentimetern Durchmesser bilden. Bis zu 500 Eier kann ein Gelege enthalten. Die Männchen überwachen die Eiablage im Rüttelflug und verjagen Rivalen.

Die Eier entwickeln sich bereits innerhalb von vier Wochen. Die Larven leben im Schlamm, bevorzugt dicht an der Wasser-Landgrenze. Das Durchlaufen der elf Larvenstadien dauert zwei Jahre. Die Imagines schlüpfen während der ersten Maitage, und zwar frühmorgens.

66. **Spitzenfleck** (*Libellula fulva*)

Diese selten gewordene Segellibelle bewohnt Wiesenbäche und Flüsse mit angrenzenden ausgedehnten Riedufern sowie kalkreiche Waldseen. In Deutschland kommt sie an den Altarmen des Ober- und Niederrheins vor. 1984 wurde sie an Bächen im Kieler Raum häufiger beobachtet und darüber hinaus an den Flüssen Treene und Eider sowie an der Plöner Seenplatte regelmäßig in den letzten Jahren gefunden. Der Spitzenfleck gilt als gefährdete Art.

Kennzeichen

26—29 mm Abdomenlänge.

♂: Wird oft mit dem Blaupfeil (*Orthetrum cancellatum*) verwechselt. Der Spitzenfleck besitzt jedoch zwei auffallende dunkle Flecken an den Basen der Hinterflügel, die dem Blaupfeil fehlen. Flügelenden oft dunkel auslaufend.

♀: Thorax goldbraun, Hinterleib oberseits mit einem Mittelstreifen aus gelben Dreiecken, die nach hinten größer werden. Flügelspitzen mit deutlichen dunklen Flecken.

Männchen des Spitzenflecks (Libellula fulva).

Biologie
Anfang Mai erscheint der Spitzenfleck an sonnigen Wiesengräben und fliegt bis Ende Juni. Die Imagines fliegen meist über offenem Wasser, sind aber nicht so ausdauernd und schnell wie der Plattbauch oder der Blaupfeil. Sie setzen sich oft längere Zeit auf trockene Zweige an windgeschützten, sonnigen Stellen am Ufer. Die Männchen erscheinen schon früh am Morgen (8 Uhr), die Weibchen fliegen erst ab Mittag. Zur Paarung ergreifen die Männchen ihre Weibchen meist, indem sie von einem Sitzplatz aus einen kurzen Verfolgungsflug starten. Das Paarungsrad bewegt sich längere Zeit in unruhigem Zickzackflug und hängt sich schließlich an schräg liegende Schilfhalme oder Zweige. Im Paarungsrad umfassen die Weibchen den Hinterleib des Männchens mit den Beinen und hinterlassen Kratzspuren auf der blauen Bereifung. An diesen „Kopulationsmarken" auf dem 5. Hinterleibssegment läßt sich leicht erkennen, ob ein Männchen schon kopuliert hat.

Wie alle Segellibellen der Gattung *Libellula* trennt sich das Paar vor der Eiablage. Das Weibchen sucht Flachwasserzonen auf und beginnt seinen Eilegetanz. Ziemlich hoch über dem Wasserspiegel fliegend gleitet es mit großer Schnelligkeit zum Wasser hinab und wirft die Eier ab. Oft berührt das Abdomenende nicht einmal die Wasseroberfläche. Die Eier quellen in unablässiger Folge aus dem Hinterleib, und zwar etwa fünf Eier pro Sekunde.

Der gesamte Vorrat umfaßt 500 bis 600 stark klebende, von einer Gallerthülle umgebene Eier. Sie sinken sofort zu Boden oder haften an Unterwasserpflanzen. Fünf bis sieben Wochen nach der Eiablage schlüpfen die Prolarven, aus denen sich bei Wasserkontakt nach wenigen Minuten die Junglarven befreien. Die kleinen Larven halten sich vorerst am Grunde der Gewässer auf und laufen frei umher. Erst die älteren Stadien vergraben sich im Schlamm. Die gesamte Larvalentwicklung dauert zwei Jahre. Zum Schlupf steigen die ausgewachsenen Larven an Uferpflanzen aus dem Wasser, oft bis zu einem Meter hoch.

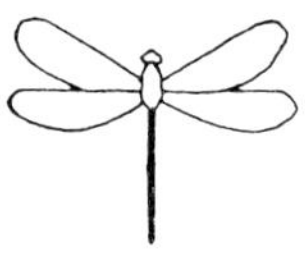

67. **Vierfleck** (*Libellula quadrimaculata*)
Der Vierfleck ist eine der häufigsten Libellenarten Mitteleuropas. Seine Verbreitung reicht von Skandinavien bis in den Mittelmeerraum. Der Vierfleck ist eine circumboreale Art, das heißt er fliegt auf der gesamten Nordhalbkugel innerhalb der Nadelwaldzone. Als Ubiquist bewohnt er Kleingewässer aller Art, sofern sie nicht allzu dicht bewachsen sind. Die Art tritt gelegentlich als Wanderlibelle auf.

Kennzeichen
27—32 mm Abdomenlänge.
♂: Junge Tiere gelbbraun mit dunklem Hinterleibsende, später werden sie braunoliv. Typisches Kennzeichen: Am Knoten (Nodus) auffallend schwarze Flecken.
♀: Gleicht dem ♂.

Biologie
Von Anfang Mai bis Ende Juli lassen sich Vierflecklibellen überall beobachten. Rund zwei Wochen verbringen sie nach dem Schlüpfen fernab der Gewässer, an Waldrändern, auf Lichtungen oder in Seggenrieden. Hier jagen sie von Sitzplätzen aus nach allerlei Kleininsekten. Geschlechtsreife Männchen kehren zum Wasser zurück und beziehen Sitzwarten mit guter Rundumsicht, die sie gegen Rivalen verteidigen. Gegen Mittag erscheinen die Weibchen am Teich und wer-

Männchen des Vierflecks (Libellula quadrimaculata).

den sofort verfolgt. Das Ergreifen, die Auffüllung des Kopulationsapparates und die Paarung dauern etwa 30 Sekunden. In wildem Flug rasen die Paarungsräder dabei hin und her. Nur während der letzten Sekunden schweben sie auf der Stelle. Dann löst sich das Rad, und das Weibchen beginnt sofort mit einer hektischen Eiablage. In schnellem Takt schlägt es jeweils 20 bis 40 Eier auf die Wasseroberfläche, wobei es mit der Spitze des Hinterleibs den Wasserspiegel berührt. Das Männchen schwebt darüber und bewacht es. Bei hohen Männchendichten werden die Weibchen immer wieder ergriffen. Sie entziehen sich diesem Streß meist durch die Flucht und setzen die Eiablage an einem stilleren Platz fort.

Die Eier entwickeln sich innerhalb von zwei bis sieben Wochen, die Larven überwintern zweimal. Auffällig ist die erstaunlich präzise Synchronisation beim Schlupf. Nach der ersten warmen Mainacht schlüpfen die Tiere zu Tausenden gleichzeitig gegen 7 Uhr morgens. *Libellula quadrimaculata* bildet gelegentlich große Wanderverbände, an denen Millionen von Tieren beteiligt sein können. Eine mögliche Erklärung für dieses Wanderverhalten könnte in dem Umstand begründet liegen, daß die Imagines in Wanderjahren reich mit dem parasitischen Saugwurm *Prostogonimus ovatus* infiziert sind. Möglicherweise zwingt dieser Parasit die Libellen zu wandern, um selbst verbreitet zu werden. Derartige „Umprogrammierungen“ durch Körperparasiten sind im Tierreich nicht selten. *Prostogonimus* war früher, als die Hühner noch frei herumliefen, ein gefürchteter Parasit. Die Hühner legten nach dem Verzehr von ermatteten Vierflecklibellen nur noch „Windeier“.

68. **Östlicher Blaupfeil** (*Orthetrum albistylum*)

Die Art ist ein seltener Irrgast an nährstoffreichen und schlammigen Flachwassertümpeln sowie an Kiesgrubengewässern. Der Östliche Blaupfeil bewohnt Südosteuropa und das südliche Asien und fliegt gelegentlich bei uns ein. Neuere Nachweise liegen aus Oberbayern (1978), vom südlichen Oberrhein (1974) und aus dem Oberelsaß (1979) vor. Als Irrgast gehört dieser Blaupfeil zu den potentiell gefährdeten Arten.

Kennzeichen

32—34 mm Abdomenlänge.

♂: Ähnlich wie *O. cancellatum*, jedoch sind die Hinterleibsanhänge weiß (beim Großen Blaupfeil schwarz).

♀: 10. Hinterleibssegment und Hinterleibsanhänge blaßgelb, fast weißlich.

Biologie

Das Verhalten des Östlichen Blaupfeils wurde noch nicht näher untersucht, dürfte aber dem des Großen Blaupfeils (*O. cancellatum*) sehr ähnlich sein. Der Östliche Blaupfeil fliegt von Juni bis August.

69. **Südlicher Blaupfeil** (*Orthetrum brunneum*)

Dieser Blaupfeil lebt an Wiesenbächen, Gräben, Kanälen und Flachwassertümpeln mit wenig Ufervegetation. In Hoch- und Heidemooren soll er ebenfalls vorkommen. Geographisch ist diese Art über Mittel- und Südeuropa mit Schwerpunkt im Mittelmeerraum verbreitet. Neuere Funde in der Bundesrepublik wurden vom Federsee (1974), aus dem Donauried (1970), dem östlichen Bodenseegebiet (1976) und vom Oberrhein (1979) gemeldet. Der Südliche Blaupfeil gehört in Deutschland zu den stark gefährdeten Arten.

Kennzeichen

29—31 mm Abdomenlänge.

♂: Ähnlich dem Kleinen Blaupfeil. Ganzer Körper blau bereift (auch die Brust!), Augen blaugrau, Flügelmal rotbraun.

♀: Ganzer Körper schmutzig braun, fast grau wirkend.

Biologie

Diese Libelle zeigt eine ausgesprochene Vorliebe für Tonböden mit hellen Kieselsteinen an Bächen oder offenen Kleingewässern. Hier sitzen die Männchen von Ende Juni bis in den August hinein, bevorzugt auf hellen Steinen, und sonnen sich. Die Flügel werden winklig nach vorn geklappt, die Vorderbeine im Sitzen stets an die Brust angelegt.

Zur Paarungszeit verteilen sich die Männchen am Bachufer und verteidigen dort Reviere von 25 bis 50 Metern Länge. Die Männchen sind sehr ortstreu. Ein markierter Blaupfeil hielt sein Revier beispielsweise 19 Tage lang besetzt. Fliegende Weibchen werden in einem wilden Flugkampf ergriffen und festgehalten. Oft nimmt man nur ein wirres, raschelndes Libellenknäuel wahr. Nach dem Ankoppeln füllt das Männchen sekundenschnell sein Kopulationsorgan. Das sich anschließend in der Luft bildende Paarungsrad setzt sich für ein bis zwei Minuten an Zweigen ab.

Nach der Paarung zeigt dieser Blaupfeil ein eigenartiges Verhalten: Männchen und Weibchen trennen sich und bleiben untereinander an einem Zweig sitzen. Kurze Zeit darauf umschwärmt das Männchen seine Partnerin in mehreren eng geflogenen Schleifen, um sie zum Auffliegen zu bewegen.

Legende Weibchen werden stets von dem darüber fliegenden Männchen, das auch Rivalen verjagt, bewacht. Die Eier werden ins freie Wasser über algenbewachsenem, sandigem Grund abgelegt. Zur Eiablage fliegen die Weibchen sehr dicht über dem Wasser und tupfen durch Schlagbewegungen des Hinterleibs vier bis fünf Eier pro Schlag hinein. Die Ablage dauert durchschnittlich fünf Minuten. Danach verschwinden die Weibchen, indem sie sich senkrecht in die Luft schrauben. Vier bis fünf Wochen später schlüpfen die Larven, die sich im Kies des Bachbettes eingraben. Die Gesamtentwicklung dauert zwei bis drei Jahre.

70. **Großer Blaupfeil** (*Orthetrum cancellatum*)

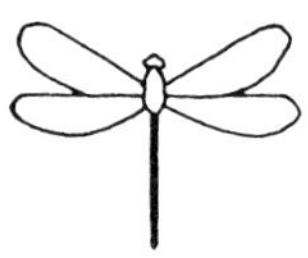

Diese pfeilschnell und wendig fliegende Großlibelle ist in ganz Mitteleuropa, den Mittelmeerländern und Vorderasien verbreitet und überall häufig. Der typische Lebensraum dieser Libelle sind pflanzenarme, kleine und größere Weiher und Seen mit flachen Sand- oder Kiesstränden. An frisch ausgehobenen Teichen oder in Sandgruben mit Wasserlachen sind Große Blaupfeile meist die ersten Besiedler unter den Libellen. Sie sonnen sich gern auf der Erde.

Kennzeichen

Abdomenlänge 40—50 mm.

♂: Die Färbung der ♂♂ ist je nach Alter variabel.
Der Brustabschnitt junger ♂♂ ist kurz nach der Geburt olivbraun, der Hinterleib ockergelb. Auf der Oberseite verlaufen zwei seitliche dunkle Streifen, die mit den Querbändern der einzelnen Segmente eine strickleiterähnliche Zeichnung ergeben. Nach einigen Tagen bekommen die ♂♂ einen pflaumenblauen Wachsüberzug auf dem Abdomen, dessen Ende jedoch schwärzlich wird. Brust und Augen wirken schmutzigbraun. An den Seiten des Hinterleibs glänzen schmutziggelbe Flecken. Diese Art darf man nicht

Männchen des Großen Blaupfeils (Orthetrum cancellatum).

folgende Doppelseite: Männchen der Südlichen Mosaikjungfer (Aeshna affinis).

mit dem Plattbauch verwechseln, dessen Hinterleib ebenfalls wachsblau, aber wesentlich breiter und flachgedrückter ist. Außerdem leuchten beim Plattbauch die gelben Seitenflecken heller.

♀: Die ♀♀ zeigen die gleiche Hinterleibsfärbung wie junge ♂♂. Im Verlauf ihres Lebens treten die Gitterzeichnungen (*cancellatum* = gegittert) des Hinterleibs deutlicher hervor. Alte, abgeflogene ♀♀ laufen manchmal blauviolett an. Das Flügelmal ist in beiden Geschlechtern schwarz.

Biologie

Die Flugzeit erstreckt sich von Anfang Juli bis Mitte September. Etwa zehn Tage nach dem Schlüpfen sind die Männchen geschlechtsreif und wählen sich Reviere an den Wohngewässern. Als Sitzwarten bevorzugen die Revierbesitzer sonnige Uferstellen mit freier Sicht. Uferpartien, denen Algenwatten oder einige Wasserpflanzen vorgelagert sind, werden bevorzugt als Sitzplatz angenommen. Die Männchen verteidigen bei warmem Sonnenwetter ein kreisförmiges Revier von circa zehn Metern Durchmesser gegen artgleiche Konkurrenten. Dabei entbrennen oft heftige Luftkämpfe, in denen die Revierbesitzer die Eindringlinge von unten her anfliegen und zur Uferlinie abdrängen. Nicht angegriffene Männchen unternehmen häufig Inspektionsflüge durch ihr Revier. Dabei folgen sie in 10 bis 20 Zentimetern Höhe der Uferlinie, schwenken zum Wasser, kontrollieren die Algenrasen oder pflanzenbestandenen Eiablageplätze und kehren dann zu zwei bis drei bestimmten Sitzplätzen zurück. Die Inspektionsflüge sind ruckartig, wellenförmig und meist langsamer als Beuteflüge oder Verfolgungsjagden. Eiablageplätze und Geländemarken, die die Männchen auch nach Tagen noch erkennen, werden im Rüttelflug inspiziert. Derartige Reviere werden oft über mehrere Tage hindurch von demselben Tier bewacht. Etwa 50 % der Männchen „bauen" sich täglich neue Revierzonen auf. Dieses Verhalten zeigen sie je nach Witterung etwa 10 Tage lang.

Kommt ein geschlechtsreifes Weibchen zu den Eiablagegewässern, startet ein Männchen von seinem Sitzplatz und fliegt das weibliche Tier von oben her an. Mit den Beinen ergreift es die Partnerin und koppelt sich an sie an. Nach dem Ergreifen des Weibchens mit den Hinterleibszangen fliegt das Tandem einen Looping, wie kürzlich erst durch Hochgeschwindigkeitsaufnahmen mit 500 Bildern pro Sekunde bewiesen wurde. Nach diesem Looping füllt das Männchen in Sekundenschnelle sein Begattungsorgan mit Sperma (Praekopula). Noch im Flug wird das Paarungsrad gebildet. Danach setzt sich das Paar zur Paarung ab. Es befindet sich immer noch im Revier des Männchens. Die Ruhepause währt jedoch nicht lange. Schon nach rund fünf Minuten (manchmal erst nach zehn Minuten), trennt sich das Paar. Legebereite Weibchen beginnen nun sofort mit der Eiablage, wobei das Männchen wie ein Hubschrauber den Vorgang überwacht und die Partnerin zu den Eiablageplätzen dirigiert. Bei der Eiablage fliegen die Weibchen im Rüttelflug etwa zehn Zentimeter über der Wasseroberfläche und lassen in rhythmischem Tanz die Eier einzeln fallen. Dabei folgen sie typischen „Eiablagestraßen", sie legen die Eier also nicht an eine Stelle.

Gelegentlich verlassen die weiblichen Tiere nach der Kopula das Revier. Vermutlich haben derartige Exemplare bereits ihren Eivorrat abgelegt. Die orangebraunen Eier sind mit einer Gallerthülle versehen und kleben sofort an Pflanzenteilen oder Schlammklümpchen fest. Etwa sechs Wochen nach der Eiablage schlüpfen die winzigen Vorlarven (Prolarven) aus den Eiern, aus deren Hülle sich nach wenigen Minuten die eigentlichen Larven, die beim Großen Blaupfeil leicht behaart sind, befreien. Sie verleben ihre ersten Tage im Schlamm. Wahrscheinlich häuten sich die Larven 11 bis 12 mal. Die Gesamtentwicklung vom

Ei bis zur fliegenden Libelle dürfte drei Jahre dauern. Genauere Angaben liegen nicht vor. Die erwachsenen Larven suchen Uferpartien auf und graben sich ein. In dieser Haltung können sie auch außerhalb des Wassers im feuchten Schlamm überleben. Zum Schlupf klettern die Larven an Binsenstengeln bis zu 30 Zentimeter hoch. Die Verwandlung zur Libelle erfolgt gegen Mittag und dauert oft weniger als eine Stunde.

Männchen der Schwarzen Heidelibelle (Sympetrum danae).

71. **Kleiner Blaupfeil** (*Orthetrum coerulescens*)

Der Kleine Blaupfeil lebt an flachen, langsam fließenden Wiesenbächen und Gräben mit offener Wasserfläche und ausgeprägtem Randbewuchs. Er ist über ganz Europa mit Ausnahme des Nordostens verbreitet und tritt sporadisch in den genannten Biotopen auf. Wegen der häufigen Überdüngung von Wiesengräben und -bächen gehört *Orthetrum coerulescens* mittlerweile zu den stark gefährdeten Libellenarten.

Kennzeichen

25—31 mm Abdomenlänge.

♂: Junge ♂♂ hell gelbbraun gefärbt, nach wenigen Tagen bekommen sie einen hellblauen Wachsüberzug auf dem ganzen Körper. Stirn blau, Augen wässrig-blau. Das Flügelmal leuchtet orangegelb.

♀: Junge ♀♀ hell gelbbraun, später dunkeln sie nach und werden olivbraun. Die Flügel sind schwach getönt, die Flügelmale leuchten rotbraun.

Biologie

Wie alle Blaupfeile sitzen diese Libellen gern in Bodennähe und sonnen sich. Die Flügel werden in Ruhehaltung nach vorn geklappt. Bei ruhigem Wetter kann man die Männchen von Mai bis August an einem bevorzugten Platz regungslos sitzen sehen. Auffliegende Männchen kehren sehr oft auf den gleichen Sitzplatz zurück. An markierten Tieren stellte man fest, daß sie bis zu 15 Tage lang stets auf dem gleichen Sitzplatz saßen. Die Weibchen entfernen sich häufiger vom Wasser und streifen über die Wiesen. Haben die Männchen von ihrem Sitzplatz aus anfliegende Weibchen entdeckt, schnellen sie hoch, landen auf der Vorderbrust des weiblichen Tieres und setzen ihre Hinterleibszangen ein. Mit angekoppeltem Weibchen füllen sie im Flug ihr Kopulationsorgan. Danach schließt sich das Paarungsrad für 5 bis 120 Sekunden und setzt sich meistens ab. Nach dem Lösen des Paarungsrades sitzen beide Partner ruhig mehrere Minuten nebeneinander. Plötzlich fliegt das Weibchen auf und streicht, dicht gefolgt vom Männchen, zum Wasser hin ab. Dort bewegt es sich in wellenförmigem Rüttelflug über die Oberfläche, senkt dabei den Hinterleib und tupft die Eier ins Wasser. Das Männchen bewacht das legende Weibchen und rüttelt, etwa 20 Zentimeter höher fliegend, in der Luft. Die Eier werden an wechselnden Stellen stets ins freie, seichte Wasser gelegt. Innerhalb von fünf bis sechs Wochen schlüpfen die Junglarven, die sich am Boden zwischen halbverfaulten Pflanzenteilen aufhalten. Die Gesamtdauer der Larvenentwicklung wird auf zwei Jahre geschätzt. Ab Mitte Juni klettern die erwachsenen Larven circa 20 Zentimeter hoch aus dem Wasser, die Imagines schlüpfen ab etwa 7 Uhr morgens und sind am frühen Nachmittag flugbereit.

Orthetrum coerulescens braucht dringend mehr und besseren Schutz; vor allem müßten Wiesengräben von Düngereintrag freigehalten werden. Damit würde man, wie bei fast allen derartigen Biotopschutzmaßnahmen, zugleich vielen wasserbewohnenden Kleintieren helfen.

Männchen des Kleinen Blaupfeils (Orthetrum coerulescens).

72. **Schwarze Heidelibelle** (*Sympetrum danae*)
Die Schwarze Heidelibelle ist von Schottland bis in das Mittelmeergebiet verbreitet und kommt selbst in Asien und Nordamerika vor.

In Hochmooren und an Heidegewässern ist sie während des Monats August häufig anzutreffen, und selbst an Seen und Teichen kommt sie vor. Im Gebirge fliegt diese Heidelibelle noch bis in 2000 Meter Höhe. Diese Art ist nirgends gefährdet. Da sie auf Annäherungen nicht sehr empfindlich reagiert, ist sie ein besonders lohnendes Beobachtungsobjekt.

Kennzeichen
Länge des Hinterleibs 22—24 mm. Charakteristisch dunkel bis schwarz gefärbte Heidelibelle.

♂: Das nach dem Schlüpfen wie das ♀ hell ockerfarbene ♂ dunkelt innerhalb weniger Tage nach, bis das gesamte Tier schwarz erscheint. Die Melanisierung beginnt meist im hinteren Bereich des Hinterleibs. Die Thoraxseiten bleiben gelb und werden später braun.

♀: Ockerbraun, gelegentlich orangebraun; ältere ♀♀ nehmen eine schmutzige braungraue Farbe an.

Biologie

Ab Mitte Juli fliegt die Schwarze Heidelibelle und ist bis in den Oktober hinein zu finden. Rund zwei Wochen streifen die frisch geschlüpften Imagines über sumpfige Wiesen, an sonnigen Hecken entlang oder über Waldlichtungen. Die langsam fliegenden, oft schwebenden Tiere setzen sich häufig ab, vor allem auf niedrige Pflanzen wie etwa Heidekraut, wo sie die obersten Zweige bevorzugen.

Mit dem Beginn der Geschlechtsreife kehren die Tiere zum Wasser zurück. Ab 11 Uhr vormittags koppeln sich die Männchen im Flug an weibliche Tiere an und landen gemeinsam zur Paarung. Während der nur 10 bis 15 Minuten dauernden Begattung sind die Räder äußerst scheu. Bei der geringsten Störung fliegen sie auf, wobei sie in Kopula verbleiben. Gelegentlich hält das Weibchen die Flügel ruhig und segelt auf den ausgebreiteten Schwingen.

Die Eiablage erfolgt in Tandemstellung. Unter Führung des Männchens fliegt das Paar Wasserstellen an und beginnt in rhythmischem Tanz die Eier ins Wasser zu werfen. Die Schwarze Heidelibelle legt ihre Eier stets ins freie Wasser, gelegentlich auch in wassergefüllte Fahrspuren, nie jedoch in oberflächlich trockenes Sumpfgelände, wie es andere Heidelibellen tun. Die kleinen, fast kugeligen Eier werden in „Nestern" von 10 bis 20 Stück gern in knapp unter dem Wasserspiegel flutende Torfmoose (*Sphagnum*) oder in Bestände von Tausendblatt (*Myriophyllum*) geworfen, wo sie leicht auffindbar sind.

Die Paare legen meist allein ab, den für Heidelibellen typischen Hang zur geselligen Eiablage zeigt *Sympetrum danae* nicht. Am frühen Nachmittag lösen sich die Männchen von den Weibchen, die gelegentlich noch kurze Zeit allein weiter ablegen. Der Eivorrat eines Weibchens besteht aus rund 250 Eiern. Ob die Eier nachgebildet werden können, ist nicht genau bekannt. Die Eier überwintern, erst im nächsten Frühjahr schlüpfen die Larven, die innerhalb von nur zwei Monaten zehn Entwicklungsstadien durchlaufen, bis sie ausgewachsen sind. Sie halten sich bevorzugt in der Nähe flacher, schlammiger Teichränder auf, wo sich das Wasser im Sommer schnell erwärmt.

Zum Schlüpfen steigen die Larven am frühen Morgen circa 10 bis 20 Zentimeter an Schachtelhalmen oder Seggen aus dem Wasser. Nach etwa drei bis vier Stunden ist das Tier flugbereit. Diese sehr typische Libelle ist leicht zu beobachten, wenn man folgendes beachtet: Kurz nach dem Hinsetzen stellen Heidelibellen ihre Flügel ruckweise nach vorne. Wartet man diese Flügelhaltung ab, reagieren sie weniger empfindlich auf die Annäherung.

73. **Sumpf-Heidelibelle** (*Sympetrum depressiusculum*)

Die Sumpf-Heidelibelle ist ein mongolisches Faunenelement.Sie ist in Europa hauptsächlich im Süden und Osten verbreitet. In der Bundesrepublik fliegt diese seltene Heidelibelle vorwiegend im klimatisch wärmeren Rheingraben, so im Karlsruher Raum. Im Norden Deutschlands wurde sie noch nicht beobachtet, sie könnte aber in warmen Sommern dort einwandern. Der typische Lebensraum dieser Art sind flachmoorige Sumpfwiesen innerhalb großer Verlandungszonen von stehenden Gewässern.

Wegen ihrer Seltenheit und ihrer engen Bindung an warme Flachmoore gilt *S. depressiusculum* als stark gefährdet.

Kennzeichen

Abdomenlänge 22—25 mm, typisch abgeplatteter Hinterleib.

♂: Hinterleib kräftig rot mit gelben Rändern. Brust alter ♂♂ ganz braun, Hinterleib auffallend platt mit seitlichen kommaförmigen Zeichnungen.

Paarungsrad der Sumpf-Heidelibelle (Sympetrum depressiusculum).

♀: Hinterleib mattrot und braungolden mit kommaförmigen schwarzen Zeichnungen seitlich.

Beide Geschlechter tragen an der Basis der Hinterflügel einen kleinen hellgelben Fleck. Die Flügel schimmern im Gegenlicht goldgelb.

Biologie

Von Mitte Juni bis Ende September fliegt diese seltene Heidelibelle über sumpfigen Wiesen oder warmen, flachen, zugewachsenen Weihern im Süden Deutschlands. Häufig ist sie nur in den ausgedehnten Sümpfen der Camargue (Südfrankreich) zu beobachten. Der Flugstil dieser Art erinnert an Schmetterlinge. In geeigneten Biotopen sitzen Sumpf-Heidelibellen oft noch am Vormittag in Gruppen mit weit geöffneten Flügeln an Sumpfgräsern. Die wärmebedürftigen Tiere werden erst gegen Mittag richtig aktiv. Die Männchen koppeln sich im Sitzen an ihre Weibchen an. Oft bleibt das Tandem so lange sitzen, bis die Paarung vollzogen ist. Die Tandems fliegen kurz vor der Paarung in typischer Weise hoch in die Luft und segeln dann langsam zu Boden.

Gegen Mittag fliegen die Tandems zum Wasser und sind dabei auffallend lebhaft. Dicht über das Wasser streifen sie auf der Suche nach Eiablageplätzen in geringer Höhe über die Oberfläche. Sumpf-Heidelibellen legen ihre Eier in einem etwas träge wirkenden Tanz stets auf die Wasseroberfläche, vorzugsweise in flottierende Algenrasen, ab. Legende Paare sind ortstreu, über hundertmal tanzen sie an der gleichen Stelle, die Flugrichtung nur gelegentlich wechselnd. Während der Eiablage fliegen sie meist waagerecht niedrig über dem Wasser, nur das Weibchen schlägt den Hinterleib senkrecht nach unten, um die Eier abzustreifen. Die kleinen Eier (0,5 x 0,3 mm) überwintern. Mitte April schlüpfen die ersten Larven. Ihre bevorzugte Nahrung sind Zuckmückenlarven (Chironomiden). Etwa einen Monat nach der letzten Häutung steigen die Larven an Seggen-Halmen empor. Die Imagines schlüpfen am frühen Morgen. Die ersten flugfähigen Tiere sind gegen Mittag zu beobachten.

74. **Gefleckte Heidelibelle** (*Sympetrum flaveolum*)

Die Gefleckte Heidelibelle ist eine Charakterart der Sümpfe, Moore und Heidetümpel. Diese Art zeigt jedoch keine sehr ausgeprägten Biotopansprüche und ist auch an Teichen und Seen häufig, die eine ausgedehnte Verlandungszone aufweisen oder gerade austrocknen. Sie ist in ganz Europa verbreitet und gilt als nicht gefährdet. In den Alpen kann man sie bis in Höhen von 2 000 Metern finden.

Kennzeichen

Abdomenlänge 22—26 mm. Typisch ist die ausgedehnte gelbe Färbung der Flügel nahe der Basis.

♂: Brustseiten in der Jugend zitronengelb, Hinterleib junger Tiere ockergelb bis rötlich, später kräftig rot. Auffallend ist die Gelbfärbung der Flügel, vor allem der Hinterflügel.

♀: Brustseiten junger Tiere gelb, später bräunlich. Hinterleib ockergelb bis schwach rot. Vorder- und Hinterflügel mit ausgedehnten gelben Flecken in der basalen Hälfte. Unverwechselbar.

Biologie

Von Mitte Juni bis Ende September fliegt die Gefleckte Heidelibelle über den Sumpfwiesen am Rand größerer Seen oder in der Nähe von Altwasserarmen.

Unmittelbar nach dem Schlüpfen schweifen die Tiere weit umher. Die Imagines fliegen ausgeglichener und ruhiger als die Sumpf-Heidelibellen (*S. depressiusculum*), die im gleichen Biotop leben. Gefleckte Heidelibellen setzen sich häufig ab, meist in Bodennähe, aber sie sind scheu und reagieren auf Annäherung mit Flucht über längere Distanz. Erst Anfang bis Mitte August beginnt die Paarungszeit. In den späten Morgenstunden ergreifen die Männchen sitzende Weibchen und vollführen die Paarung, die etwa 15 Minuten dauert. Die Paarungsräder sitzen dabei stets tief im Pflanzengewirr der Feuchtwiesen verborgen, meist auf waagerecht liegenden Pflanzenstengeln. Gegen 11 Uhr vormittags löst das Weibchen das Paarungsrad und drängt den Partner zum Auffliegen.

Fliegende Tandems von *S. flaveolum* sind schon am Flugbild zu erkennen. Während des Fluges macht das Weibchen einen inaktiven Eindruck, so als würde es lediglich mitgezogen. Oft stellt es in der Tat die eigene Flugbewegung ein und schwebt, gezogen vom Männchen, auf den ausgebreiteten Schwingen hinterher. Kleine Flächen mit niedriger Vegetation oder offene, moosbewachsene Stellen werden zur Eiablage bevorzugt. Auch während der Ablage macht das Weibchen einen trägen Eindruck. Alle Bewegungen wie etwa das ruckartige Tiefgehen, das die Weibchen abwärts schleudert, werden von den Männchen durchgeführt. Während der Eiablage sind die Paare wenig ortstreu, sie verstreuen ihre Eier soweit wie möglich über den feuchten Boden. Während der Legephase setzen sich die Weibchen oft ab, als seien sie „gleichgültig" gegenüber dem zerrenden Männchen, das sich nach einigen vergeblichen Flügelschlägen oft ebenfalls absetzt.

Erstaunlich ist, daß die Paare zur Eiablage nur solche Feuchtstellen aufsuchen, die im Herbst auch tatsächlich mit Wasser bedeckt sind. Gegen 13 Uhr lösen sich die Paare. Die Weibchen verstecken sich sofort im tiefen Gras und sind dann leicht zu übersehen.

Die weißlichgelben Eier fallen während des Legevorganges sofort zu Boden und haften auf dem feuchten Grund. Kurz darauf werden sie dunkelbraun und damit auf dem meist dunklen Boden unsichtbar. Die Larven schlüpfen noch im gleichen Jahr, wenn die Eier vor Ende August abgelegt wurden. Später gelegte Eier überwintern. Wahrscheinlich durchlaufen die Larven elf Stadien. Genaueres ist darüber nicht bekannt. Obwohl diesbezügliche Beobachtungen fehlen, dürften sich die Larven wohl in den flachen Gewässern der vom Herbstregen überfluteten Sumpfwiesen entwickeln.

75. **Frühe Heidelibelle** (*Sympetrum fonscolombei*)

Diese nach dem Naturforscher Boyer de Fonscolombe benannte Heidelibelle gehört eigentlich nicht zur heimischen Odonatenfauna. Ihr Verbreitungsgebiet umfaßt das Mittelmeer, Afrika und Asien. Als Wanderlibelle fliegt sie jedoch in warmen Jahren ein und besitzt am südlichen Oberrhein und im Bodenseegebiet einige bodenständige Populationen. Die Art bevorzugt sandige, offene Teiche. Im übrigen Bundesgebiet bleibt das Vorkommen auf seltene Einzelnachweise begrenzt. Die Art ist bei uns gefährdet.

Kennzeichen

Abdomenlänge 23—27 mm.

♂: Hinterleib leuchtend scharlachrot, Brust braunrot. Auffallend rote Flügeladern, vor allem nahe der Basis. Flügelmal ockerfarben bis gelb.

♀: Hinterleib gelbbraun, Brust goldfarben bis braun. Flügelmal hellgelb mit schwarzen Rändern.

Biologie

Diese bei uns seltene Libelle ist in warmen Gegenden Süddeutschlands gelegentlich von Mai bis Juni, manchmal auch im August zu finden. Besuchern der Camargue wird diese Libelle dagegen vertraut sein. Dort tritt sie in Massen auf und führt gelegentlich Massenwanderungen durch.

Am 14. 8. 1966 konnten wir in der Camargue nahe St. Maries de la Mer eine solche Massenwanderung von *S. fonscolombei* beobachten. Am frühen Nachmittag waren die Dünen von Tausenden von Imagines bevölkert. Sie saßen dicht bei dicht auf den Spitzen der Binse *Juncus acutissimus*. Von Zeit zu Zeit flogen sie auf und formierten sich zu einem großen Verband, der nach Schätzungen etwa 800 000 Tiere umfaßte. Die Libellen zogen mit der Luftströmung in westliche Richtung. Die Ursachen für solche Wanderungen sind unbekannt. Möglicherweise sind sie als Folge von Massenvermehrungen anzusehen. Im Mittelmeergebiet kann die Art mehrere Generationen pro Jahr erbrüten.

Die Frühe Heidelibelle taucht in Deutschland plötzlich in mehr oder weniger großer Anzahl auf und kann auf ihren Wanderflügen sogar Schleswig-Holstein erreichen.

Bevorzugte Lebensräume sind pflanzenarme Weiher und Seen mit steinigen oder sandigen Ufern. Die Imagines sitzen gern auf warmen Steinen oder Sandbänken. Zur Paarung ergreifen die Männchen in der Vegetation sitzende Weibchen. Die Kopula dauert etwa 15 Minuten. Die Eiablage erfolgt, wie bei *Sympetrum*-Arten üblich, in Tandemstellung. Die Eier werden nahe am Ufer in freies Wasser geworfen. Sofern die Eiablage frühzeitig erfolgt, entwickeln sich die Larven noch im Herbst. Spätere Gelege gehen in unseren Breiten ein.

Bemerkenswert ist die Schlüpfzeit: Die Altlarven steigen abends gegen 21 Uhr aus dem Wasser und klettern an Steinen oder Sandböschungen empor. Gegen 2 Uhr morgens ist die Verwandlung zum Luftinsekt abgeschlossen, und bei Sonnenaufgang fliegen die Tiere davon.

Das Auftreten der Frühen Heidelibelle sollte unbedingt den am Ende des Buches angegebenen libellenkundlichen Vereinigungen mitgeteilt werden.

Frühe Heidelibelle (Sympetrum fonscolombei).

76. **Südliche Heidelibelle** (*Sympetrum meridionale*)

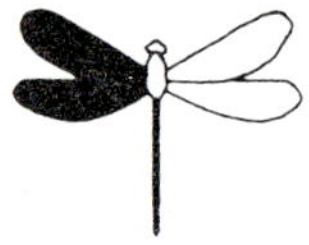

Die Südliche Heidelibelle ist eine typische Art des Mittelmeerraumes. In Deutschland lebt sie nur am südlichen Oberrhein und rings um den Bodensee. Der Lebensraum dieser bei uns seltenen Libelle sind Verlandungszonen und pflanzenreiche Riedzonen. *S. meridionale* gilt als gefährdet.

Kennzeichen

Abdomenlänge 25—27 mm.

♂: Ähnlich der Gemeinen Heidelibelle, aber kleiner. Leicht zu erkennen an der zeichnungslosen braunroten Brust. Die Beine sind hell rotbraun.

♀: Hinterleib braun, unterseits grau bereift. Brust seitlich goldbraun.

Biologie

Die Südliche Heidelibelle fliegt im Juli und August. Sie hält sich gern abseits vom Wasser auf und besucht Wiesen und Sümpfe sowie sonnenbeschienene Wege. Die äußerst lebhafte Libelle sitzt gelegentlich auf Steinen oder trockenen Halmen, stets jedoch waagerecht. Die Paarung erfolgt gegen Mittag, die Eiablage findet zwischen Seggenbülten oder Rohrkolben im flachen Wasser statt. Gelegentlich werden auch Pfützen und Sumpflachen angenommen.

77. **Gebänderte Heidelibelle** (*Sympetrum pedemontanum*)

Diese wohl schönste aller heimischen Libellen lebt „am Fuße der Berge", wie der Name sagt. In Mitteleuropa bewohnt sie die voralpinen Moore und hält sich bevorzugt an den Zuflüssen größerer Seen auf, wie beispielsweise am Staffelsee bei Murnau. In warmen Jahren dringt sie nach Norden vor und hat 1975 den Regnitzgrund bei Erlangen erreicht. Im August 1975 legten 17 Paare am Zufluß eines Baggersees bei Möhrendorf (Kreis Erlangen) ab. 1983 drang diese voralpine Art sogar bis nach Schleswig-Holstein vor. Die Gebänderte Heidelibelle ist in ihrem Bestand stark gefährdet, weitere Funddaten sind dringend erwünscht.

Männchen der Gebänderten Heidelibelle (Sympetrum pedemontanum). Die Art gehört sicher zu den schönsten Libellen Mitteleuropas.

Kennzeichen

Abdomenlänge 22—26 mm.

♂: Diese Art ist aufgrund ihrer dunkelbraunen Flügelbinden unverkennbar. Der Hinterleib ist leuchtend rot, ebenso das Flügelmal.

♀: Hinterleib ockergelb, die Flügelbinden ockerfarben bis bräunlich.

Biologie

Gebänderte Heidelibellen fliegen träge. Ihr flatterhafter Flug erinnert eher an einen Schmetterling als an eine Libelle. Die Imagines sitzen tagsüber gern an Halmen, und zwar mit Vorliebe in moorigen Sumpfwiesen. Die Eiablage erfolgt in Tandemstellung an feuchten Stellen in der Nähe der Zuflüsse von großen Seen. Gelegentlich legen die Weibchen allein ab. Die Biologie dieser prächtigen Art ist kaum bekannt und bedürfte zur Klärung weiterer gezielter Beobachtungen. Die Flugzeit liegt zwischen Mitte Juli und Ende September.

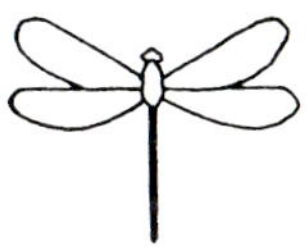

78. **Blutrote Heidelibelle** (*Sympetrum sanguineum*)

Diese häufige Heidelibellenart bewohnt ganz Europa. In Süddeutschland zählt die Blutrote Heidelibelle zu den häufigen Arten, nach Norden hin wird sie jedoch seltener. Typische Lebensräume dieser Art sind stehende, nährstoffreiche Gewässer mit gut ausgebildeten Verlandungszonen, Riedgürteln oder Schachtelhalmsümpfen. Gelegentlich besiedeln die Tiere auch Hochmoore. Diese Art ist nicht bedroht.

Kennzeichen

Abdomenlänge 22—29 mm.

♂: Wie der Name sagt, leuchtet der Hinterleib ausgefärbter ♂♂ blutrot. Die Beine sind schwarz. Die Flügel sind farblos und durchsichtig, an der Basis tragen sie kleine orangerote bis blutrote Flecken. Die Brust ist einheitlich schokoladenbraun. Das Gesicht ausgefärbter ♂♂ leuchtet feuerrot.

Männchen der Blutroten Heidelibelle (Sympetrum sanguineum).

♀: Die ♀♀ sind recht einheitlich ockerbraun, manchmal etwas orange gefärbt. Nur die Unterseite des Hinterleibs wirkt blaugrau angelaufen. Die Beine sind schwarz, die Flügelbasen zeigen orangefarbene Flecken.

Biologie

Die Flugzeit der Blutroten Heidelibelle erstreckt sich von Anfang Juli bis Ende September. Der Lebensraum dieser Art sind besonders kleine, reich mit Pflanzen bewachsene Tümpel oder anmoorige Gewässer. Diese Heidelibelle ist sehr lebhaft und scheu. Obwohl sie sich oft auf den Spitzen trockener Zweige niederläßt, reagiert sie selbst auf die leiseste Annäherung mit rascher Flucht. Die Augen sind ständig in Bewegung. Nichts entgeht ihnen. Die Sitzweise von *Sympetrum sanguineum* ist typisch für alle Heidelibellen: Nach der Landung klappen sie ihre Flügel ruckartig nach vorn. Der Hinterleib ist an heißen Tagen steil aufgerichtet. Beide Verhaltensweisen dienen der Thermoregulation. Je nach der Körpertemperatur verändern die Libellen ihre Körperoberfläche: Bei großer Hitze zeigt die Hinterleibsspitze zur Sonne — die Kollektorfläche ist somit gering. Bei kühlerem Wetter sonnen sich die Heidelibellen dagegen, indem sie die größtmögliche Körperoberfläche der Sonne aussetzen und tanken so jeden wärmenden Sonnenstrahl.

Genauso lebhaft wie das Flug- und Fluchtverhalten dieser Art ist, laufen Paarung und Eiablage ab. Das Ankoppeln an die Weibchen erfolgt überfallartig, teils in der Luft, teils am Boden. Während der nur eine bis fünf Minuten dauernden Paarung setzen sich die Paarungsräder meist waagerecht ab. Sofort nach der Kopulation fliegen die Paare in Tandemstellung unter Führung des Männchens geeignete Eiablagestellen an.

Die Blutrote Heidelibelle legt ihre Eier selten ins freie Wasser. Sie bevorzugt vielmehr feuchten schlammigen Boden oder fast trockenliegende Verlandungsvegetation. Im Fränkischen Weihergebiet bei Erlangen legten die Paare von *S. sanguineum* am häufigsten in feuchte Rasen des Pillenfarns (*Pillularia*), der die breiten Uferbänke mit einem grünen Teppich überzog. An derartigen Plätzen sammelten sich gegen 14 Uhr während der größten Mittagshitze oft zehn bis zwölf Paare auf engstem Raum und begannen ihren typischen Legetanz.

Zur Eiablage fliegen die Tandems fast waagerecht in etwa 10 bis 20 Zentimetern Höhe über den feuchten Untergrund. Mit heftigen Schlagbewegungen wirft das Weibchen kleine, gelbweiße Eipakete, die aus dem Hinterleib quellen, ab. Zweimal pro Sekunde erfolgt die Abwärtsbewegung, aber nur etwa bei jedem dritten Schlag fallen die Eier. Oft erfolgt der Schlag nicht senkrecht nach unten: Vom Schwung des Tanzfluges mitgerissen, schwingt das Weibchen durch und die Eier landen vor dem fliegenden Paar. Die Wipptänze mehrerer Paare auf einer Stelle bieten ein einzigartiges Schauspiel. Bis zu 20 Eier werden zielgenau auf eine Stelle gelegt, nur selten wird die Erde mit der Hinterleibsspitze berührt. Obwohl die Eier in Paketen aus dem Hinterleib quellen, liegen sie später einzeln. Sie kleben nicht und trennen sich beim Aufprall auf die feuchte Erde.

Die auffallend großen Eier sind relativ leicht zu finden, wenn man sie unmittelbar nach der Eiablage sucht. Aber nachdem sie nur wenige Minuten Kontakt mit der feuchten Erde gehabt haben, werden sie undurchsichtig und sind dann mit bloßem Auge nicht mehr zu entdecken. Fängt man ein Weibchen während der Eiablage und hält es vorsichtig an den Flügeln fest, quellen die Eier unablässig aus dem Hinterleib. Sie lassen sich leicht auffangen und in einem Aquarium zur Beobachtung der Entwicklung weiterzüchten.

Am frühen Nachmittag trennen sich die Männchen von ihren Partnerinnen, die aber meist mit der Eiablage fortfahren. Jetzt lassen sich bei der Blutroten

Heidelibelle Verhaltensweisen beobachten, die eigentlich für andere Segellibellen wie den Vierfleck (*Libellula quadrimaculata*) oder den Blaupfeil (*Orthetrum cancellatum*) typisch sind: Die männliche Heidelibelle schwebt über dem tanzenden, legenden Weibchen und „bewacht“ es. Doch dauert es meistens nicht lange, bis das Männchen seine Bewacherrolle wieder aufgibt.

Die Eier verbleiben den Winter über im feuchten Schlamm und gelangen mit den Herbst- und Winterniederschlägen ins tiefere Wasser. Im Frühjahr erscheinen die Vorlarven, aus denen die Larven schlüpfen, die sich siebenmal nacheinander häuten. Die Larven leben nie im Schlamm, sie sitzen zwischen Wasserpflanzen und jagen Wasserflöhe und andere Planktontiere. Kannibalismus zwischen den Junglarven ist nicht selten. Rund einen Monat nach dem Erreichen des letzten Larvenstadiums sind die Larven schlüpfbereit. Ende Juni klettern sie am frühen Morgen an Pflanzenstengeln rund 10 bis 30 Zentimeter empor. Die Imago, das flugfertige Insekt, schlüpft. Gegen Mittag fliegen die Blutroten Heidelibellen zum ersten Mal. An kühlen Tagen kann das Aushärten des Körpers bis in die Abendstunden dauern.

Heidelibellen sind die Libellen des Hochsommers. Der deutsche Name für diese Gruppe geht auf Hermann Löns zurück. Er benannte sie so, weil sie zur Zeit der Heideblüte in den Mooren fliegen.

79. **Große Heidelibelle** (*Sympetrum striolatum*)

Sympetrum striolatum lebt an Wassergräben und vegetationsarmen Teichen mit schlammigem Untergrund und ist überall in Mitteleuropa häufig, vor allem im Süden. In Schleswig-Holstein und Dänemark ist die Art nur selten vertreten, sie wandert aber gelegentlich von Süden her ein. Diese Libelle gilt als nicht gefährdet.

Kennzeichen

Abdomenlänge 27—30 mm. Größte Heidelibelle.

♂: Hinterleib leuchtend rot, Unterseite blaugrau bereift. Brust braun mit deutlichen breiten, gelben Bändern. Augen oben schokoladenbraun, unten gelbgrün. Stirn mit schwarzer Binde, die an den Augen gerade abschließt.

♀: Hinterleib braun mit ausgedehnten Grauzonen. Brust schmutzig braungrau. Legeapparat spitzwinklig abstehend.

Es besteht Verwechslungsgefahr mit *Sympetrum vulgatum*. Ein sicheres Erkennungszeichen ist die schwarze Stirnbinde, die direkt am Auge endet.

Biologie

Von Anfang Juli bis Ende Oktober fliegt diese häufige Heidelibelle, und zwar vorzugsweise an vegetationsarmen Teichen. Die Imagines schlüpfen zu verschiedenen Zeiten, da die Eiablagephase bei dieser Art besonders ausgedehnt ist. Hieraus erklärt sich auch die lange Flugzeit. Diese Libelle wandert gerne und ist oft weit vom Wasser entfernt anzutreffen. Der zeitliche Schwerpunkt ihres Auftretens liegt in Süddeutschland im August und September. Diese wenig scheue Heidelibelle sitzt gerne auf dem Boden, oft auf hellen Sandwegen oder sogar auf Straßen. Scheucht man sie auf, fliegt sie nur wenige Meter weit und setzt sich wieder ab.

Mit dem Eintreten der Geschlechtsreife kehren die Imagines zum Wasser zurück. Gegen Mittag koppeln sich die Männchen im Flug an die weiblichen Tiere an. Hebt das Weibchen den Hinterleib und zeigt damit seine Paarungsbereitschaft an, läßt sich das Tandem auf dem Boden nieder und schließt das Paarungsrad. Nach der nur zehn Minuten dauernden Paarung fliegen die Tandems zur Eiablage. Bei der Großen Heidelibelle zeigt sich deutlich die Tendenz, die Paarung abzukürzen und ganz oder teilweise im Flug zu vollziehen, wie es der Vierfleck (*Libellula quadrimaculata*), ein weiteres Mitglied der Familie Libellulidae, ebenfalls tut. *S. striolatum* repräsentiert somit innerhalb der Gruppe, entwicklungsgeschichtlich gesehen, eine Übergangsphase von der sitzenden Paarung auf festem Substrat zur Flugpaarung der *Libellula*-Arten.

Die Eiablage erfolgt in flachem Wasser, meist an Stellen ohne Pflanzenbewuchs. Auch mit diesem Verhalten fällt die Große Heidelibelle aus dem üblichen Rahmen und verhält sich eher wie der Vierfleck. Genau wie bei *Libellula* werden die Eier weit verstreut, die Tandems wechseln beim Eiablagetanz oft den Platz. Die Ablage dauert nur etwa fünf bis zehn Minuten, wobei sich das Männchen oft schon nach wenigen Minuten löst und das legende Weibchen umfliegt: Ein weiteres Indiz für die Verhaltensverwandtschaft mit dem Vierfleck und dem Plattbauch. Die 200 bis 300 abgelegten Eier tragen einen gallertartigen, klebrigen Fortsatz, und zwar wohl deshalb, damit sie am Grund des Teiches haften und nicht aufschwimmen.

Männchen der Großen Heidelibelle (Sympetrum striolatum).

Vier bis sechs Wochen nach der Eiablage sind die Eier entwickelt und geben die Larven frei, die etwa im vierten Entwicklungsstadium überwintern. Nur die im Spätherbst abgelegten Eier überwintern als solche und entwickeln sich erst im nächsten Frühjahr. Diese differenzierte Entwicklungsstrategie ist der Grund dafür, daß sich die Schlupfphase der nächsten Generation über zwei Monate hinziehen kann.

Die Larven sind äußerst lebhaft und schwimmfreudig. Die Metamorphose (Geburt der Imago) erfolgt vor Sonnenaufgang an Wasserpflanzen in etwa 10 bis 30 Zentimetern Höhe. In guten Jahren kann es zu Wanderflügen kommen, in deren Verlauf *S. striolatum* auch nördliche Gebiete besiedeln kann, aus denen sie sich aber in der Regel bald wieder zurückzieht.

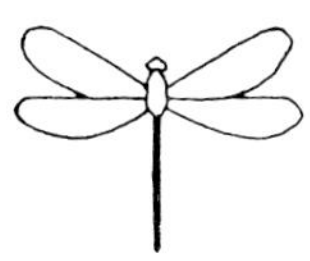

80. **Gemeine Heidelibelle** (*Sympetrum vulgatum*)

Diese häufigste aller Heidelibellen ist überall in Mitteleuropa zu finden. Sie fliegt an Gewässern aller Art, an Wiesengräben, Teichen und Tümpeln ebenso wie an Seen. Die Gemeine Heidelibelle ist in keiner Weise gefährdet.

Kennzeichen

Abdomenlänge 22—27 mm.

♂: Hinterleib dunkelrot, Brust einheitlich rotbraun, Ansatzstellen der Flügel kräftig rot.

♀: Hinterleib goldfarben braun mit rötlichem Anflug. Ansatzstellen der Flügel rot. Legescheide *rechtwinklig* abstehend.

Die Art kann leicht mit *S. striolatum* verwechselt werden. Sicherstes Unterscheidungsmerkmal: Auf der Stirn (von vorn betrachtet) läuft das *waagerechte* dunkle Band seitlich am Auge herab. Bei *S. striolatum* endet das Band direkt am Auge.

Biologie

Von Juli bis Ende Oktober erstreckt sich die Flugzeit dieser häufigsten und auffallendsten Sommerlibelle. Meist sitzen die Tiere auf Steinen, auf Sandbänken oder trockenen, waagerecht liegenden Schilfhalmen und sonnen sich. Ständig drehen sie den Kopf, so daß den Augen auch nicht die kleinste Bewegung entgeht. Gemeine Heidelibellen entfernen sich nie weit vom Wasser und streifen während der zweiwöchigen Reifezeit über Weiherdämme, Sumpfwiesen oder an Böschungen entlang. Zur Paarung ergreifen die Männchen meist sitzende Weibchen, die Kopula dauert fünf bis zehn Minuten. Während der Kopula hängen sich die Räder an senkrechte Schilfhalme, häufiger jedoch sind waagerecht auf Schilfblättern sitzende Paarungsräder zu beobachten. Anschließend löst das Weibchen das Rad und läßt den Hinterleib hängen. Auf dieses Signal hin fliegt das Männchen zu den Eiablageplätzen. Fliegende Tandems von *Sympetrum vulgatum* sind schon von weitem an ihrem schnellen, wellenförmigen Flug zu erkennen, der den Konturen der Ufervegetation folgt.

Begehrte Eiablageplätze sind freie Wasserstellen direkt an der Uferlinie und im Randbereich des Schilfgürtels. Dort tanzen die Paare unentwegt in schneller Folge, bis der Eivorrat erschöpft ist. Über 100 Auf- und Abbewegungen an einer Stelle sind dabei keine Seltenheit. Die Eier sinken sofort zu Boden. Die lebhaften Larven leben zwischen Wasserpflanzen und verbleiben oft bis zum Schlupf in der Nähe der Eiablagestelle. Sie vergraben sich im Schlick und sehen deshalb meistens sehr schmutzig aus. Am frühen Morgen eines milden Julitages klettern die Larven 10 bis 30 Zentimeter an Schilfhalmen empor und entlassen die Imago. Die Verwandlung geht auffallend schnell vor sich, sie dauert nur knapp zwei Stunden.

Die Biologie der Gemeinen Heidelibelle ähnelt sehr der von *Sympetrum striolatum*, mit der diese Art auch oft verwechselt wird.

Die Abbildung auf Seite 102 zeigt ein Männchen der Gemeinen Heidelibelle (Sympetrum vulgatum).

Systematische Übersicht der 80 mitteleuropäischen Libellenarten (Odonata)

- **Zygoptera — Kleinlibellen**
  - Platycnemididae — Federlibellen
    - Platycnemis pennipes (Federlibelle)
  - Coenagrionidae — Schlanklibellen
    - Cercion lindeni (Pokal-Azurjungfer)
    - Ceriagrion tenellum (Späte Adonislibelle)
    - Coenagrion armatum (Hauben-Azurjungfer)
    - Coenagrion hastulatum (Speer-Azurjungfer)
    - Coenagrion hylas (Sibirische Azurjungfer)
    - Coenagrion lunulatum (Mond-Azurjungfer)
    - Coenagrion mercuriale (Helm-Azurjungfer)
    - Coenagrion ornatum (Vogel-Azurjungfer)
    - Coenagrion puella (Hufeisen-Azurjungfer)
    - Coenagrion pulchellum (Fledermaus-Azurjungfer)
    - Coenagrion scitulum (Gabel-Azurjungfer)
    - Enallagma cyathigerum (Becher-Azurjungfer)
    - Erythromma najas (Großes Granatauge)
    - Erythromma viridulum (Kleines Granatauge)
    - Ischnura elegans (Gemeine Pechlibelle)
    - Ischnura pumilio (Kleine Pechlibelle)
    - Nehalennia speciosa (Zwerglibelle)
    - Pyrrhosoma nymphula (Frühe Adonislibelle)
  - Lestidae — Binsenjungfern
    - Chalcolestes viridis (Weidenjungfer)
    - Lestes barbarus (Südliche Binsenjungfer)
    - Lestes dryas (Glänzende Binsenjungfer)
    - Lestes macrostigma (Dunkle Binsenjungfer)
    - Lestes sponsa (Gemeine Binsenjungfer)
    - Lestes virens (Kleine Binsenjungfer)
    - Sympecma fusca (Gemeine Winterlibelle)
    - Sympecma paedisca (Sibirische Winterlibelle)
  - Calopterygidae — Prachtlibellen
    - Calopteryx virgo (Blauflügel-Prachtlibelle)
    - Calopteryx splendens (Gebänderte Prachtlibelle)
- **Anisoptera — Großlibellen**
  - Aeshnidae — Edellibellen
    - Brachytron pratense (Kleine Mosaikjungfer)
    - Aeshna affinis (Südliche Mosaikjungfer)
    - Aeshna coerulea (Alpen-Mosaikjungfer)
    - Aeshna cyanea (Blaugrüne Mosaikjungfer)
    - Aeshna grandis (Braune Mosaikjungfer)
    - Aeshna juncea (Torf-Mosaikjungfer)
    - Aeshna mixta (Herbst-Mosaikjungfer)
    - Aeshna subarctica (Hochmoor-Mosaikjungfer)
    - Aeshna viridis (Grüne Mosaikjungfer)
    - Aeshna isoscelis (Keilflecklibelle)
    - Anax imperator (Große Königslibelle)
    - Anax parthenope (Kleine Königslibelle)
    - Hemianax ephippiger (Schabrackenlibelle)
  - Gomphidae — Flußjungfern
    - Gomphus flavipes (Asiatische Keiljungfer)
    - Gomphus pulchellus (Westliche Keiljungfer)
    - Gomphus simillimus (Gelbe Keiljungfer)
    - Gomphus vulgatissimus (Gemeine Keiljungfer)
    - Onychogomphus forcipatus (Kleine Zangenlibelle)
    - Onychogomphus uncatus (Große Zangenlibelle)
    - Ophiogomphus serpentinus (Grüne Keiljungfer)
  - Cordulegasteridae — Quelljungfern
    - Cordulegaster bidentatus (Gestreifte Quelljungfer)
    - Cordulegaster boltoni (Zweigestreifte Quelljungfer)
  - Corduliidae — Falkenlibellen
    - Cordulia aenea (Gemeine Smaragdlibelle)
    - Epitheca bimaculata (Zweifleck)
    - Oxygastra curtisi (Gekielte Smaragdlibelle)
    - Somatochlora alpestris (Alpen-Smaragdlibelle)
    - Somatochlora arctica (Arktische Smaragdlibelle)
    - Somatochlora flavomaculata (Gefleckte Smaragdlibelle)
    - Somatochlora metallica (Glänzende Smaragdlibelle)
  - Libellulidae — Segellibellen
    - Crocothemis erythraea (Feuerlibelle)
    - Leucorrhinia albifrons (Östliche Moosjungfer)
    - Leucorrhinia caudalis (Zierliche Moosjungfer)
    - Leucorrhinia dubia (Kleine Moosjungfer)
    - Leucorrhinia pectoralis (Große Moosjungfer)
    - Leucorrhinia rubicunda (Nordische Moosjungfer)
    - Libellula depressa (Plattbauch)
    - Libellula fulva (Spitzenfleck)
    - Libellula quadrimaculata (Vierfleck)
    - Orthetrum albistylum (Östlicher Blaupfeil)
    - Orthetrum brunneum (Südlicher Blaupfeil)
    - Orthetrum cancellatum (Großer Blaupfeil)
    - Orthetrum coerulescens (Kleiner Blaupfeil)
    - Sympetrum danae (Schwarze Heidelibelle)
    - Sympetrum depressiusculum (Sumpf-Heidelibelle)
    - Sympetrum flaveolum (Gefleckte Heidelibelle)
    - Sympetrum fonscolombei (Frühe Heidelibelle)
    - Sympetrum meridionale (Südliche Heidelibelle)
    - Sympetrum sanguineum (Blutrote Heidelibelle)
    - Sympetrum pedemontanum (Gebänderte Heidelibelle)
    - Sympetrum striolatum (Große Heidelibelle)
    - Sympetrum vulgatum (Gemeine Heidelibelle)

Der Körperbau: langgestreckt und aerodynamisch

Wer sich in der Insektenwelt ein wenig umsieht, wird beeindruckt sein von der Vielfalt der auftretenden Formen. Die Palette reicht von winzigen, fast mikroskopisch kleinen Tieren bis zu Großinsekten von 10 bis 15 Zentimetern Körperlänge. Allein die Flügel zeigen eine unglaubliche Vielfalt der auftretenden Formen: Winzige Haarbüschel, großflächige, von Netzadern durchzogene Schwingen, harte Chitindeckel und zusammenfaltbare glasartige Flächen seien als Beispiele für die in der Natur verwirklichte Mannigfaltigkeit genannt. Doch so verschieden die Insekten auch sind, lassen sie sich doch alle auf einen gemeinsamen *Grundbauplan* zurückführen. Die reichhaltige Variation des Themas „Insekt" ist als Folge der Millionen Jahre dauernden Anpassung an bestimmte Lebensräume, an besondere Nahrungsbedingungen, an die besonderen *Lebensstrategien* jeder Art zu verstehen.

Die Lebensstrategie der Libellen anhand des Körperbaus zu betrachten, ist besonders aufschlußreich. Wir finden im Körperbau der Libellen eine optimale Kompromißlösung verwirklicht, die vielen verschiedenen Einzelanforderungen gerecht wird: Als Lufträuber muß eine Libelle schnell und wendig sein — Flugapparat, Augen und Beine sind entsprechend gebaut. Die Beute muß ergriffen und gefressen werden können. Drei Beinpaare und drei Paare von Mundwerkzeugen arbeiten dabei zusammen. Die Fortpflanzung mit einem arteigenen Partner muß sichergestellt sein — Greifwerkzeuge, Haltezangen und eine Fülle von Signalen, die der Verständigung dienen, sorgen dafür. Ein Insekt durchläuft während seines Lebens viele Funktionskreise wie etwa Nahrungssuche, Partnerfindung, Paarung und Eiablage. Und für alle diese Lebensabschnitte liegen speziell ausgebildete Körperteile und morphologische Strukturen bereit, die meist multifunktional sind: So dienen die Beine dem Sitzen, dem Beutefang und dem Ergreifen eines Geschlechtspartners. Die Flügel dienen dem Flug, der Thermoregulation und als Farbsymbol zur Anlockung von Partnern. Der Körper einer Libelle ist also, technisch gesehen, eine Konstruktion, die mit minimalem Aufwand ein Optimum an Effektivität erreicht.

Der Grundbauplan

Der Libellenkörper ist aus drei Abschnitten aufgebaut. Er besteht aus Kopf (Caput), Brustabschnitt (Thorax) und Hinterleib (Abdomen). Das ist bei allen Insekten so. Aber die einzelnen Körperabschnitte der Libellen weisen eine Reihe von Abwandlungen gegenüber anderen Insektenordnungen auf, die für Odonaten typisch und eng an ihre Lebensweise gekoppelt sind.

Der Kopf ist der Träger der Hauptsinnesorgane und der Mundwerkzeuge. Am Thorax entspringen die Beine und Flügel, im Hinterleib liegen das Verdauungs- und das Fortpflanzungssystem. Alle Körperabschnitte sind aus einzelnen Segmenten aufgebaut, die miteinander häutig verbunden sind. Ein einzelnes Segment besteht wie bei einer Ritterrüstung aus harten Brustspangen (Sterniten) und ebensolchen Rückenplatten (Tergiten). Die einzelnen Platten sind seitlich durch eine Membran miteinander beweglich verbunden. Als Baustoff für dieses harte Außenskelett, das für alle Gliederfüßler (Arthropoden) typisch ist, wird ein stickstoffhaltiger Vielfachzucker (Polysaccharid) verwendet, das Chitin. Die Härte dieses einmalig leichten Baustoffs kommt nach dem Schlüpfen der Imagines durch Einlagerung von Kalk zustande. Dieses Zweikomponentensystem verleiht dem Skelett die große Festigkeit bei gleichzeitig minimalem Gewicht. Eine Hufeisen-Azurjungfer wiegt nur den vierzigsten Teil eines Gramms, eine *Aeshna* nur etwa ein Gramm. Betrachten wir nun die Körperteile einmal im einzelnen.

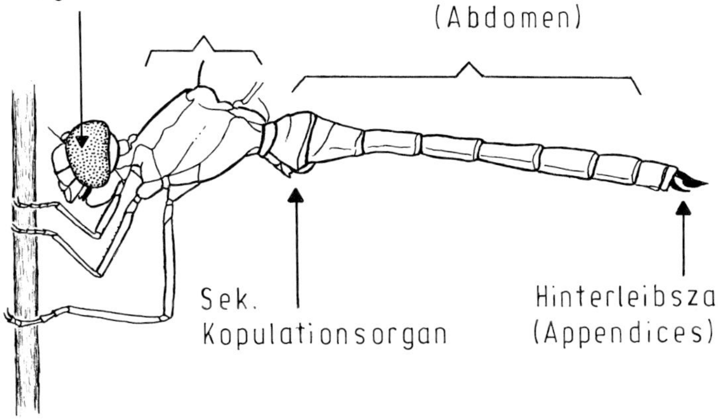

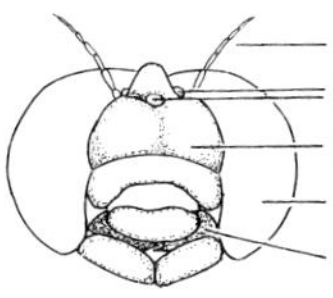

Der Kopf (Caput)

Der Libellenkopf entstand im Laufe der Evolution durch Verschmelzung von vier Körpersegmenten zu einer Kapsel, die sich gut mit einem Motorradhelm vergleichen läßt, dessen Visier nach unten offen ist. Der vordere Teil der Kopfkapsel trägt neben den drei Einzelaugen die riesigen Facettenaugen und die Antennen. Am hinteren Teil des Kopfes entspringen die nach unten gerichteten Mundwerkzeuge. Der Kopf ist hinten tief ausgehöhlt und deshalb auf dem dünnen Hals gut beweglich. Er kann seitlich um bis zu 180° gedreht werden. Nach vorne läßt er sich bis zu einem Winkel von 40°, nach hinten bis zu 70° abkippen.

Der Libellenkopf stellt ein hochmobiles Empfangsorgan für optische und mechanische Reize dar. Die drei Punktaugen dienen der Hell-Dunkel-Wahrnehmung. Die 10 000 bis 30 000 Einzelaugen, aus denen die beiden Komplexaugen bestehen, liefern ein mosaikartiges Bild der Umgebung. Jedes Einzelauge besitzt eine winzige Linse; die im Komplexauge oben liegenden sechseckigen sogenannten Ommatidien sind „weitsichtig", sie dienen dem Erkennen entfernterer Objekte. Die unteren Einzelaugen dienen der Wahrnehmung im Nahbereich. Das Komplexauge entspricht also einer Art von Superbrille für gleichzeitiges Nah- und Fernsehen. Man kann sich das „Bild", das eine Libelle von ihrer Umgebung erhält, gut als Rasterbild vorstellen, wie es in Zeitungen manchmal etwas grobkörnig abgedruckt ist.

Die Antennen, kurze, siebengliedrige „Stifte", stehen in dem Grundglied wie in einer „Mini-Vase". Verformt der Fahrtwind die Antennen, berührt der Fühler den Rand der „Vase" und reizt bestimmte dort liegende Sinneszellen. So könnte man die Funktion des komplizierten Johnstonschen Organs vereinfachend beschreiben. Anhand der Verformung ihrer Antennen können die Libellen den Fahrtwind messen. Sie „wissen" dadurch, wie schnell sie fliegen, wie stark der Gegenwind ist und welche Landegeschwindigkeit sie benötigen. Es ist schwer, die komplexe physiologische Funktion einer Antenne einfach darzustellen, aber der Vergleich mit einer im Fahrtwind sich verbiegenden Autoantenne, deren Verformungsgrad mit ringförmig angeordneten Sinneszellen an der Basis gemessen wird, kommt der Wahrheit wohl am nächsten. Vereinzelt liegen auf der An-

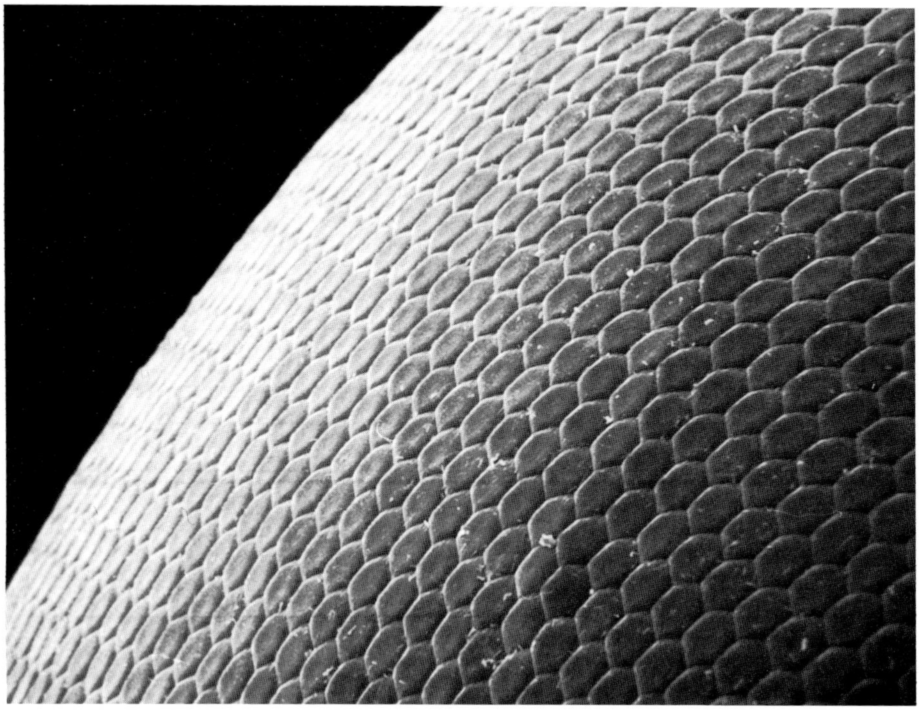

Die Präparate wurden getrocknet, mit Gold bedampft und im Raster-Elektronenmikroskop betrachtet. Die Aufnahmen zeigen anatomische Details der Weidenjungfer (Chalcolestes viridis).

Die Komplexaugen der Libellen sind aus 10000 bis 30000 bienenwabenförmigen, hexagonalen Facettenaugen zusammengesetzt. Die kugelige Anordnung der Facetten ermöglicht der Libelle eine fast lückenlose Rundumsicht. (Vergrößerung 200fach)

tenne auch Sinnesgruben, die Gerüche wahrnehmen können. Nach den bisherigen Forschungsergebnissen kann es jedoch als sicher gelten, daß Libellen kaum riechen. Ihr Gesichtssinn ist dagegen weitaus besser entwickelt.

Entsprechend ihrer räuberischen Lebensweise besitzen Libellen kräftige kauende Mundwerkzeuge. Diese liegen paarig angeordnet hintereinander und bilden ein zum Schlund hin immer feiner mahlendes Zerkleinerungssystem. Oben

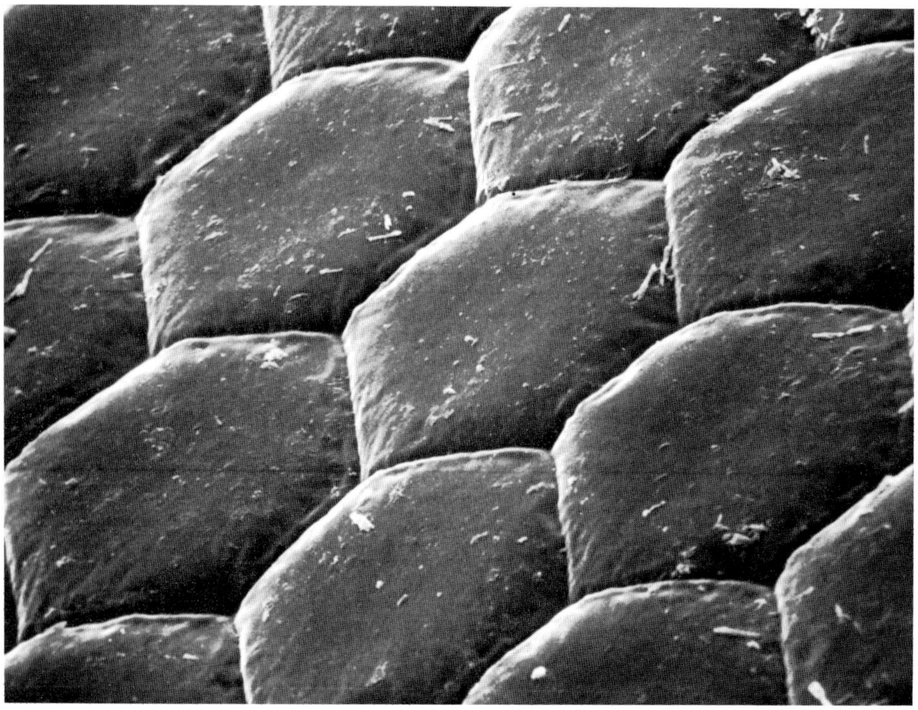

Der Ausschnitt zeigt die lückenlos aneinanderstoßenden Einzelfacetten. (Vergrößerung 1200fach)

Blick von vorn auf die Mundöffnung: Von oben nach unten sind die kuppelartige Oberlippe, die darunter liegenden, mächtigen Oberkiefer (Mandibel), die kammartig gezähnten Unterkiefer (Maxillen) und die zweiteilige Unterlippe, die den Mundraum nach unten abschließt, zu erkennen. Die zahlreichen Borsten im Mundraum wirken wie Reusen für die Nahrung. (Vergrößerung 40fach)*

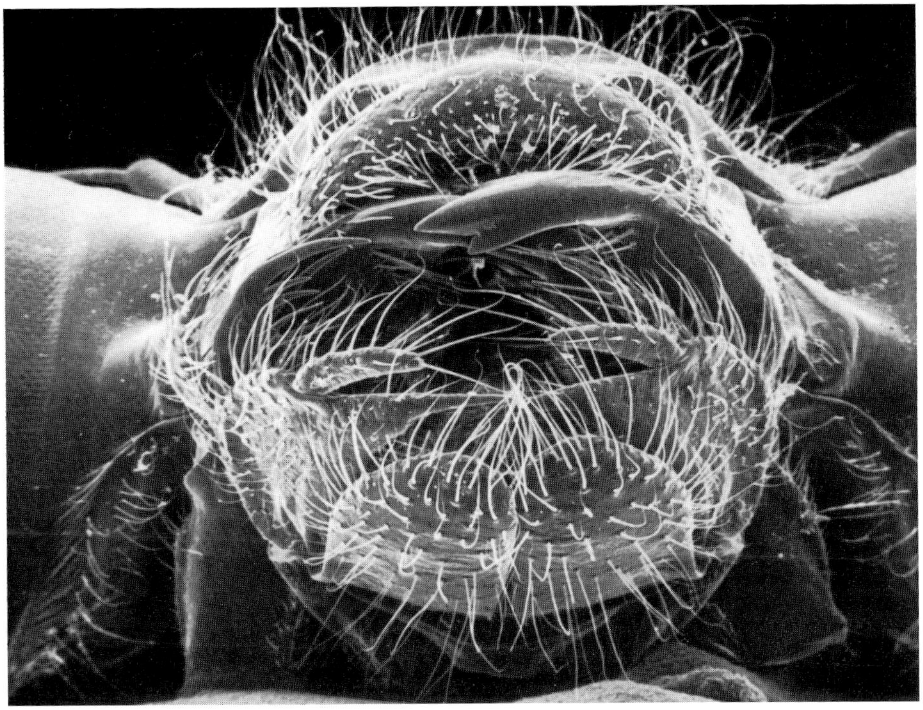

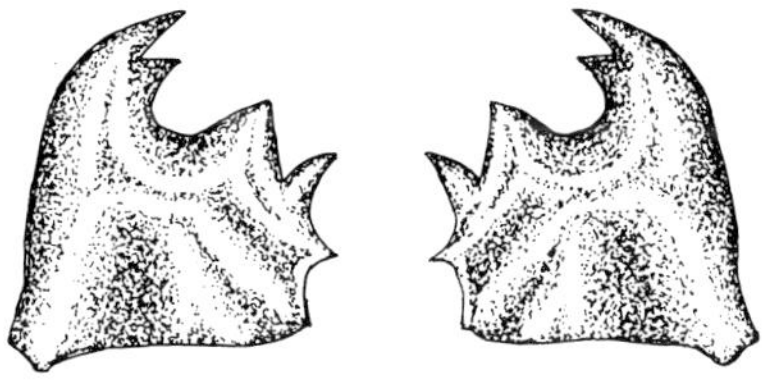

Oberkiefer (Mandibel) einer Heidelibelle.

beginnt der Mundraum mit der Oberlippe (Labrum). Sie begrenzt als „Klappe" den Mund von oben her. Darunter liegen die kräftigen, bezahnten Oberkiefer (Mandibel). Sie besorgen die Grobarbeit beim Zerfleischen der Beute. Dicht darauf folgen zwei Maxillen, das sind kräftig bedornte Unterkiefer, die die Beutetiere in immer kleinere Bestandteile zerlegen und mit ihren dornartigen Fortsätzen einen Filterapparat bilden, der verhindert, daß Fremdkörper in den

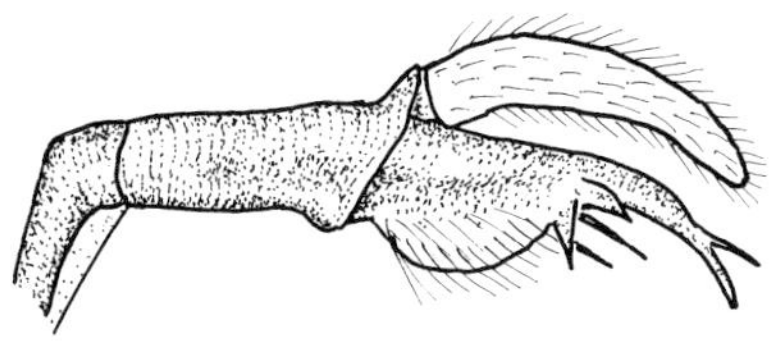

Unterkiefer (Maxille) einer Heidelibelle.

Oberkiefer mit Zahn. Nach diesem Mandibelzahn heißen die Libellen „Odonata" (= die Gezähnten). (Vergrößerung 220fach)

Mund gelangen. Die Unterlippe (Labium), eine zweilappige Lade unter dem Mundraum, drückt die Beute immer wieder zwischen die zerkleinernden Kiefer. Natürlich verfügen Libellen auch über Speicheldrüsen, die die Nahrung einspeicheln und damit rutschfähig machen. Sie liegen tief im Schlund und sondern von dort ihre Sekrete ab.

Die Brust (Thorax)

Der kräftige Brustabschnitt besteht aus drei schräg gestellten Segmenten, der Vorder-, der Mittel- und der Hinterbrust (Pro-, Meso- und Metathorax). Der Prothorax trägt das erste Beinpaar. Er dient bei den Kleinlibellen auch als Widerlager für die Haltezangen des Männchens bei der Paarung. Wahrscheinlich sind die unterschiedlichen Fortsätze der Haltezangen beim männlichen und die Gegenlager des Prothorax beim weiblichen Tier wie ein „Schlüssel-Schloß-System" aufeinander abgestimmt, das der Erkennung arteigener Geschlechtspartner dient. Die Vorderbrust der Libellen ist auffallend reich mit Sinnesborsten versehen. Ein Teil dieser Borsten dient der Überwachung der Gleichgewichtslage während des Fluges, ein anderer Teil gibt der Libelle Informationen über die Kopfhaltung.

Meso- und Metathorax sind miteinander zu einem mächtigen Block verschmolzen und tragen je ein Flügelpaar und je ein Beinpaar. Anders als bei allen anderen Insekten liegen diese beiden Abschnitte schräg nach hinten geneigt. Dieser Teil des Thorax enthält im Inneren neben großen Luftsäcken mächtige Muskelpakete für den Antrieb der Flügel. Die komplizierten Gelenke, mit denen die Flügel an Mittel- und Hinterbrust angeschlossen sind, sollen nicht näher besprochen werden. Sie dienen der Kraftübertragung sowie der Steuerung der vier Flügel. Wichtig ist nur, daß Libellen ihre Flügel nicht vor und zurück bewegen können wie etwa die Fliegen. Die Flügelgelenke erlauben nahezu nur eine Auf- und Abbewegung der Schwingen. Zusatzgelenke ermöglichen jedoch eine Verdrehung und Verwindung der Vorderflügel, die für bestimmte Steuerungsvorgänge wichtig sind. Wie die Libellen fliegen, darüber mehr im Kapitel „Flug" auf Seite 114 ff.

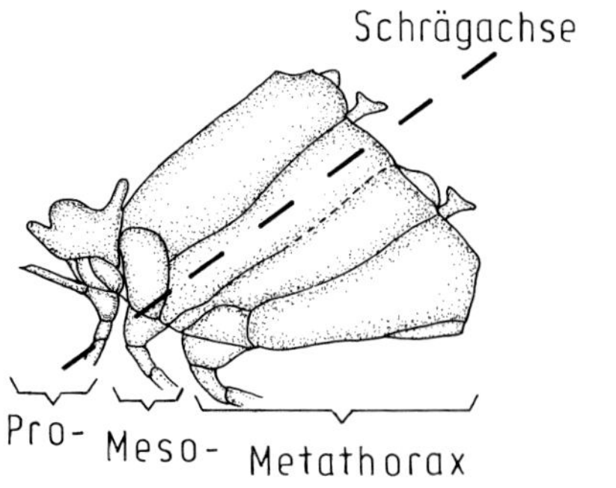

Brust mit schräggestellten Segmenten.

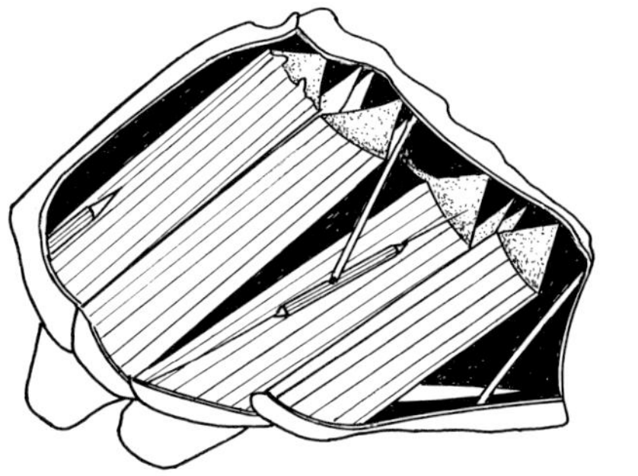

Flugmuskeln einer Heidelibelle (Brust seitlich geöffnet).

Die Flügel

Die Flügel entstanden bei den Insekten aus häutigen Fortsätzen der Rückenplatten der Mittel- und Hinterbrust. Bei den Libellen sind die Flügel glasartige Membranen, die durch ein reiches Aderwerk versteift sind. Die großen Längsadern sorgen für Quersteifigkeit, die zahlreichen kleinen Queradern sowie das meist deutlich ausgeprägte Flügelmal (Pterostigma) für Längssteifigkeit. Dem Flügelmal kommt dabei noch die Funktion einer Unwucht an der Flügelspitze zu, die bei schnellem Flug den Flügel stabilisiert. Während die Flügel der langsam fliegenden Kleinlibellen gleich groß sind, sorgen die größeren Hinterflügel der Großlibellen mehr für den Antrieb, die kleineren Vorderflügel übernehmen die Steuerung der Flugrichtung.

Die Beine

Wie alle Insekten besitzen Libellen sechs Beine, die aus je fünf Teilen aufgebaut sind: Hüfte (*Coxa*), Schenkelring (*Trochanter*), Schenkel (*Femur*), Schiene (*Tibia*) und Fuß (*Tarsus*) mit zwei Krallen (*Ungues*). Die Vorderbeine sind deutlich kürzer als die übrigen beiden Beinpaare. Die Beine der Libellen sind auffallend stark bedornt. Durch die Schrägstellung der Brustabschnitte und die unterschiedliche Beinlänge bilden die sechs Beine beim Raubflug einen nach vorn offenen Fangkorb, mit dem die Libellen Beutetiere aus der Luft „fischen". Die

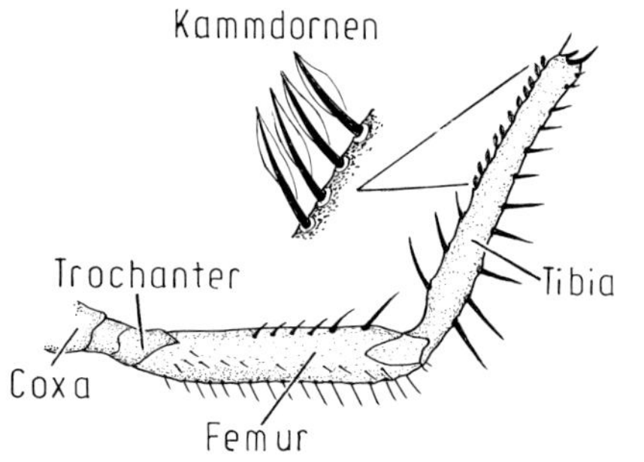

Bein einer Heidelibelle mit Kammdornen zum Putzen der Augen.

Die hauchdünnen Flügel sind aus rechteckigen Membranzellen aufgebaut. Diese Bauweise macht sie ultraleicht und stabil. Die verstärkte Zelle rechts oben ist das Flügelmal (Pterostigma), eine Verdickung am äußeren Flügelrand, die als Unwucht beim schnellen Flug Flügelflattern verhindert. (Vergrößerung 45fach)

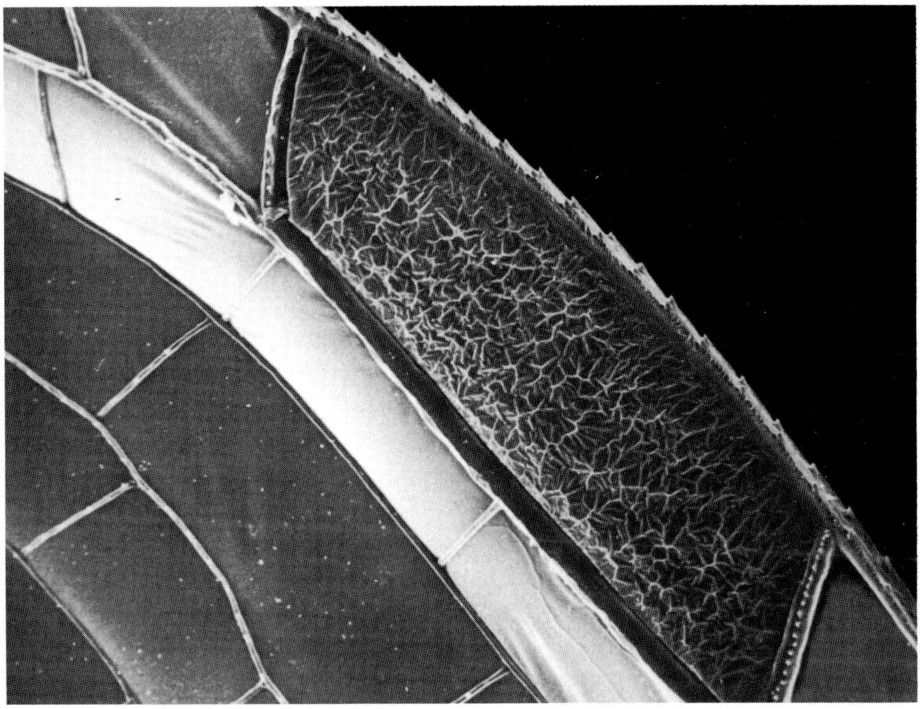

Am Ende der dornenbewehrten Beine tragen die Libellen scharfe Krallen (Ungues), die das Festhalten auf Blättern, an Stengeln oder Ästen auch bei starkem Wind erlauben. (Vergrößerung 100fach)

kräftigen, spitzen Dornen dienen dazu, die Beute festzuhalten. An den Vorderbeinen sind sie zu „Kammdornen" umgebildet und werden zum Putzen der Augen eingesetzt.

Der Hinterleib

Dieser dritte Abschnitt des Libellenkörpers ist stets verhältnismäßig lang und besteht aus zehn rohrförmigen Gliedern, den sogenannten Hinterleibsringen oder Abdominalsegmenten. Der Hinterleib erfüllt viele Funktionen: Er birgt die Verdauungs- und Geschlechtsorgane, dient als Flugstabilisator, Balancierstange, Sonnenkollektor und verlängerter Hebel bei der Paarung beziehungsweise bei der Eiablage. Er dient außerdem zum Putzen der Flügel und trägt oft Farbmuster, die die Konturen des Tieres optisch auflösen.

Zum Stechen allerdings dient der Hinterleib nicht, auch wenn der Volksmund unseren Libellen immer wieder gefährlich klingende Namen wie „Teufelsnadeln“, „Satansbolzen“ oder „Augenstecher“ gegeben hat. Die rohrförmigen Hinterleibssegmente sind untereinander mit häutigen Membranen verbunden, die es den Libellen erlauben, das Abdomen zwischen den Röhren abzuwinkeln. Diese Fähigkeit spielt beispielsweise beim Einstechen der Eier in harte Pflanzengewebe eine Rolle. Dabei wird der Hinterleib zweimal rechtwinklig abgeknickt, wodurch sich der Druck erheblich vergrößert.

Am 10. Hinterleibssegment befinden sich bei beiden Geschlechtern zwei Paar Anhänge, deren Form von Art zu Art variiert. Zwei davon, meist zangenartig geformt, nennt man *Appendices superiores*. Beim Männchen liegen sie oben, in der Aufsicht erscheinen sie als „äußere“ Zangen, mit denen die männlichen Kleinlibellen ihre Partnerinnen bei der Paarung am Prothorax ergreifen. Die Männchen der Großlibellen dagegen ergreifen die Weibchen mit den Haltezangen am Kopf und befestigen sie am Augenhinterrand (je nach Art verschieden!).

Außer den *Appendices superiores* besitzen die Männchen noch zwei untere Anhänge (*Appendices inferiores*). Bei den Kleinlibellen liegen diese kürzeren „Stifte“ während der Paarung meist dem Prothorax der Weibchen auf und sind ein Teil des „Schlüssel-Schloß-Systems“ zur Arterkennung. Die je nach Art variierenden Appendices der Männchen sind die einzigen völlig sicheren Bestimmungsmerkmale und sind daher im Bestimmungsschlüssel eingehend dargestellt. Auch die Weibchen besitzen solche *Appendices inferiores*, bei ihnen sind sie jedoch oft weniger deutlich ausgeprägt oder funktionslos.

Besonders deutlich sind die Hinterleibsanhänge in Funktion in den Abb. auf

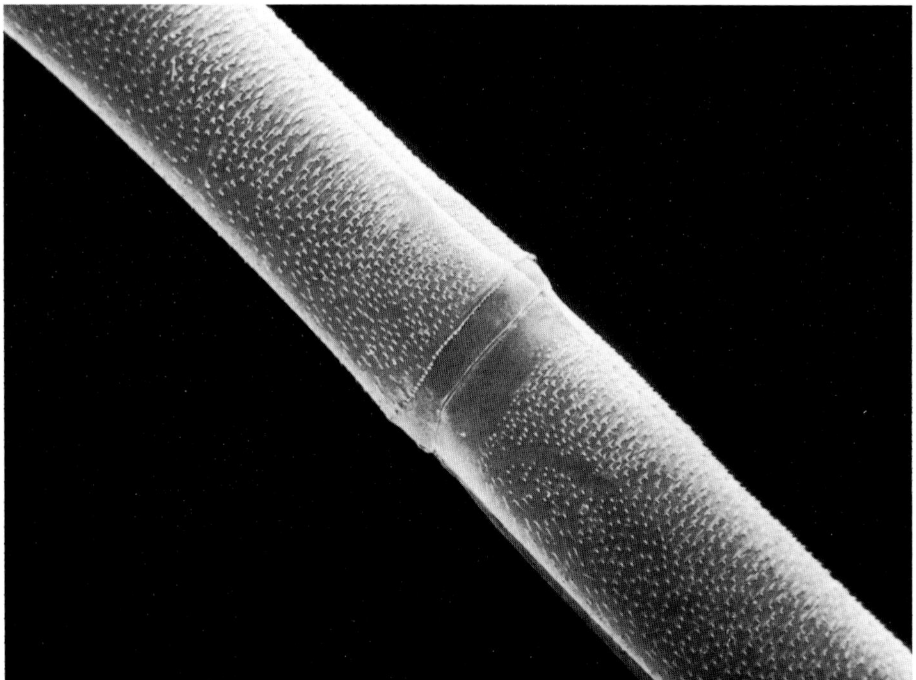

Der Hinterleib besteht aus ineinandersteckenden Chitinröhren, die durch dünne Häutchen zwischen den Segmenten gegeneinander beweglich bleiben. Das Röhrenprinzip bewirkt große Stabilität bei gleichzeitig leichtester Bauweise. (Vergrößerung 50fach)

Die Oberfläche der Röhren ist durch Zähnchen vergrößert. Diese dienen wahrscheinlich der Stabilität. Dazwischen liegen Sinnesborsten, mit denen die Libellen Berührungsreize wahrnehmen können. (Vergrößerung 470fach)

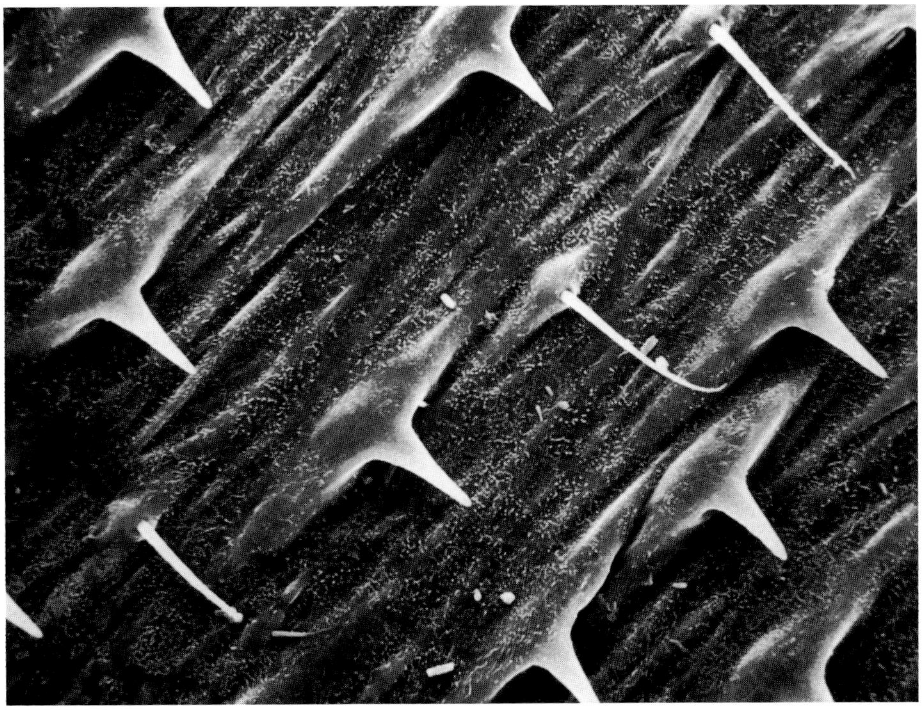

S. 129 zu sehen. Die Geschlechter können an den Strukturen des Hinterleibs voneinander unterschieden werden: Alle *männlichen* Libellen haben ihr sekundäres Kopulationsorgan auf der Unterseite des 2. Hinterleibsrings (beziehungsweise des 2. *und* 3. Hinterleibsrings bei Großlibellen). Dieses Begattungsorgan, eine Neuentwicklung der Libellen, ist kompliziert gebaut und von Art zu Art etwas verschieden. Es ist jedoch immer deutlich sichtbar. Form und Funktion

Am Hinterende des Abdomens besitzen die Männchen zwei paarige Anhänge. Die großen, halbkreisförmigen Greifzangen (Appendices superiores) werden bei der Paarung hinter der Vorderbrust des Weibchens verankert und halten es fest. Die kurzen, in der Mitte liegenden Anhänge (Appendices inferiores) liegen bei der Paarung oben auf der Vorderbrust des weiblichen Tieres. Die Hinterleibsanhänge bilden mit entsprechenden Aussparungen an der Vorderbrust des Weibchens ein „Schlüssel-Schloß-System“, mit dessen Hilfe wahrscheinlich das Weibchen den arteigenen Partner erkennt.

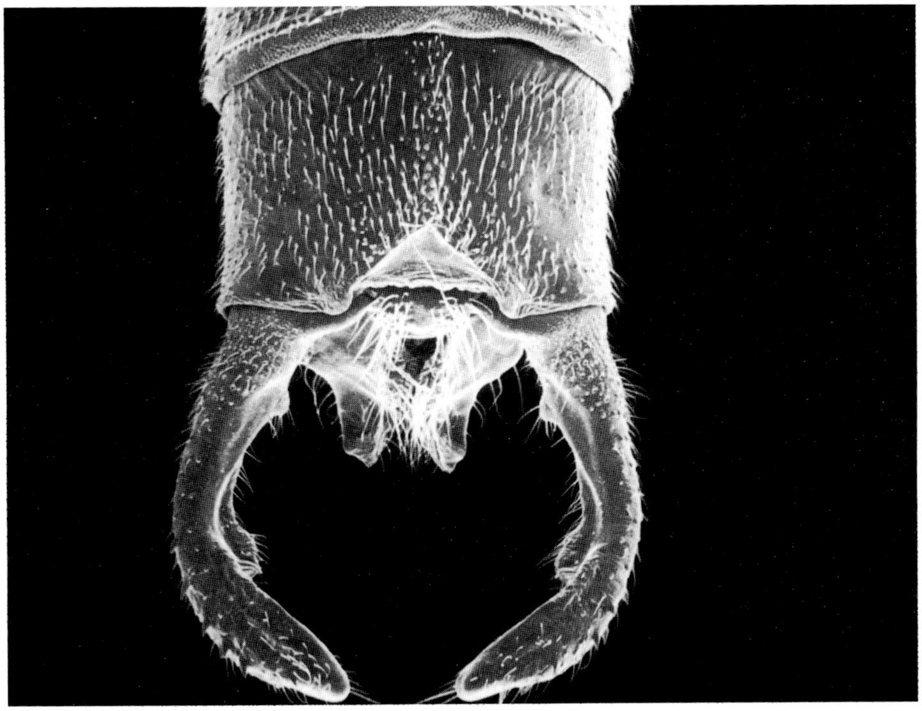

erklärt die Abb. unten. Die Geschlechtsöffnung der männlichen Tiere mündet an der Bauchplatte des 9. Hinterleibsrings und wird von zwei kleinen Chitinplatten verschlossen.

Libellen*weibchen* lassen sich leicht an ihrem Legeapparat (*Ovipositor*) an der Unterseite der 8. und 9. Bauchplatte erkennen (siehe Abb. S. 111). Bei Kleinlibellen ist der Legeapparat sehr deutlich ausgeprägt, man erkennt ihn schon an der verdickten Abdomenspitze. Bei vielen Arten, zum Beispiel bei der Gattung *Sympetrum*, sind Teile dieser Legescheide weitgehend zurückgebildet. Trotzdem lassen sich die Weibchen sicher an den Scheidenklappen (*Valvulae vulvae*) erkennen. Die Legeapparate sind je nach dem Verhalten einer Art bei der Eiablage unterschiedlich gebaut. Während die endophytisch (in Pflanzen) legenden Arten meist stark chitinisierte Legesäbel mit sägeartigen Unterkanten aufweisen (zum Beispiel die Binsenjungfern, Lestidae), sind diese bei exophytisch (nicht in Pflanzen stechenden) Arten meist auf Scheidenklappen reduziert. Nähere Einzelheiten dazu finden sich im Kapitel „Eiablage".

Farben

Libellen fallen dem Betrachter oft durch ihren Farbenreichtum auf. Metallisch leuchtendes Grün, Gelb, Orange, Himmelblau, Feuerrot, Braun, Blau oder Schwarz sind die Farben, die die Libellen zur prächtigsten Insektengruppe nach den Schmetterlingen machen. Auch die Färbung erfüllt diverse Funktionen im Leben der Tiere. Farbmuster dienen der Partnerfindung, der Arterkennung und der Tarnung. Farben erleichtern das Aufheizen der wechselwarmen Libellen am Morgen, sie schützen vor schädlicher UV-Strahlung oder regulieren die Sonneneinstrahlung. Bei den Libellen lassen sich drei Typen von Farben unterscheiden:

Alle metallisch schimmernden Libellen wie die blaumetallischen Prachtlibellen, die grünen bis kupferfarbenen Binsenjungfern oder die grünglänzenden Arten der Gattung *Somatochlora* sind eigentlich farblos. Der Farbeindruck entsteht nur durch Lichtbrechung an den dünnen, plättchenartigen Schichten ihres

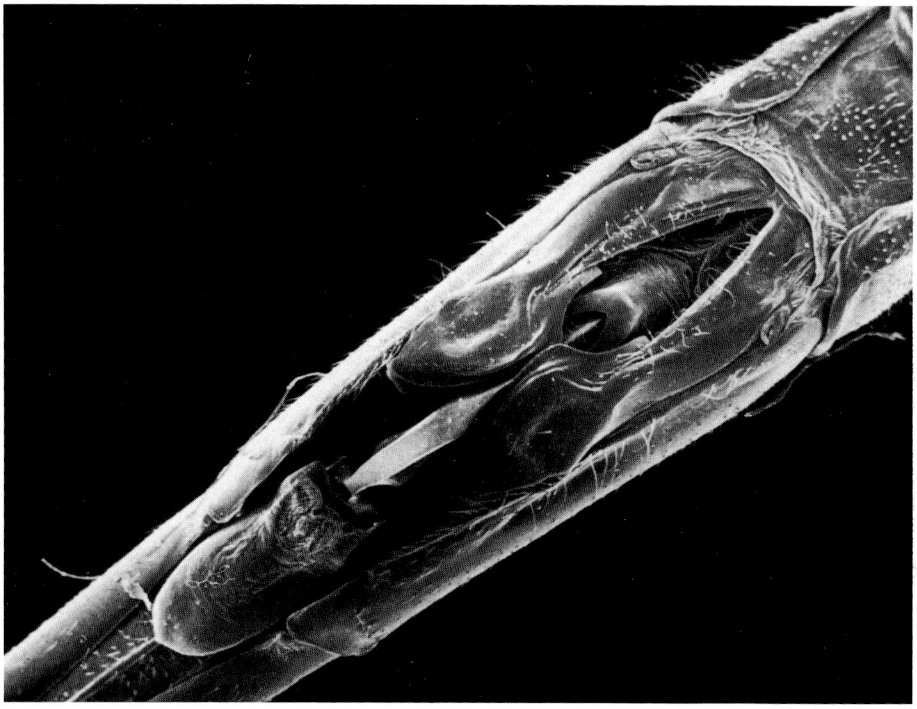

Die Aufsicht von unten auf den sekundären männlichen Kopulationsapparat zeigt die zwei löffelförmigen Platten (Hamuli anteriores), die bei der Paarung die Stilette des weiblichen Legeapparates einfangen und festhalten. Die unter den Platten liegende V-förmige Spange mit dem Hohlkegel nimmt das spitze Ende des Legestachels auf. Links unten liegt die Samenkapsel, die vor der Paarung mit Sperma gefüllt wird. Daraus entspringt der weißliche Penisstiel, der den Samen bei der Paarung überträgt.
(Vergrößerung 22fach)

folgende Doppelseite: ein Männchen der Blaugrünen Mosaikjungfer (Aeshna cyanea) während des Stehfluges.

Chitinpanzers. Diese eigentlich nicht existierenden „Farben" nennt man Strukturfarben. Da diese „Farben" nicht durch organische Moleküle erzeugt werden, bleiben sie auch nach dem Tod der Tiere erhalten. Ähnlich verhält es sich mit dem emailleartigen Grün und Blau der Schlanklibellen (Coenagrionidae) und Edellibellen (Aeshnidae). Hier erzeugen Trübkörper im Insektenpanzer eine Lichtstreuung, das Tier erscheint daher blau. Liegen dagegen in den tieferen Schichten der „Libellenhaut" noch gelbe Pigmente, leuchtet das betreffende Tier in der Mischfarbe Grün.

Der zweite bei den Odonaten zu findende Farbentyp sind die Pigmentfarben. Bei vielen Arten der Kurzlibellen (Libellulidae), vor allem bei den Heidelibellen, aber auch bei der Kleinlibelle *Pyrrhosoma*, sind echte Farbstoffe in die Kutikula (Außenhaut) eingelagert. Diese Farbstoffe zeigen eine unterschiedliche Farbwirkung: Melanine erscheinen gelb, rot, braun oder schwarz. Ommine und Ommatine färben violettbraun oder rotbraun. Pterine leuchten weiß, gelb oder rötlich. Die Kombination dieser Farbstoffe erzeugt die schöne Buntheit unserer Libellen. Allerdings zerfallen Pigmentfarben durch Fäulnis, weshalb die meisten Libellen nach dem Tod unansehnlich werden.

Typisch für den Plattbauch (*Libellula depressa*), den Blaupfeil (*Orthetrum cancellatum*) und die Gemeine Binsenjungfer (*Lestes sponsa*) sind bläuliche Bereifungen des Hinterleibs. Diese Wachsfarben erinnern an den Überzug reifer Pflaumen und lassen sich abwischen. Die bläuliche Wirkung der Wachsfarben entsteht durch diffuse Reflexion des Sonnenlichts an der Wachsauflage, die von Hautdrüsen abgesondert wird. Die Bedeutung dieser Färbung liegt sicher darin, die sonnenliebenden Tiere vor Wasserverlust zu schützen, denn durch eine Wachsschicht hindurch kann wenig Wasser verdunsten, was die Insekten vor dem Austrocknen bewahrt.

Die vielfältigen Farben der Libellen sind für die Tiere lediglich Anpassungen an komplexe Lebensvorgänge, für uns Menschen jedoch staunenswerte Beispiele für den Erfindungsreichtum der Natur.

Der weibliche Legeapperat besteht aus vier unten liegenden stilettartigen, dünnen Klingen, dem Legestachel. Durch diesen werden die Eier in das Pflanzengewebe befördert. Darüber liegt die Legescheide, deren Unterrand oft mit kräftigen Zähnchen als Stützkante besetzt ist. Die langen Stifte am Ende (Styli) dienen zum Prüfen der Pflanzenoberfläche.
Bei den oben erkennbaren Chitinringen handelt es sich um die letzten beiden Hinterleibssegmente. (Vergrößerung 30fach)

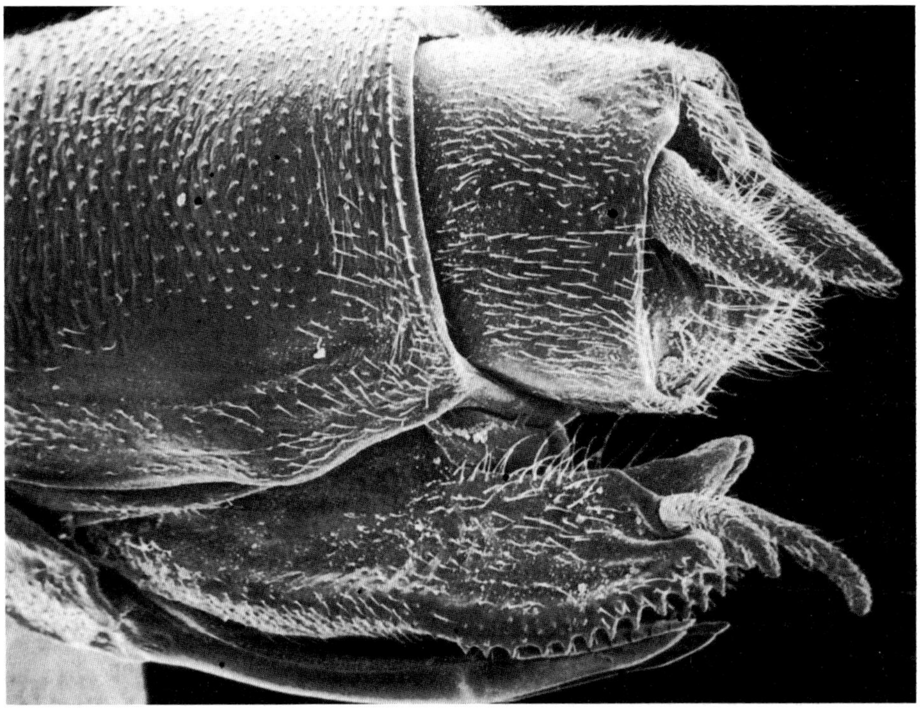

Der Flug: lautlose Hubschrauber

Libellen sind wahre Kunstflieger. Stundenlang schweben manche Großlibellen an warmen Sommertagen über ihrem Teich und bewegen dabei kaum die Tragflächen. Ein Beuteinsekt erhaschen sie in blitzschneller Wendung, spiralig schrauben sie sich in die Luft, um Rivalen zu vertreiben und landen im nächsten Moment an einem Zweig. Selbst durch dichte Binsensümpfe gleiten sie hindurch, ohne anzustoßen. Wie lautlose Hubschrauber sind Großlibellen die wahren Herren der Lüfte am Wasser.

Hauchdünn sind sie, die aus Adern und Chitinplättchen gebauten Flügel, und federleicht. Die vier Tragflächen einer Großlibelle wiegen nur ein hundertstel Gramm. Doch die Flügel dienen nicht allein dem Flug. Sie übermitteln außerdem Signale bei der Werbung um Geschlechtspartner, wirken darüber hinaus als Balancierflächen bei der Eiablage auf schwankenden Halmen, dienen als Sonnenkollektoren und fungieren als sperrige Abwehrwaffen gegen gierige Froschzungen. Die Flügel der Libellen sind Mehrzweckorgane, erprobt und stetig verbessert in den jahrmillionenlangen Tests der Evolution. Doch wie fliegen die Libellen eigentlich? Die Antwort ist gar nicht so einfach. Viele Studien zur Struktur ihrer Fluggelenke und der Einsatz von Hochgeschwindigkeitskameras haben erst eine annähernde Klärung des Problems gebracht. Libellen fliegen anders als alle übrigen 800 000 Insektenarten der Erde.

Die meisten Insekten fliegen nach dem „Kochtopfprinzip". Man stelle sich einen Topf mit einem etwas zu kleinen Deckel vor, unter dessen Rand zwei Kochlöffel eingesteckt sind. Drückt man den Deckel nach unten, heben sich die Löffel. Hebt man den Deckel, senken sich die Löffel. Die Kräfte der Hand (im Modell) werden bei den Insekten von Muskeln erzeugt, die im Brustraum zwischen „Deckel" (Tergit) und „Boden" (Sternit) gespannt sind. Die Muskeln ziehen also bei jeder Kontraktion den Körper zusammen, und die Flügel heben sich dabei. Entspannen sich die Muskeln, kehrt sich der Vorgang um.

Anders bei den Libellen. Hier setzen die mächtigen Flugmuskeln über Sehnen direkt an den Flügelgelenken an. Die Gelenke bestehen aus einem elastischen Material, dem Resilin, das bei Verformung Energie speichert und die Flügel wieder in die Ausgangsstellung zurückstellt. Diese elastische Komponente, vergleichbar mit einer eingedrückten Plastikflasche, erzeugt zusammen mit der Trägheit des Flügels ein mechanisches „Mitschwingen", das dem Insekt je nach Größe eine bestimmte Schlagfrequenz aufzwingt. Ohne diese mechanische Elastizität wäre es einer Libelle unmöglich, zu fliegen. Ein genaueres Hilfsmittel zur Beschreibung des Flugvermögens ist die sogenannte Reynolds-Zahl. Sie beschreibt den Einfluß einer „zähen" Flüssigkeit oder eines Gases in bezug auf die Geschwindigkeit und die Körpergröße des Insekts. Für die großen Vögel spielt die Zähigkeit der Luft kaum eine Rolle, wohl aber für Insekten. Kleine Insekten „schwimmen" gleichsam in der für sie zähen Luft, sie fliegen mit kleinen Reynoldszahlen. Daher müssen kleine Insekten schneller mit den Flügeln schlagen als große, um voranzukommen. Je kleiner ein Flugtier ist, umso mehr Schwierigkeiten hat es, beim Flug nicht an Höhe zu verlieren. Libellen liegen in einem günstigen Größenbereich. Sie können bis zu 40 km/h erreichen, ohne dauernd mit den Flügeln schlagen zu müssen. Ihr Strömungsverhalten ist also sehr günstig. Die langen, leichten Flügel, die im Längsschnitt wellblechartig aufgebaut sind, lassen auch im Langsamflug bei abreißender Luftströmung noch Auftriebskräfte durch Turbulenzen entstehen. Auffällig beim Libellenflug sind die

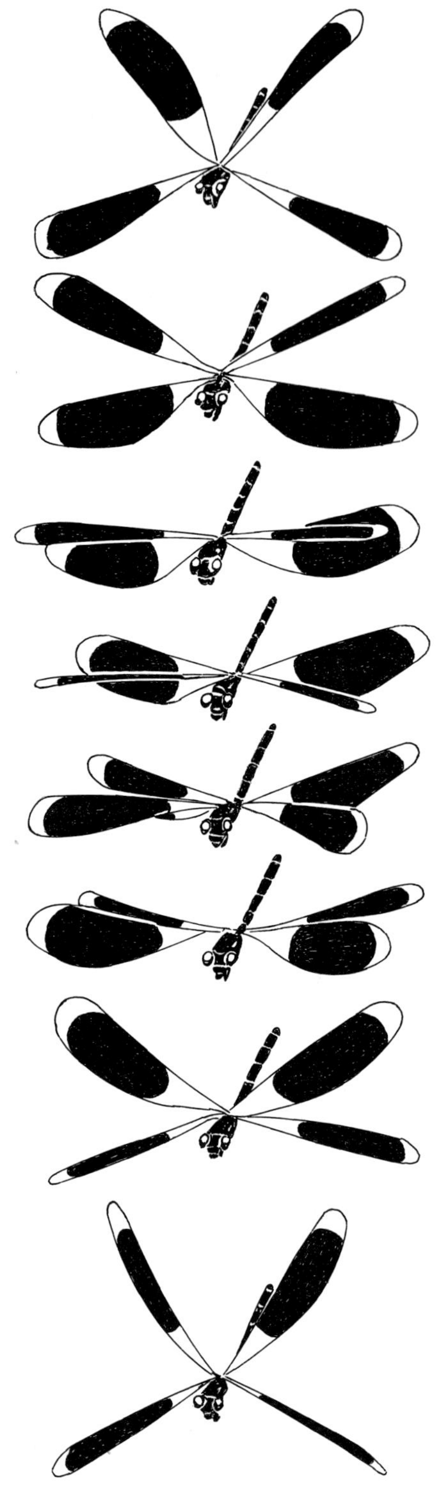

Flugphasen einer männlichen Prachtlibelle beim Werbeflug um ein Weibchen (alternierender Flügelschlag). Nach Filmaufnahmen von G. Rüppell.

steilen Anstellwinkel der Flügel, die manchmal beim Bremsflug oder kurz vor schnellen Wendungen zu beobachten sind. Die Hinterflügel werden dann nicht flach durchgeschlagen, sondern sie sind schräg aufgestellt. Das läßt erstaunliche Flugleistungen vermuten. Libellen können anscheinend sogar dann noch fliegen, wenn die Strömung an den Tragflächen längst abgerissen ist und die Tiere infolge des wachsenden Luftwiderstands eigentlich abstürzen müßten.

Besonders interessant ist der Kurvenflug der Großlibellen. Sekundenbruchteile vor einer Kurve verdrehen diese Kunstflieger ihren Körper in der Längsachse. Thorax und Abdomen stehen plötzlich nicht mehr waagerecht, sondern, von vorn betrachtet, „schief". Die Folge ist eine seitliche Verdrehung der Schlagebene, das heißt die inneren Flügel bekommen einen anderen Anstellwinkel, und die Libelle fliegt eine Kurve. Entscheidend für einen optimalen Flug ist neben einem effektiven Antrieb auch die Geschwindigkeitskontrolle. Diese Aufgabe übernehmen die kleinen Antennen, die vorne am Kopf in strömungsgünstiger Position liegen. Während des Fluges wird die Antenne durch den Luftwiderstand nach hinten gebogen. Sinneszellen im „Fuß" der Antenne geben der Libelle Informationen, die es erlauben, die eigene Geschwindigkeit im Verhältnis zur Umgebung zu bestimmen. Bei zunehmendem Gegenwind bewegen sie ihre Flügel schneller, wie man bei Windkanaltests nachweisen konnte. Kappt man die Antennen, sind die Tiere kaum in der Lage, ihre Geschwindigkeit dem Fahrtwind anzupassen, sie werden „vom Winde verweht". Ebenso wie die leichten, hochempfindlichen Flügel war die Entwicklung einer solchen Meßantenne eine entscheidende Voraussetzung für den äußerst präzisen Flug.

Libellen hört man nicht. Ihre Schlagfrequenz von rund 30 Flügelbewegungen pro Sekunde erzeugt kein für den Menschen hörbares Geräusch. Nur das Knistern sich berührender Flügel ist gelegentlich zu hören. Bis vor kurzem glaubte man, die Libellen bewegten ihre Flügel ausschließlich alternierend, das heißt, der Aufschlag der Vorderflügel erfolge immer zeitgleich mit dem Abschlag der Hinterflügel. Aber die Filmaufnahmen mit fast 500 Bildern pro Sekunde, die die Zoologen G. Rüppell, E. Bartels und H. Schulze in monatelanger Arbeit in freier Wildbahn erstellten, zeigten erstaunliche Neuigkeiten. Die Libellen beherrschen den alternierenden Flug ebenso wie den Synchronflug, wobei alle Flügel fast gleichzeitig schlagen. Bei schwierigen Starts, etwa nach dem Ankoppeln an ein Weibchen dicht über dem Wasser, fliegen beispielsweise Heidelibellen kurzzeitig wie ein Adler: Sie benutzen die zwei Flügel einer Seite kurzfristig wie *eine* Tragfläche. Besonders aufschlußreich waren die Hochgeschwindigkeitsaufnahmen vom Paarungsverhalten der Prachtlibelle *Calopteryx splendens*. Die Analysen zeigten, daß Prachtlibellen neun verschiedene Flugtypen beherrschen. Grundsätzlich lassen sie sich jedoch zwei Grundtechniken zuordnen, nämlich dem *synchronen* und dem *alternierenden* Flugrhythmus. Die erwähnten unter-

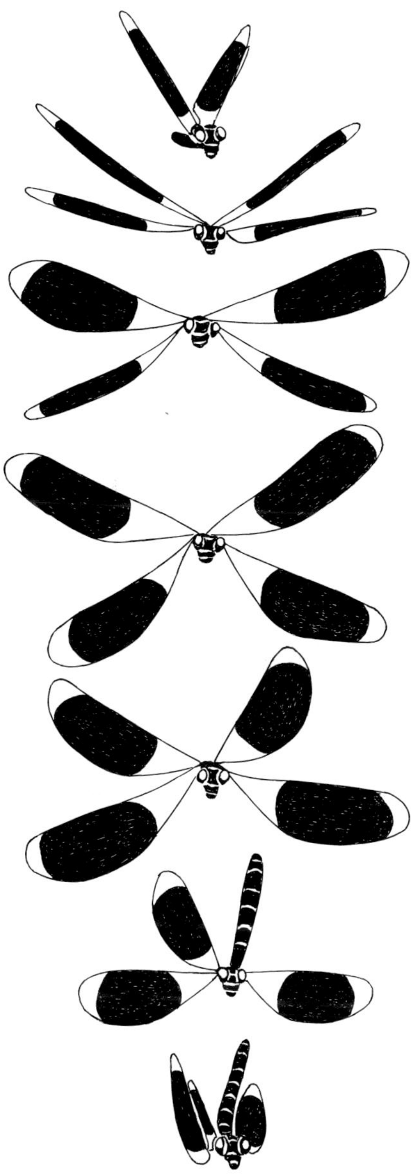

Flugphasen einer männlichen Prachtlibelle beim Drohflug (synchroner Flügelschlag). Die breit gezeigten Flügelflächen wirken wie ein „Verbotsschild" für den Rivalen.

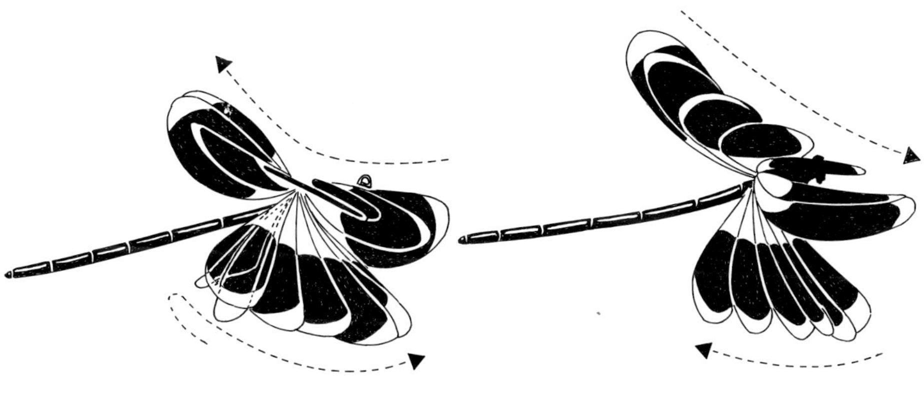

Flügelschlagmuster beim Fliegen auf der Stelle.

Werbeflug eines Männchens der Prachtlibelle Calopteryx splendens. (Flugphase: Vorwärtsflug)

schiedlichen Flugarten sind Neutralflug, Beuteflug, Revierflug, Drohflug, verschiedene Arten des Rückwärtsflugs, Stehflug, Pendelflug, Wellenflug und Balzflug.

Der Balzflug zeichnet sich durch schnelle Flügelbewegungen um die Querachse aus. Die Flügel werden dabei alternierend geschlagen. Dem entgegenkommenden Weibchen bietet sich so ein schmales blaues Seitenband dar, das in der Bewegung, die mit geringer Schlagfrequenz ausgeführt wird, wie ein Streifen aussieht (Abb. S. 114).

Gänzlich anders sieht der Drohflug aus. Ein kaum wahrnehmbarer, frontal ankommender Flugkörper breitet vor dem Rivalen plötzlich eine Art „Warnkreuz" aus, wie wir es von Eisenbahnübergängen kennen. „Einflug verboten", bedeutet das kreuzförmige „Zeigen" der blauen Flügelbinden auf den diesmal synchron vorwärtsrudernden Flügeln (Abb. S. 115). Die Libelle macht sich im ersten Beispiel (Balzflug) auffallend klein, beim Drohflug versucht sie dagegen, ihre Gestalt optisch zu vergrößern. Das sind Gesten, die uns wahrscheinlich bekannt vorkommen, weil sie im Tierreich weit verbreitet sind: Drohende Vögel plustern sich auf, Fische spreizen ihre Flossen, ja selbst Menschen zeigen ihre breite Schulterfront, wenn sie imponieren wollen.

Betrachten wir nun die einzelnen Flugbewegungen des Balzfluges genauer. Während des Vorwärtsfliegens (in der Abb. S. 116 in Phasen zerlegt) schlagen die Vorderflügel mit geringem Anstellwinkel vorwärts. Sie erzeugen den Auftrieb und halten das Tier auf Höhe. Die Hinterflügel schlagen nach hinten. Ihr Anstellwinkel ist jedoch groß. Sie erzeugen so einen maximalen Vortrieb. Für Bruchteile von Sekunden kehren sich dann die Verhältnisse um: Die Hinterflügel übernehmen den Auftrieb bei geringem Anstellwinkel, die Vorderflügel sorgen für den Vortrieb.

Beim Rückwärtsflug ist es genau umgekehrt. Die steil angestellten Vorderflügel produzieren Kräfte, die das Tier rückwärts fliegen lassen. Die fast waagerecht gestellten Hinterflügel sorgen für den Auftrieb des Tieres.

Beim Stehflug (Abb. S. 115 unten) sind die Vorder- und Hinterflügel deutlich weniger geneigt als beim Vorwärtsflug. Nach vorn und nach rückwärts gerichtete Bewegungen halten sich genau die Waage.

Auch wenn uns die moderne Filmtechnik genaue Auskunft über Anstellwinkel und Auftriebskräfte während einzelner Phasen des Libellenfluges liefert, bleiben immer noch viele Fragen offen: Wie steuern Kleinlibellen durch dichte Seggensümpfe? Wie landen paarungsbereite Männchen punktgenau auf ihrem Weibchen und koppeln sich im Flug an? Welche Flügelbewegungen müssen Libellen ausführen, um ein plötzlich abdrehendes Beuteinsekt doch noch zu fangen? Das sind, wie gesagt, offene Fragen, die aber unserer Bewunderung für die kleinen Kunstflieger am Teich keinen Abbruch tun. Igor Sikorsky, der Pionier der Hubschraubertechnik, erzählte mir 1968 in den USA, er habe die Idee zur Entwicklung des Hubschraubers aus der Beobachtung des Libellenfluges gewonnen. Die vier Rotorblätter erzeugen, da sie verstellbar sind, Vor- und Auftrieb gleichzeitig. Aber trotz dieser technischen Meisterleistung trennen Hubschrauber und Libellen heute noch Welten, denn Libellen fliegen hundertmal wendiger und außerdem lautlos!

Die Nahrung: Jäger und Gejagte

Libellen sind Räuber. Sie machen Beute, als Larven unter Wasser ebenso wie als fliegende Imagines. Ihr ökologischer „Beruf" ist es, andere Bewohner ihres Lebensraumes zu jagen. Aber als Mitglieder eines komplexen ökologischen Systems sind sie stets auch selbst in der Rolle des Gejagten. Dank dieser Doppelrolle sorgen sie dafür, daß Energie durch ihr Ökosystem „fließt". Libellen verwerten Biomasse, bauen damit ihr Leben auf und geben Biomasse weiter an ihre Konsumenten. Dieser Biomassetransfer oder, physikalisch ausgedrückt, dieser Energietransfer, bindet sie in das Nahrungsnetz ihres natürlichen Systems ein. Libellen sorgen wie alle Pflanzen- und Tierarten dafür, daß die Bilanz des Naturhaushaltes ausgeglichen bleibt. Die einzelnen „Planstelleninhaber" im System halten sich gegenseitig in Schach: viel Beute, viele Räuber; wenig Beute, wenige Räuber. Die langfristige Ausgewogenheit von Angebot und Nachfrage, ökologisch von Nahrung und Vermehrungserfolg, ist eine wichtige Säule, auf

Der Drosselrohrsänger (Acrocephalus arundinaceus) füttert seine Jungen häufig mit Kleinlibellen.

Spinnennetze sind tückische Fallen für viele Libellen.

der alle stabilen ökologischen Systeme ruhen. Libellen sind, um im Bild zu bleiben, ein Faden des komplexen Nahrungsnetzes. Wird es löchrig, etwa durch aussterbende Arten, wird das System instabil und neigt zu Fehlern, zum Beispiel zu Massenvermehrungen einer Art, die dann als „Schadinsekten" oft auch die Grundlagen der menschlichen Ernährung bedrohen. Die Selektion, das jahrmillionenlang wirkende Prinzip der Auslese der am besten angepaßten Einzeltiere, hat bei den Libellen eine erstaunliche Ausrüstung für den Beruf des Räubers hervorgebracht. Die Larven verfügen über eine vorschnellbare Fangmaske, die Beutetiere auf Distanz ergreift und an die zerfleischenden Mundwerkzeuge bringt. Die Fähigkeit der Imagines, schnell und wendig zu fliegen, ist ebenso eine Voraussetzung, um als Jäger erfolgreich zu sein wie die nach vorne gerichteten, dornenbewerten Beine, die einen Fangkorb bilden, mit dem die Libellen ihre Beute im Flug fangen. Die großen Komplexaugen mit ihren 30 000 Einzelaugen sind in der Lage, jede Beute zu orten und bis zum Fang zu verfolgen.

Was fressen nun die Libellen? Das Spektrum der Beute ist sehr breit. Jedes Larvenstadium besitzt ein eigenes Beuteschema, je nach dem Größenverhältnis zwischen Räuber und Opfer. „Risikostreuung" nennen Ökologen dieses Prinzip. Die unterschiedlichen Entwicklungsstadien einer Tierart geraten nicht so leicht in Nahrungskonkurrenz, wenn sie ihr Nahrungsspektrum „sortieren". Junglarven fangen meist Plankton wie etwa Wasserflöhe oder schwimmende Mückenlarven. Ältere Libellenlarven erbeuten Zuckmücken- und Stechmückenlarven, Schnecken oder Würmer, die im Schlamm zahlreich leben. Untersuchungen in Indien zeigten, daß Großlibellenlarven eine Rolle bei der Bekämpfung der krankheitsübertragenden Stechmücke *Aedes aegypti* spielen können. 133 Larven dieser Plagegeister frißt eine Großlibellenlarve pro Tag. Bei der Reduktion lästiger Stechmücken können auch die Larven der Späten Adonislibelle (*Pyrrhosoma nymphula*) und der Hufeisen-Azurjungfer (*Coenagrion puella*) kräftig helfen, wie englische Untersuchungen zeigten. In Rußland ergaben einschlägige Beobachtungen, daß Prachtlibellen-Larven (*Calopteryx splendens*) die Jugendstadien der lästigen Kriebelmücken (Simuliidae) drastisch reduzieren. Libellenlarven helfen also mit, viele Plagegeister des Menschen biologisch zu bekämpfen. Auch die räuberischen Imagines tragen dazu bei, Stechmückenplagen einzudämmen. An warmen Septemberabenden kann man beobachten, wie Herbstmosaikjungfern (*Aeshna mixta*) im Verband Stechmücken jagen. Grundsätzlich sind jedoch Fliegen die bevorzugten Beutetiere. Auch wenn die aktiven Großlibellen uns von vielen fliegenden Plagegeistern befreien, ist es aus heutiger Sicht wenig sinnvoll, sie als „überwiegend nützliche" und die Mücken als „schädliche" Arten zu bezeichnen, wie das früher häufig geschah. Sie sind eben einfach ein Bestandteil eines Ökosystems und somit für dessen Funktion wichtig.

Nach den Erkenntnissen der modernen ökologischen Forschung kommen etwa 95 % aller Insekten um, bevor sie zur Vermehrung schreiten können. Für die Funktion des Naturhaushalts ist es auch nicht immer notwendig, daß möglichst viele Individuen einer Population sich erfolgreich fortpflanzen. 95 % aller Libellen dienen deshalb allein der Aufrechterhaltung eines stabilen Ökosystems und werden gefressen, bevor sie sich vermehren. Die sensibelste Phase eines Libellenlebens ist die Geburt. Während und kurz nach dem Schlupfakt sind Libellen eine leichte Beute für Rohrsänger, Rohrammern, Spatzen und viele andere Vogelarten, die sich auf die Verfütterung von Libellen an ihre Jungen spezialisiert haben. Ich beobachtete einmal Spatzen, die stundenlang frisch geschlüpfte Flußlibellen (Gomphidae) sammelten und in ihre Nester trugen.

Eine weitere Bedrohung stellen die Spinnennetze zwischen den Pflanzenhalmen der Verlandungszonen dar. Die Netze der Schilfradnetzspinne (*Araneus diadematus*) und der Tigerspinne (*Argiope bruennichi*), die sogar ihr Netz mit einem Zickzackband für größere Beute verstärken, sind sichere Fallen für Odonaten. Wasserläufer (Gerridae) lauern eierlegenden Azurjungfern auf, und Frösche sind stets sprungbereit, um tanzende Heidelibellen mit ihrer Klebzunge zu fangen.

Die Liste der Tierarten, die sich zumindest teilweise von Libellen ernähren, wäre ohne den Baumfalk (*Falco subbuteo*) unvollständig. Dieser elegante Räuber, dessen Flugbild an einen übergroßen Mauersegler erinnert, ist gewandt und schnell genug, um die großen Insekten im Flug zu fangen und meist gleich im Anschluß zu verzehren. Wer einmal das Glück hatte, den kleinen Greif über einem Teich oder Schilffeld in der Abenddämmerung bei der Jagd zu beobachten, wird bestätigen, daß dies zu den wirklich unvergeßlichen Erlebnissen gehört.

Libellen sind häufig Kannibalen. Dieser Vierfleck (Libellula quadrimaculata) hat eine Kleinlibelle erbeutet und zerbeißt ihren Hinterleib.

Die Partnerfindung: Warten oder Suchen

Rund zwei Wochen dauert es, bis Libellen geschlechtsreif werden. Diese Zeit verbringen die meisten Arten abseits der Schlupfgewässer. Sie jagen über Schilfzonen, in Waldlichtungen, über Sumpfwiesen oder in Knicks nach Beute. Während der Reifezeit verhalten sie sich gegenüber Artgenossen sexuell neutral, die Männchen zeigen keinerlei Interesse an den Weibchen. Mit dem Eintreten der Geschlechtsreife ändert sich das Verhalten der Tiere grundlegend. Die Männchen reagieren jetzt aggressiv, wenn sie gleichgeschlechtlichen Artgenossen begegnen. Treffen sie dagegen auf weibliche Tiere, versuchen sie, mit diesen zu kopulieren.

Für die Partnerfindung haben die heimischen Libellen hauptsächlich zwei Strategien entwickelt, die zur erfolgreichen Verpaarung führen: „Warten" oder „Suchen".

Um zu verstehen, warum Libellen verschiedene Wege beschreiten, um Fortpflanzungspartner zu gewinnen, müssen wir untersuchen, welche biologischen Aufgaben das Sexualverhalten zu erfüllen hat. Wichtig für eine erfolgreiche Partnerwahl ist die zeitliche und räumliche Synchronisation der Geschlechtspartner. Wann und wo müssen die geschlechtsreifen Libellen zur Stelle sein, um die Chance zu haben, den richtigen Partner zu finden? Ein schwieriges Problem angesichts der Größe eines Sees, der Weitläufigkeit eines Bachtales oder der Länge eines Flusses.

Die zeitliche Synchronisation ist meist durch das gleichzeitige Schlüpfen vorgegeben. Auch die Reifezeit dauert bei Männchen und Weibchen annähernd gleich lang. Das hormonelle System sorgt dafür, daß beide gleichzeitig paarungsbereit sind. Aber wie finden sich die Partner?

Zur Sicherstellung der räumlichen Synchronisation müssen die Libellen je nach Art ein bestimmtes vorgegebenes Muster einer Landschaft erkennen können. Sie müssen also Wasser von Land und vegetationsreiche Verlandungszonen von freien Wasserflächen unterscheiden können. Eine Möglichkeit, auf Partner zu stoßen, bietet die ausgeprägte Ortstreue mancher Arten. Wenn Libellen in der Nähe des Geburtsortes verbleiben, finden sie dort auch arteigene Partner. Die nächste Voraussetzung für eine erfolgreiche Partnerfindung ist eine fein abgestimmte räumliche Einnischung zur Vermeidung von Fehlpaarungen. Dreißig am Uferrand eines Gewässers durcheinandersitzende Libellenarten erschweren die Partnerwahl natürlich beträchtlich, aber die jeweils artspezifische Präferenz für verschiedene Strukturen desselben Lebensraumes als „Rendezvousplätze" engt das Spektrum der potentiellen Partner ein und vermindert das Risiko von Fehlpaarungen. Entscheidend für den Paarungserfolg und damit für die Sicherung der Art ist also letztlich das Erkennen des arteigenen Partners.

Schließlich bleibt zu fragen, wie ein Männchen den Konflikt löst, mit anderen Männchen um die „Mangelware" Weibchen konkurrieren zu müssen. Ein Männchen kann seinen individuellen Fortpflanzungserfolg erhöhen, wenn es möglichst viele Weibchen findet und begattet. Welche Methoden wenden die Libellen an, um diese Fülle von biologischen Aufgaben zu lösen?

Warten als Partnerfindungsstrategie

Die Männchen der meisten Libellenarten erwarten ihre Weibchen in der Nähe der arttypischen Eiablageplätze. Im typischen Fall, etwa bei vielen Binsenjungfern, Schlankjungfern und manchen Großlibellen, treffen die Männchen zu einer früheren Tageszeit ein als die Weibchen. Dabei reagieren die männlichen Libellen zwar aggressiv aufeinander und verteidigen ihre Sitzplätze, Reviere im eigentlichen Sinn beanspruchen sie jedoch nicht. So fliegen beispielsweise die Männchen der Kleinen Zangenlibelle (*Onychogomphus forcipatus*), die an Flüssen und Waldbächen gern auf Geröllsteinen sitzen, häufig auf und kämpfen miteinander. Meist landen sie jedoch kurz darauf wieder auf anderen Steinen. Als der Zoologe H. Kaiser 1974 das Verhalten der Zangenlibellen untersuchte, fand er eine zufällige Verteilung der Männchen am Bach. Die Männchen dieser Libellenart grenzen also keine Territorien ab, sondern sind aggressiv — ohne ortsgebunden zu sein. Jedes Männchen hat somit infolge der *zufälligen* Raumaufteilung die gleiche Chance, ein Weibchen zu begatten. Die geschilderten Verhaltensweisen sind typisch für geschlechtsreife Libellenmännchen; Tiere, die noch nicht geschlechtsreif sind, verhalten sich anders — sie beteiligen sich nicht an diesem „Raumdeckungs"-Schema.

Wahrscheinlich stellt die Aggression ohne gleichzeitige Bindung an ein Revier die Vorstufe zum Territorialverhalten dar, das wir in typischer Weise bei den Prachtlibellen (Calopterygidae) beobachten können. Das Territorialsystem der Prachtlibellen untersuchte der Biologe R. Zahner 1959. Er fand heraus, daß das Revierverhalten der Imagines an die Lebensbedingungen der Larven gekoppelt ist. Prachtlibellenlarven können nur in Flüssen mit einer bestimmten Fließgeschwindigkeit und damit einem bestimmten Sauerstoffgehalt leben. Während die Larven offensichtlich diese für sie entscheidenden Faktoren erkennen und auswählen können, haben die Imagines als Luftinsekten keine Möglichkeit, Fließgeschwindigkeit und Sauerstoffgehalt des Wassers zu messen. Um der nächsten Larvengeneration das Leben in optimalen Flußabschnitten zu ermöglichen, verbleiben die Prachtlibellen-Imagines ihr ganzes Leben lang in der Nähe des Schlupfortes. Aber wie schaffen es die vielen ortstreuen Männchen, zum Kopulationserfolg zu kommen und damit die Arterhaltung zu sichern? Die Antwort liegt wieder in der Raumaufteilung. *Calopteryx*-Männchen besetzen und verteidigen Reviere, die alle im Optimalbereich des Gewässers liegen. Doch obwohl sich die Männchen um die besten Paarungsplätze streiten, sind sie gleichzeitig aufeinander angewiesen. Fehlt der Kontakt zum streitenden Nachbarn, gibt das Männchen sein Revier auf. An einem solchen Ort kann nicht der richtige Platz für die Nachkommen sein. Die Folge des Streits um den richtigen Wohnort für die Nachkommen war die Ausbildung eines Kommunikationssystems. Prachtlibellen verfügen über eine Palette von Signalen (vergleiche Kap. 5). Sie teilen mit Hilfe der „Flügelsprache", das heißt mit bestimmten Flugstilen und Symbolen in Form von „Farbsilben" ihrer bunten Flügel dem Angreifer mit: „Das Revier ist belegt." Ihren Weibchen signalisieren sie mit anderen Flug- und Farbsymbolen: „Hier ist ein paarungsbereites Männchen." Mit einem weiteren Signal, dem weißen Fleck an der Unterseite des Hinterleibs, zwingen die Männchen der Gebänderten Prachtlibelle (*Calopteryx splendens*) sogar ihre dem Instinkt gehorchenden Weibchen zur Eiablage im vorher ausgewählten Bezirk.

Das Reviersystem der Prachtlibellen sorgt also für eine *gleichmäßige* Verteilung der Männchen im optimalen Flußabschnitt und damit für eine möglichst erfolgreiche Begattung aller ankommenden Weibchen. Zusätzlich konkurrieren die Männchen um die Weibchen. Wer sich das beste Revier erkämpft hat, bekommt gleich mehrere Weibchen. Polygamie ist hier normal. Aber das ist noch nicht alles. Die Männchen der Prachtlibellen können den Spermavorrat eines Vorgängers, der sich als Paket im weiblichen Geschlechtsapparat zum späteren Gebrauch bei der Eiablage befindet, mit ihrem löffelartigen Penis herausräumen und durch eigenen Samen ersetzen. Diese Methode des Männchenvorteils

Aktivitätszonen von Libellenmännchen an einem Teich:

1. Coenagrion pulchellum und C. puella
2. Pyrrhosoma nymphula
3. Platycnemis pennipes
4. Cercion lindeni
5. Erythromma najas und E. viridulum

Die unterschiedlichen Zonen zeigen, wie die einzelnen Arten auch bei der Partnerfindung räumlich eingenischt sind.

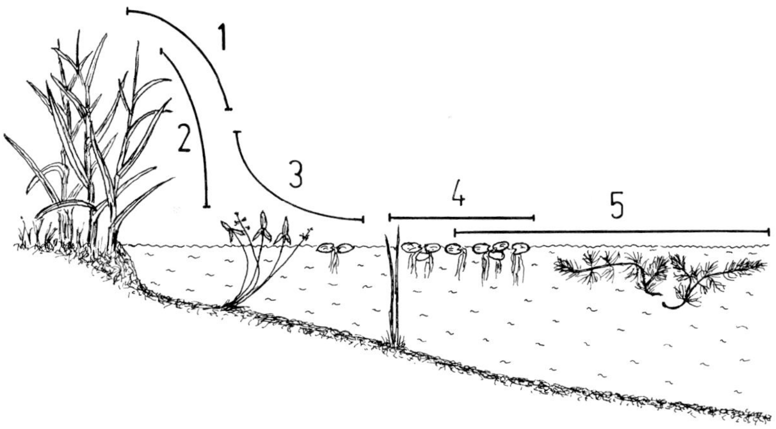

ist bei Libellen gang und gäbe. Sie ist nachgewiesen für *Calopteryx*-Arten und für *Enallagma cyathigerum*. Wahrscheinlich kommt diese Form der Spermienkonkurrenz häufiger bei Libellen vor, als es durch die bisherigen Untersuchungen nachgewiesen werden konnte. Sicher ist diese besondere Form der Konkurrenz eine Folge des Wettbewerbs um Weibchen und diese wiederum eine Folge des Wettbewerbs um bestimmte Habitatstrukturen an einem Gewässer, die optimal für die Larven sind. Derartige Spermienkonkurrenz ist nach neueren Erkenntnissen im Tierreich weit verbreitet — bei Wanzen finden wir das Verhalten ebenso wie bei Molchen.

Ein weiteres Beispiel für eine komplizierte, aber gleichzeitig äußerst erfolgreiche Partnerfindungsstrategie liefert das Verhalten der Weidenjungfer (*Chalcolestes viridis*), das im ersten Kapitel ausführlich beschrieben wurde. Die zeitliche und räumliche Synchronisation ist bei Weidenjungfern so perfekt, daß keine andere Binsenjungfernart störend eingreifen kann, wie das in Käfigversuchen, also unter unnatürlichen Verhältnissen, häufig geschieht. Dort koppeln sich Weidenjungfernmännchen auch an artfremde Weibchen an und versuchen sie zu begatten.

Das Warten auf Weibchen dürfte unter Libellen die häufigste Paarungsstrategie sein. Die meisten Kleinlibellenmännchen erwarten ihre Weibchen direkt an deren Eiablagegewässer. Dabei teilen sich die einzelnen Arten den Lebensraum Teich auf, sie „nischen" sich ein. Die Abb. oben zeigt die Aktivitätszonen der Männchen mehrerer Arten, die alle ihre Eier in Pflanzen der Schwimmblattzone ablegen. Offensichtlich erleichtert die räumliche Verteilung der sexuell aktiven Männchen auf unterschiedliche Teichzonen die Partnerfindung und vermeidet interspezifische Kontakte.

Suchen als Partnerfindungsstrategie

Die gezielte Suche nach Weibchen ist typisch für die Edellibellen (Aeshnidae). Paarungsbereite Männchen der Blaugrünen Mosaikjungfer (*Aeshna cyanea*) suchen geeignete Gewässer auf, an deren Ufer sie dann in etwa 30 Zentimetern Höhe im Patrouillenflug entlangfliegen. Während der Suche bleiben sie häufig im Schwirrflug auf der Stelle stehen, kämpfen mit anderen Männchen oder versuchen, mit Weibchen zu kopulieren. Die Männchen besuchen mehrmals täglich jeweils bis zu 40 Minuten lang ein Gewässer. Ihre Aufenthaltsdauer ist abhängig von der Anzahl der Kämpfe mit anderen Männchen oder davon, wo sie ein paarungsbereites Weibchen gefunden haben. Die Mosaikjungfern zeigen daher mehr eine *zeitliche* als eine räumliche Bindung an ein Revier. Als der Zoologe

H. Kaiser 1972 das Verhalten dieser Libellenart mit Hilfe markierter Männchen genau analysierte, kam er zu erstaunlichen Ergebnissen. Die zeitlich abgestimmte Suchstrategie der Männchen an mehreren Brutgewässern und die Intensität der Aggression den Kontrahenten gegenüber regeln die Dichte der Männchen an einem Teich. Von 11 bis 19 Uhr sind an solchen Gewässern stets *Aeshna*-Männchen anwesend. Wichtig ist, daß es durch die Aggression untereinander immer nur *wenige* sind. Damit erhält ein Weibchen optimale Paarungschancen, und die Männchen stören sich nicht gegenseitig. Gleichzeitig erhöhen die mobilen Männchen ihre Chance, mehrere Weibchen zu begatten. Wir können gegenwärtig noch nicht abschätzen, welche Strategie besser ist: Warten oder Suchen. Wahrscheinlich haben beide Wege zu guten Lösungen innerhalb der Evolution geführt.

Die wichtige Erkenntnis für den Schutz der Libellen liegt darin, daß nicht nur Wasser und Wasserpflanzen entscheidend sind für das Vorkommen von Libellenarten in einem Biotop, sondern auch andere Requisiten und Geländestrukturen, beispielsweise Bäume und Büsche, Flußabschnitte mit bestimmter Fließgeschwindigkeit, sonnige und schattige Stellen, ein Netz von Kleingewässern zum Patrouillenflug. Solche artspezifisch bedeutsamen Geländestrukturen sind oft für das Vorkommen einer Art wichtiger als nur das Vorhandensein der Eiablagepflanzen.

Dieses Paarungsrad der Gebänderten Prachtlibelle (Calopteryx splendens) hat sich auf einer Teichrosenblüte niedergelassen. Das Weibchen trägt eine parasitische Milbe auf dem Mittelbein.

Die Paarung: Hochzeit auf Umwegen

Paarungsrad der Herbst-Mosaikjungfer (Aeshna mixta).

Die Paarungsbiologie der Libellen ist einzigartig im Insektenreich. Als Tribut an das Luftleben paaren sich Libellen auf Umwegen. Normalerweise erfolgt die Begattung bei Insekten durch Koppelung der Genitalorgane an den Hinterleibsenden der Partner. Die Körper der beiden weisen dabei meist in entgegengesetzte Richtungen. In dieser Stellung können die Tiere nicht fliegen, die Paarung findet daher im Sitzen statt. Für fliegende Großinsekten wie die Libellen war es wohl wichtig, auch während der Begattungsphase mobil zu sein. Über die Gründe dafür können wir nur Vermutungen anstellen. Wahrscheinlich spielt dabei vor allem der Schutz vor Feinden eine Rolle. Fliegen können sie aber während der Paarung nur dann, wenn ihre Körper in die gleiche Richtung zeigen und wenn ihre Flügelstellung die gleiche Flugrichtung ermöglicht. Die Lösung dieses Problems war das Paarungsrad: Zur Paarung erfaßt das Libellenmännchen die Partnerin mit Haltezangen hinter dem Kopf. Diese Haltung erforderte eine Vorverlegung des männlichen Kopulationsapparates auf das 2. Hinterleibssegment. Das Weibchen entnimmt das Spermapaket aus einer Samentasche an der Unterseite des 2. Hinterleibssegments seines Männchens. Diese Samentasche wird vor der Begattung gefüllt. Die Libellenpaarung vollzieht sich üblicherweise nach folgendem Schema:

1) Ein Männchen erfaßt ein Weibchen mit den *Appendices superiores*, den Haltezangen des Hinterleibs, hinter dem Kopf oder am Kopf.
2) Das Männchen bringt mit angekoppeltem Weibchen das 9. Geschlechtssegment zur Samentasche am 2. Hinterleibssegment und füllt die Tasche auf (Praekopula).
3) Das Weibchen bringt sein 9. Hinterleibssegment an die Samentasche des 2. Abdominalsegments des Männchens und hakt es dort ein. Das Paarungsrad ist gebildet.

Die Paarungsräder der Heidelibellen sitzen stets waagerecht. Das Männchen (rot) hält die Partnerin (gelb) mit den Hinterleibszangen hinter dem Kopf fest. Das Weibchen übernimmt das Sperma aus der Samentasche des männlichen Tieres, die hinter der Brust liegt.

Die Paarungsräder aller Libellenarten sind voll flugfähig, und manche Arten, wie zum Beispiel der Vierfleck (*Libellula quadrimaculata*) vollziehen die Paarung nur im Flug. Das Schema der Paarung verdeutlichen die Zeichnungen der Abb. unten. Geringfügige Abweichungen zeigen sich gelegentlich bei Edellibellen (Aeshnidae) und Kurzlibellen (Libellulidae). Hier kann die Praekopula nach dem Ankoppeln ausfallen, wenn das Männchen schon vor dem Ergreifen der Partnerin sein Kopulationsorgan aufgefüllt hat.

Neben den morphologischen Strukturen sind aber eine Fülle weiterer Faktoren entscheidend für den Paarungserfolg, die ich hier kurz zusammenfassen will:

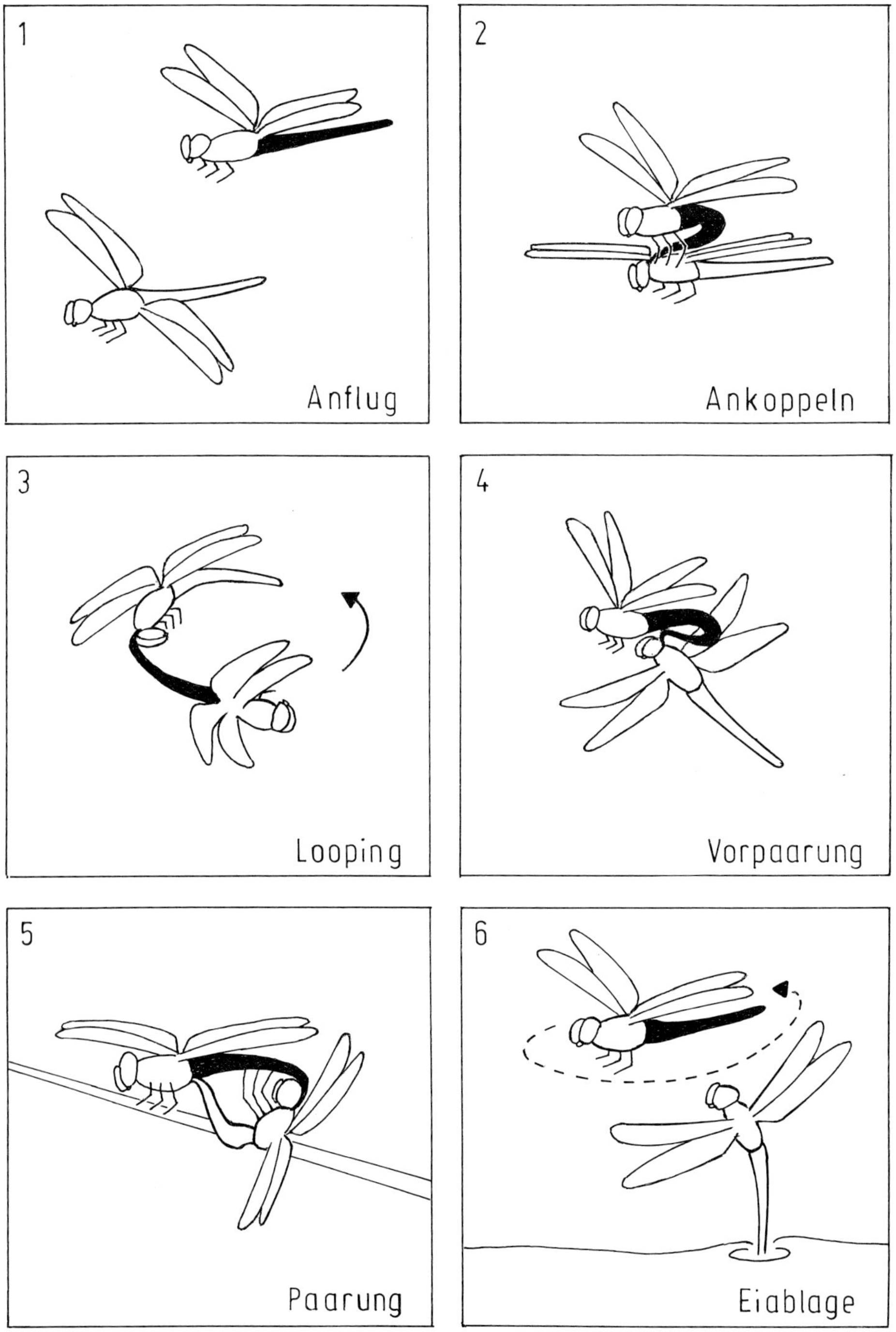

Schema des Fortpflanzungsverhaltens des Blaupfeils (Orthetrum cancellatum). Das Männchen ist dunkel gezeichnet.

Unterschiedliche Halteweisen bei Großlibellen (schwarz: Haltezangen des Männchens).

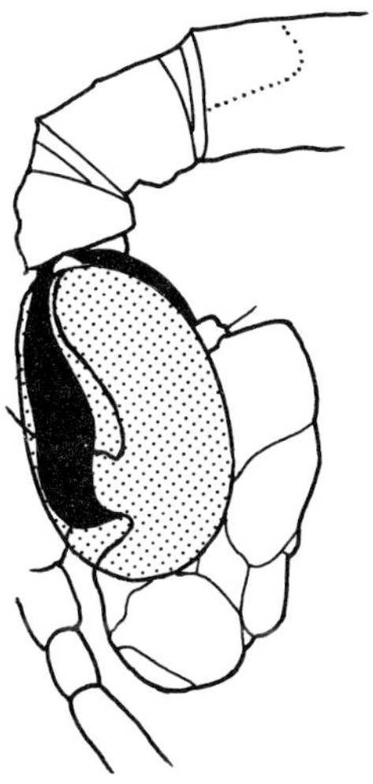

Aeshna cyanea

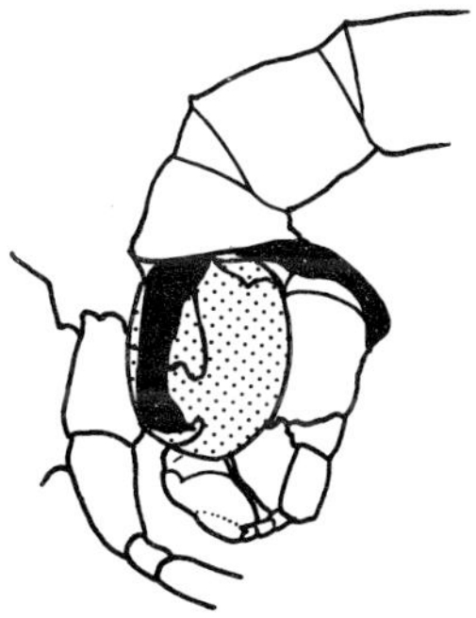

Ophiogomphus serpentinus

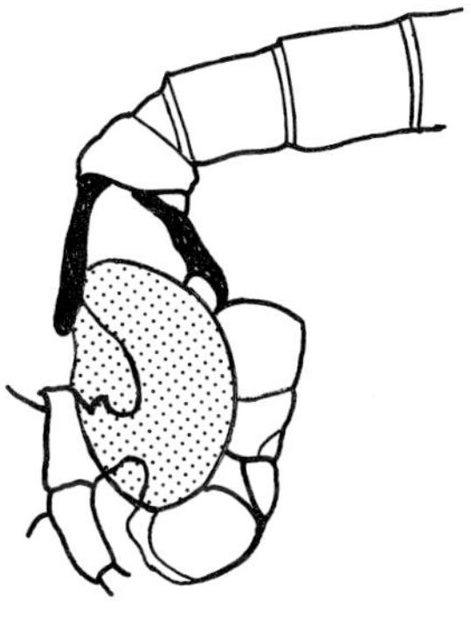

Cordulia aenea

1) Die beiden Geschlechter müssen räumlich und zeitlich synchronisiert sein, um sich finden zu können.
2) Die Arten müssen während der Paarungsphase weitgehend von nahe verwandten Arten isoliert sein, um eine Bastardierung zu vermeiden. Diese für den Artbestand wichtige sexuelle Isolation muß ökonomisch, ohne großen Aufwand, verwirklicht werden können, und sie muß sicher sein.
3) Während der Paarungsphase müssen die Paare ungestört bleiben. Störungen durch andere paarungswillige Männchen würden den Erfolg gefährden.

Die räumliche und zeitliche Synchronisation der Geschlechter ist im vorhergehenden Kapitel bereits eingehend behandelt worden. Es wurde gezeigt, daß die Partner sich entweder an bestimmten Plätzen gleichzeitig einfinden oder einander suchen. Noch wichtiger für das langfristige Überleben einer Tierart ist jedoch die sexuelle Isolation. Hierfür haben die Libellen Sicherungsmechanismen entwickelt, die hintereinandergeschaltet sind, ähnlich den Schließsystemen eines Safes. Die einzelnen Schlüssel des Sicherungssystems liegen im Verhalten und in der unterschiedlichen Ausformung bestimmter morphologischer Details.

Räumliche Isolation

Der Begriff der räumlichen Isolation besagt, daß sich nah verwandte Arten einer Libellengattung gegenseitig „aus dem Wege gehen", also verschiedene Habitate bevorzugen. Ein anschauliches Beispiel für solch unterschiedliche Präferenzen geben die Edellibellen (Aeshnidae):

Art	Lebensraum
Aeshna affinis	Flachmoore in der Ebene, vor allem im Süden
Aeshna coerulea	Hochmoore in den Alpen
Aeshna cyanea	Gewässer aller Art
Aeshna grandis	Heidetümpel und Moore
Aeshna juncea	Hochmoore im Mittelgebirge und in den Alpen
Aeshna mixta	Nährstoffreiche Teiche mit Verlandungsgürtel, Herbstart
Aeshna subarctica	Hochmoore in den Alpen und in nördlichen Ländern
Aeshna viridis	Teiche und Wiesengräben mit Krebsschere (*Stratiotes*)

Der Vergleich der Lebensräume dieser acht Edellibellen-Arten zeigt, daß ihre Biotopansprüche weitgehend verschieden sind. Das schließt nicht aus, daß sich gelegentlich Arten in einem Biotop begegnen, doch das Risiko, während der Paarungsphase zusammenzuleben, ist erheblich vermindert. Ähnliche Tendenzen lassen sich für alle nah verwandten Libellenarten aufzeigen und können unter dem Stichwort „räumliche oder geographische Isolation" als Mittel zur Arterhaltung zusammengefaßt werden.

Weitere Schlüssel im Verhalten sind unterschiedliche Flugstile paarungsbereiter Männchen, die nur das arteigene Weibchen ansprechen und bei diesem Paarungsbereitschaft auslösen. Obwohl wir schon einige dieser Signale kennen, zum Beispiel die Zurschaustellung der farbigen Flügel bei den Prachtlibellen, wissen wir insgesamt noch wenig über das Werbeverhalten der Libellen.

Nach dem Ergreifen eines Weibchens durch ein paarungswilliges Männchen kommen weitere „Schlüssel" zum Einsatz, — die Hinterleibszangen (*Appendices superiores*). Sie müssen genau zu den Gegenlagern der Weibchen passen, damit es zur Paarung kommt. Wie unterschiedlich die Hinterleibszangen nahe verwandter Arten gestaltet sind, zeigen die Abb. 9 bis 13 im Bestimmungsschlüssel am Beispiel der Binsenjungfern (Lestidae). Gerade weil die sechs *Lestes*-Arten oft gleichzeitig in einem Biotop auftreten können, sind ihre Haltezangen und

Das Schema zeigt die Abfolge der Verhaltensweisen beim Männchen (offene Flächen) und beim Weibchen (getönte Flächen) der Weidenjungfer während der Paarung und der Eiablage.

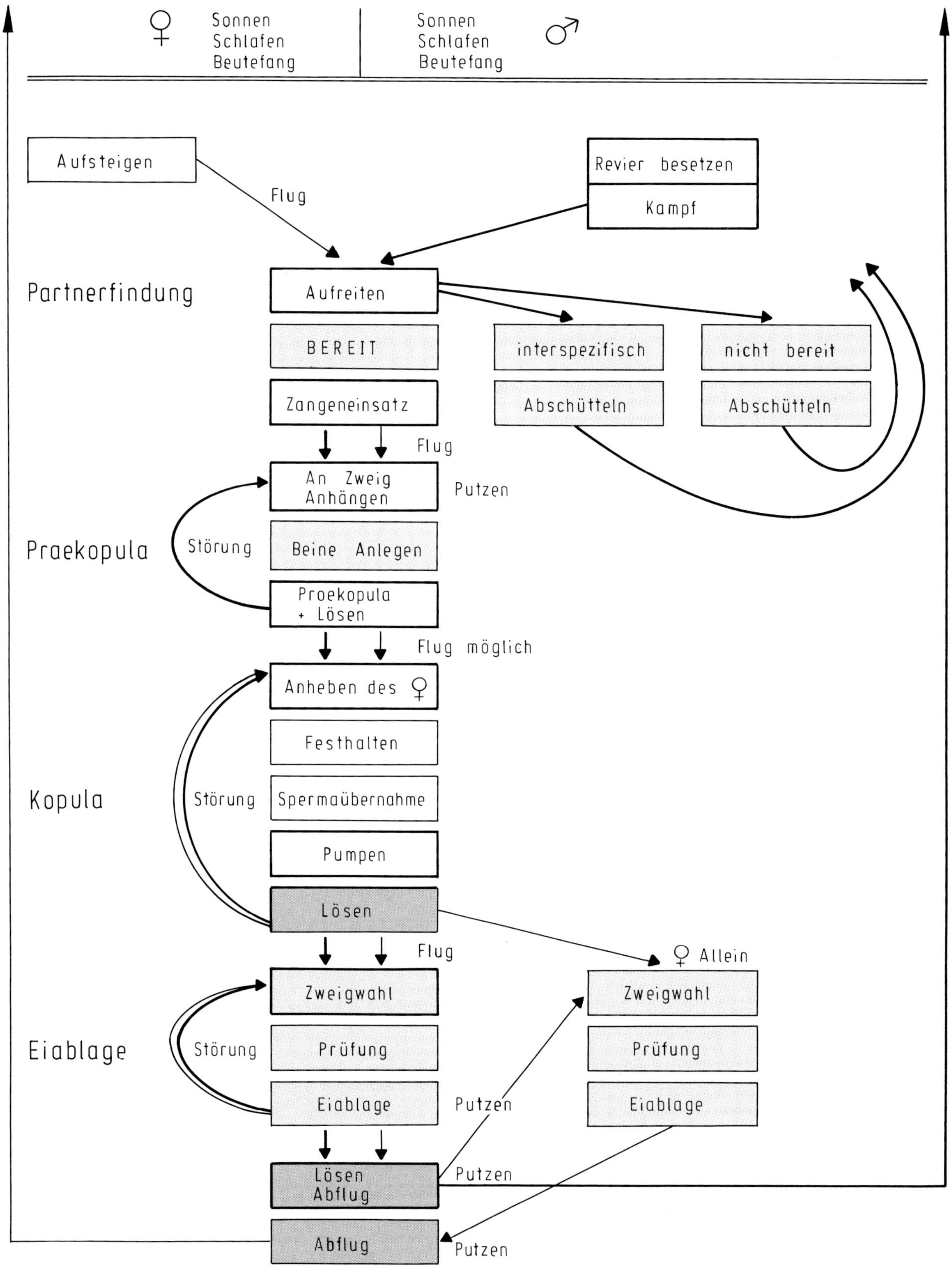

Dieses Paarungsrad der Gemeinen Binsenjungfer (Lestes sponsa) hat sich eine Binse ausgesucht, die bereits mit Einstichstellen übersät ist.

Paarungsrad der Becher-Azurjungfer (Enallagma cyathigerum).

analog dazu die Prothoraxränder der Weibchen so grundverschieden. Je näher zwei Arten miteinander verwandt sind, desto deutlicher grenzen sie sich gegeneinander ab. Dies ist eine vielfach bestätigte ökologische Regel. Im Laufe der Evolution muß auf diesem „Schlüssel" der Haltezangen ein besonderer Selektionsdruck gelegen haben. Als weiteres Beispiel sind die drei Typen, die sich dabei bei den Großlibellen herausgebildet haben, in den Abb. auf S. 129 dargestellt.

Paarungsdauer

Ein weiterer Faktor, der den Paarungserfolg bei Libellen mitbestimmt, ist die Paarungsdauer. Die einzelnen Arten kopulieren unterschiedlich lange. Wir können Arten mit kurzer Paarungszeit (wenige Sekunden), solche mit mittlerer Verweildauer im Paarungsrad (1 bis 5 Minuten) und Langkopulierer (mehrere Stunden) im Freiland beobachten. Hier einige Beispiele:

Art	Beobachtete Dauer der ungestörten Paarung
Libellula quadrimaculata	5— 20 Sekunden
Calopteryx splendens	90 Sekunden
Calopteryx virgo	2— 5 Minuten
Gomphus flavipes	5— 10 Minuten
Lestes barbarus	6 Minuten
Sympecma fusca	9— 21 Minuten
Anax imperator	10 Minuten
Coenagrion pulchellum	10— 15 Minuten
Anax parthenope	10 Minuten
Orthetrum cancellatum	10— 15 Minuten
Sympetrum striolatum	10— 15 Minuten
Chalcolestes viridis	22— 38 Minuten
Lestes dryas	51—145 Minuten
Aeshna juncea	60— 75 Minuten
Ischnura elegans	180—340 Minuten

Auch wenn diese Tabelle noch nichts darüber aussagt, wie lange die Arten effektiv benötigen, um das Sperma auf das Weibchen zu übertragen, zeigt sie doch, daß einer ungestörten Paarung größte Bedeutung zukommt. Dieser Aspekt ist sicher auch für Naturschutzüberlegungen wichtig. Besucher, die durch die Ried- und Verlandungszonen streifen, können die Fortpflanzung seltener Arten beeinträchtigen oder gar gefährden, wenn die Paarungsräder ständig gestört werden.

Libellen entgehen den Störungen durch andere paarungswillige Männchen meist dadurch, daß Paarungsräder aus der Paarungszone fliegen und sich im Ried absetzen. Nur der Vierfleck (*Libellula quadrimaculata*) und der Plattbauch (*Libellula depressa*) setzen sich nie ab, sondern vollziehen Ankoppeln, Praekopula und Paarung im Flug direkt am Teich. Bei diesen Arten vermindert die kurze Paarungszeit von wenigen Sekunden das Risiko von Störungen.

Nach der „Hochzeit auf Umwegen" lösen sich die Räder meist auf Initiative der Weibchen. Die Paare fliegen zur Eiablage, jede Art auf ihre spezifische Weise. Gerade das Aufspüren und Vergleichen der unterschiedlichen Verhaltensweisen macht Libellenbeobachtungen zu einem faszinierend vielfältigen Erlebnis.

Die Eiablage: zurück ins Wasser

Ziel und gleichzeitig Höhepunkt eines Libellenlebens ist die Ablage befruchteter Eier. Zur Sicherung der Nachkommen muß die Eiablage zwei wichtige Voraussetzungen erfüllen:

1) Die Eier müssen so abgelegt werden, daß die Larven ins Wasser gelangen können und optimale Überlebenschancen haben.
2) Während der Eiablage müssen die Weibchen weitgehend ungestört bleiben und vor Angriffen kopulationsbereiter Männchen sicher sein. Die kurze Eilegephase muß also optimal genutzt werden.

Jede Libellenfamilie hat diese evolutionsbiologischen Anforderungen jeweils auf ihre Weise gelöst. Gerade die Libellen geben Musterbeispiele dafür, welche verschiedenen Variationen möglich sind, um stets das eine zu erreichen: die Rückkehr vom Luft- zum Wasserleben.

Unterschiede treten schon beim Einsatz des Kapitals „Eier“ auf: Kleinlibellen legen während ihres Lebens etwa 100 bis 400 Eier. Einige Prachtlibellenarten legen sogar täglich 500 bis 750 Eier, das sind bis zu 1 800 während ihres Lebens! Und Edellibellen schließlich meistern die Überlebenssicherung mit dem Einsatz von Hunderten bis zu mehreren tausend Eiern!

In ihrem Eiablageverhalten zeigen die Libellen zwei grundlegend verschiedene Strategien, die Eier in das Wasser zurückzubringen, die *endophytische* und die *exophytische* Eiablage. Der Begriff „endophytisch“ beschreibt den Einstich von Eiern in lebendes oder totes Pflanzengewebe. Als exophytische Eiablage bezeichnet man die Methode, Eier außerhalb von pflanzlichem Gewebe unterzubringen, also sie ins freie Wasser zu werfen, im Kies zu verstecken oder in feuchten Torf zu stechen.

In Pflanzen eingestochen werden meist Eier, die im Eistadium überwintern. Das Pflanzengewebe hält sie während der Embryonalentwicklung feucht, es

Weibchen der Großen Königslibelle (Anax imperator) bei der Eiablage. Die Eier werden in abgestorbene Pflanzenstengel „in Reihe“ eingestochen.

Während der Eiablage balancieren die Männchen der Hufeisen-Azurjungfer (Coenagrion puella) auf dem „Hals“ der Weibchen. Sie blockieren damit den Prothorax und verhindern Störungen durch dritte, paarungswillige Männchen.

schützt sie und macht sie unempfindlich gegen Wasserstandsveränderungen. Exophytisch abgelegte Eier gehören in der Regel zu Arten, deren Larven noch im gleichen Jahr nach dem Legen schlüpfen und sich dann aktiv ihren Überwinterungsort am Gewässergrund suchen können. Die beiden verschiedenen Methoden der Ablage sind bei unseren heimischen Libellen genau gleichmäßig verteilt: 40 Arten legen endophytisch ab, 40 Arten benötigen dazu keine Pflanzen:

Weibchen der Gebänderten Prachtlibelle (Calopteryx splendens) bei der Eiablage.

Familie/Artenzahl		Eiablage endophytisch	exophytisch
Kleinlibellen			
Prachtlibellen	2	2	0
Binsenjungfern	8	8	0
Federlibellen	1	1	0
Schlankjungfern	18	18	0
Großlibellen			
Edellibellen	13	11	2
Flußjungfern	7	0	7
Quelljungfern	2	0	2
Falkenlibellen	7	0	7
Segellibellen	22	0	22
Summe	80	40	40

Die Übersicht zeigt, daß alle Kleinlibellen ihre Eier in Pflanzen verstecken, bei den Großlibellen zeigen sich dagegen Übergänge. Während die Edellibellen (Aeshnidae) überwiegend endophytisch ablegen, finden sich hier zwei Arten (*Aeshna affinis* und *Aeshna coerulea*), die ihre Eier in Torf einstechen. Alle übrigen Großlibellen benötigen zur Ablage keine Pflanzen.

Die unterschiedlichen Legetypen spiegeln sich wieder in der Ausrüstung der Weibchen: Die „Pflanzenleger" (alle Kleinlibellen) verfügen über einen komplizierten Legeapparat (Ovipositor). Er besteht aus einem Legesäbel mit Legestachel oder Legebohrer und zwei Klappen, die Legesäbel und Bohrer schützend umhüllen. Tastborsten dienen dem Test der Pflanzenhülle. Die Klappen tragen oft noch Stützkanten oder Dornenreihen, um beim Legevorgang auf glatter Pflanzenhaut Halt zu verleihen. Wir können uns den Legeapparat gut als „Dosenöffner" vorstellen. Die Stützkante gibt Halt, der lange Hinterleib dient als Hebel und drückt um den Drehpunkt der Legebohreraufhängung den Stachel in die Pflanze. Eine sägeartige Zähnelung des Bohrers bei der Weidenjungfer erlaubt nach dem Prinzip einer Stichsäge sogar das Eindringen in Holzgewächse.

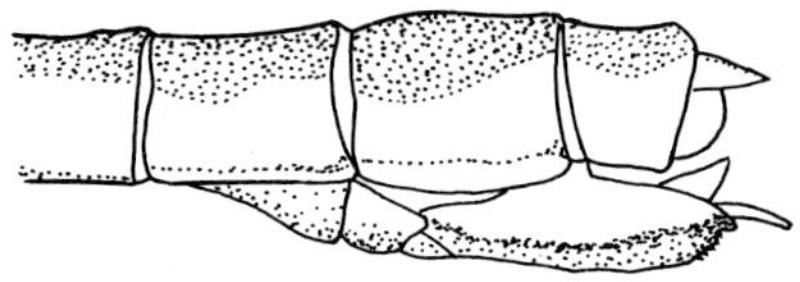

Schema des Legeapparates der Kleinlibellen.

Die „Kiesleger" (Quelljungfern) verfügen über einen Legeapparat, der zu einem starren Rohr umgebildet ist. Mit ihm stechen sie in das Kiesbett von Rinnsalen und verstecken dort die Eier.

Die „Freileger" (alle Falkenlibellen, Segellibellen und Flußjungfern) verfügen über einen „Legeapparat", der zu Scheidenklappen reduziert oder sogar völlig zurückgebildet ist. Diese Reste eines Legeapparates dienen dazu, die in Klumpen aus dem Hinterleib quellenden Eier aufzufangen und auf dem Wasser abzustreifen oder die Eier direkt während des Flugtanzes abzuwerfen.

Selbst die Eier sind den unterschiedlichen Eiablagetypen angepaßt. „Pflanzenleger" haben vorwiegend längliche Eier, die sich in Längsrichtung durch den engen, zweiklappigen Legebohrer der Weibchen schieben lassen, „Freileger" haben runde Eier, die in manchen Fällen sogar einen Klebstoff besitzen. Als Klumpen ins Wasser geworfen, „spritzen" die Eier auf der Wasseroberfläche auseinander, sinken innerhalb kurzer Zeit zu Boden oder haften an Wasserpflanzen. Der Zweifleck (*Epitheca bimaculata*) legt sogar Eischnüre, wie wir sie von Kröten kennen.

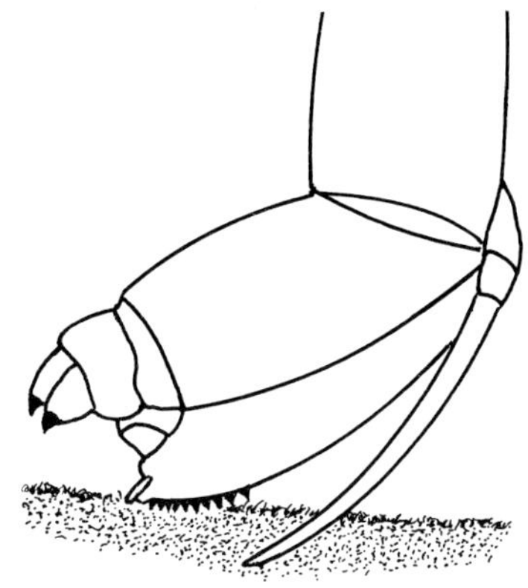

Legeapparat einer Teichjungfer.

So unterschiedlich wie die Ausrüstungen der Libellen zum Eierlegen sind, sind auch ihre Verhaltensweisen während dieser wichtigen Handlung. Bei manchen Arten begleiten die Männchen ihre Weibchen, andere Arten legen allein, manche fliegen und tanzen, andere sitzen ruhig. Obwohl die Forschung versucht hat, Übersicht in die vielfältigen Verhaltensweisen bei der Eiablage zu bringen, gelang bisher keine befriedigende stammesgeschichtliche oder evolutionsbiologische Erklärung. Die Libellen überraschen einfach durch die Vielfalt ihrer Aktivitäten. Ich will jedoch versuchen, diese Vielfalt nach ökologischen und verhaltenskundlichen Gesichtspunkten überschaubar zu machen.

Wir können den Eiablagemodus innerhalb der Gruppen der „Pflanzenleger" und der „Freileger" grob je zwei Typen zuordnen: Die Männchen begleiten ihre Weibchen (Typ I), oder die Weibchen legen allein ab (Typ II). Darüber hinaus erfolgt die Eiablage jeweils im Sitzen endophytisch oder exophytisch im Flug. Bei diesen Kategorien geht es also darum, inwieweit die Männchen an der Eiablage beteiligt sind und ob die Eiablage im Sitzen oder während eines besonderen Flugtanzes stattfindet.

Doch zuvor sei mir noch eine Bemerkung zur Relevanz dieser Ausführungen erlaubt: Ist es überhaupt wichtig, daß sich Biologen darüber Gedanken machen, ob die Libellen mit oder ohne Männchenbegleitung ablegen? Nun, es ist sogar elementar wichtig, wenn wir die Lebensstrategien von Tieren verstehen wollen. Nur wenn wir über den Lebenslauf der einzelnen Libellenarten genau orientiert sind, können wir ein sinnvolles Schutzkonzept für sie entwickeln.

Englische und amerikanische Ökologen haben sich die Frage gestellt: Was ist, grundsätzlich betrachtet, besser für das Erfolgskonzept (Erfolg = Überle-

Federlibellen (Platycnemis pennipes) legen ihre Eier in Gesellschaft ab. Während des Einstichs der Eier in schwimmende Pflanzenstengel überwachen die Männchen die Umgebung.

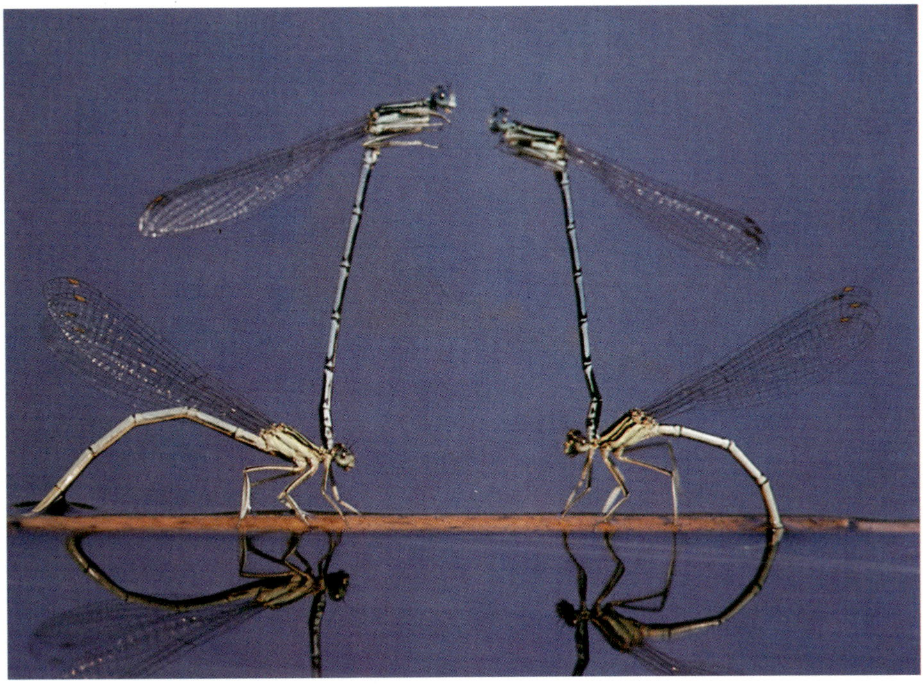

Die Männchen der Kleinen Königslibelle (Anax parthenope) begleiten meistens ihre Weibchen bei der Eiablage. Dieses Gespann ist 16 Zentimeter lang und trotzdem perfekt flugfähig.

ben) einer Tierart — ist es vorteilhafter, wenn ein Männchen möglichst viele Weibchen begattet und seine Erbanlagen möglichst zahlreich verstreut, oder ist es besser, wenn ein Männchen *ein* Weibchen begattet und durch Bewachung dafür sorgt, daß sein genetisches Material auch tatsächlich als „sein Beitrag" bis in das Ei gelangt? Auch für Libellen ist diese Frage von Belang. Denn nur aus Eiern, also weiblichen Eizellen, die durch einen männlichen Erbsatz (Chromosomensatz) befruchtet wurden, können sich neue Libellen entwickeln. Vor kurzem entdeckte der amerikanische Libellenforscher J. K. Waage, daß der Penis eines Libellenmännchens eine doppelte Funktion besitzt. Er ist einerseits natür-

Die Paare des Großen Granatauges (Erythromma najas) steigen während der Eiablage oft ganz unter Wasser.

Luftblasen um den Thorax ermöglichen den Tieren den Aufenthalt unter Wasser bis zu einer Stunde.

lich Begattungsorgan, dient andererseits aber auch dazu, eventuell vorhandene Spermien eines Vorgängers auszuräumen und durch eigenes genetisches Material zu ersetzen. Dieser Befund, mittlerweile mehrfach bei Insekten nachgewiesen, ist sehr wichtig. Libellenmännchen einer Art stehen also untereinander in Konkurrenz um ihren Samen. In seiner Schrift „*On the Origin of Species by means of Natural Selection, or the Preservation of Favoured Races in the Struggle for Life*" erkannte schon Charles Darwin 1859, daß der Auslese bestangepaßter Erbanlagen im Tierreich größte Bedeutung für das Überleben einer Art und für die Neuentstehung von Arten zukommt.

Ein Libellenmännchen „kämpft“ also gewissermaßen darum, sein Genmaterial, seine Erbanlagen, weiterzuvererben. Bei dem Vergleich der Verhaltensweisen von Libellenarten während der Eiablage zeigt es sich, daß es offensichtlich verschiedene Wege gibt, um dieses Ziel zu erreichen. Die unterschiedlichen Eiablagestrategien sollen dafür einige Beispiele liefern:

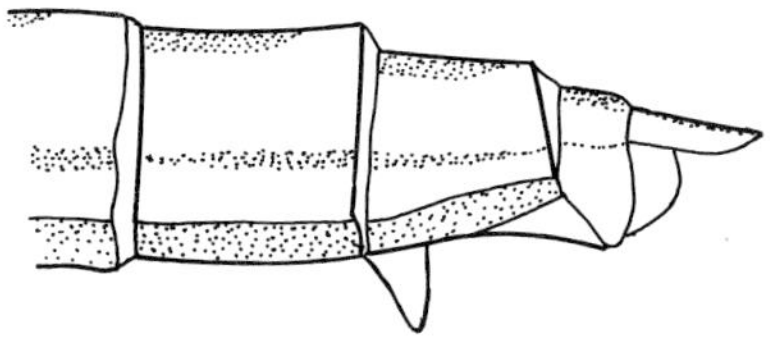

Schema des zurückgebildeten Legeapparates der Heidelibellen.

Endophytische Eiablage

A) Die Eiablage des Weibchens erfolgt allein.

Nach diesem Typ legen die *Calopteryx*-Arten, *Coenagrion lindeni*, *Ischnura*-Arten und alle Edellibellen. Die genannten Arten entziehen sich während der Ablage allzu aufdringlichen Männchen auf drei verschiedene Weisen:

Bei den Prachtlibellen *Calopteryx splendens* und *C. virgo* bewachen die Männchen ihre legenden Weibchen in einem „Eiablagerevier“ und schützen sie vor anderen Männchen. *Coenagrion lindeni* legt submers, also unter Wasser tauchend, ab, und ist so vor dritten Männchen geschützt. Die *Ischnura*-Arten verbringen den ganzen Tag im Paarungsrad und sind deshalb unanfällig gegen weitere Kopulationsversuche. Erst nachmittags und abends, wenn die Paarungsbereitschaft der Männchen nachläßt, legen sie tief im Pflanzengewirr versteckt ihre Eier. Die legenden Weibchen der Edellibellen verstecken sich ebenfalls oft im dichten Pflanzengewirr und tragen Tarnfarben. Sie bewegen sich fast ausschließlich außerhalb der Aktivitätszonen der Männchen, ja sie verstecken sich regelrecht vor ihnen. Einen majestätischen Anblick bieten legende Weibchen der Königslibellen. Diese mit zwölf Zentimetern Spannweite größten einheimischen Libellen schwirren über der Schwimmblattzone eines krautigen Teiches und landen gezielt auf schwimmenden Wasserpflanzen. Die großen gläsernen Schwingen bleiben ausgebreitet und wirken als Balancierflächen. Ei um Ei bohrt die Königslibelle in die Pflanze, erhebt sich kurz und landet wenige Zentimeter weiter. Während die Weibchen der Großen Königslibelle (*Anax imperator*) stets allein ablegen, kommen bei der Kleinen Königslibelle (*Anax parthenope*) auch Eiablagen in Tandemstellung vor.

Wahrscheinlich ist die unterschiedliche Eiablage (allein und mit männlicher Begleitung) eine Reaktion auf unterschiedliche Männchendichten. Im fränkischen Teichgebiet, einem Biotop mit extrem geringer Männchendichte, legte *Anax parthenope* stets allein ab. In den Reisfeldern der Camargue sahen wir diese Großinsekten dagegen nur paarweise ablegen, oft hielten sich 20 bis 30 Ketten in einem einzigen Reisfeld auf.

Eiablage im bewachten Revier, Verlegung der Eiablage außerhalb der Paarungszonen und außerhalb der Aktivitätszeiten der Männchen sowie Tarnung und Verstecken sind mithin die Strategien der *allein* und *endophytisch ablegenden* Libellenweibchen.

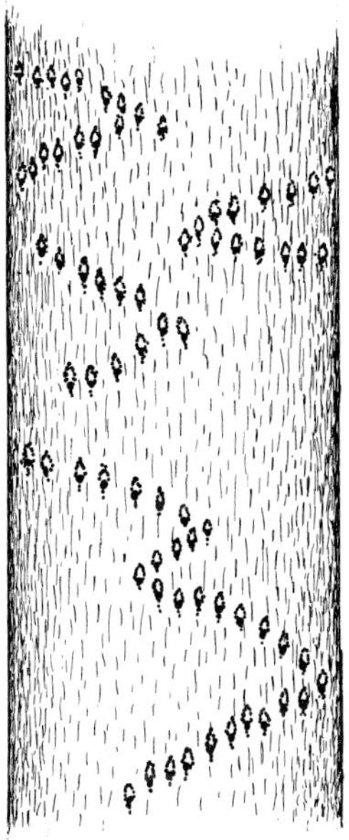

Ein Eigelege der Federlibelle (Platycnemis pennipes) in einem Pflanzenstengel.

B) Die Eiablage erfolgt unter Begleitung der Männchen.

Diese Verhaltensweise ist bei den meisten Kleinlibellen und einigen Edellibellen-Arten verwirklicht. Die begleitenden Männchen sichern die legenden Weibchen vor dem Zugriff anderer paarungswilliger Männchen und bringen somit ihre Gene sicher bis ins Ei. Diese Arten legen sogar mitten in den Aktivitätszonen dritter, unverpaarter Männchen. Das Rezept dieser Arten ist die Blockade der weiblichen Halsregion. In wenigen Fällen bewachen die Männchen sogar unter Wasser legende Weibchen und warten, bis sie wieder auftauchen, um sich erneut an sie anzukoppeln.

Beispiele für diese Strategie liefern *Enallagma cyathigerum* und *Coenagrion lindeni*. Ob die Männchen „wachtturmartig“ auf dem Brustrand der Weibchen stehen (wie bei den Schlanklibellen), oder ob sie sich an Pflanzen anklammern

Flugtanz der Heidelibellen bei der Eiablage. Mit erstaunlicher Präzision werden die Eipakete auf die Algenrasen geschleudert.

Eierlegende Paare der Gemeinen Binsenjungfer (Lestes sponsa). Die Weibchen bohren mit kleinen „Stichsägen" Löcher in den Binsenstengel und schieben dann jeweils zwei Eier in jedes Loch.

(wie bei den Binsenjungfern), ist wahrscheinlich belanglos, solange die weibliche Halsregion vor dem Zangengriff anderer Männchen geschützt bleibt.

Möglicherweise bringt es sogar Vorteile, wenn die Arten dieses Typs in Gesellschaft ablegen, wie wir es häufig bei *Platycnemis pennipes* (Federlibelle), *Coenagrion puella* (Hufeisenazurjungfer), *Lestes sponsa* (Gemeine Binsenjungfer) und *Chalcolestes viridis* (Weidenjungfer) beobachten können. Viele verstreut sitzende Paare „verwirren" angreifende paarungswillige Männchen. Soziales Ablegen könnte somit eine Sicherungsstrategie gegen dritte arteigene Männchen sein und außerdem durch gegenseitige Eiablagestimulation noch zusätzlich vorteilhaft für die Population wirken. Darüber hinaus dient die soziale Eiablage der optimalen Ausnutzung geeigneter Eiablagestellen nach dem Motto: „Viele Paare können sich nicht irren." Eine soziale Eiablage zahlt sich auch noch in anderer Hinsicht aus: Haben die Männchen beispielsweise Feinde wie etwa Frösche entdeckt, fliegen sie auf und reißen ihre legenden Weibchen mit sich fort. Das wirkt ansteckend. Alle in der Nachbarschaft legenden Paare fliegen ebenfalls auf und suchen neue Legeplätze.

Für die sozial in Pflanzen ablegenden Libellenarten ergeben sich somit folgende Strategien, die Eiablage durchzuführen: Eiablage im bewachten Revier, Verlagerung der Eiablage außerhalb der Paarungszonen, Verstecken und die Blockade der weiblichen Halsregion durch das begleitende Männchen.

Welche Methoden haben nun die „Freileger" unter den Libellen entwickelt, um eine ungestörte Eiablage sicherzustellen?

Exophytische Eiablage

Von zwei Ausnahmen (*Aeshna affinis* und *A. coerulea*) abgesehen legen alle Libellenarten dieses Typs ihre Eier während eines Flugtanzes ab. Auch hier finden wir Weibchen, die allein ablegen und solche Arten, die als Tandem die Eiablage ausführen.

Eine für den Beobachter besonders eindrucksvolle Art, ihre Eier ins Wasser zu werfen, haben der Vierfleck (*Libellula quadrimaculata*) und der Plattbauch (*Libellula depressa*) gefunden. Mitten in den Revierzonen der höchst aktiven Männchen bildet sich das Paar. Die Paarung im Flug dauert nur Sekunden, anschließend löst sich das Rad sofort wieder. Wie ein Hubschrauber schwebt das Männchen nun über seinem Weibchen, das in schnellem Auf und Ab die Eier ins Wasser tupft. Jeder Rivale wird verjagt. Werden es zu viele, koppelt das Männchen sich erneut an sein Weibchen an und bringt es aus der Gefahrenzone. Wird das Männchen im Luftkampf zu lange aufgehalten, bleibt dem Weibchen nur die Flucht vor den zudringlichen Männchen. In einer stillen Weiherecke vollendet es die Eiablage. Der Flugtanz des Plattbauchs vollzieht sich so rasend schnell, daß die genaue Beobachtung der Vorgänge schwerfällt. Wer die Eiablage miterleben will, sollte sich an heißen Junitagen an vegetationsarme, sandige Teiche oder Kiesgrubentümpel setzen und warten. Wo die Männchen in rasendem Zickzackflug am Ufer patrouillieren, wird gegen Mittag auch die Eiablage stattfinden.

Nicht weniger aufregend ist der Flugtanz der Quelljungfern (Cordulegasteridae), die in den Alpen und Mittelgebirgen auf sonnigen Kiesflächen und von Sickerwasser durchrieselten Geröllhalden ablegen. Auch hier hilft nur stundenlange Geduld, will man die Eiablage miterleben. Die schwerfälligen, schwarzgelb gezeichneten Weibchen sind plötzlich einfach da. Für kurze Zeit kreisen sie über dem Legeplatz, und dann beginnt er, der unvergleichliche Legetanz. Auf der Stelle wippen sie im Flug auf und ab, auf den Millimeter zielgenau das gleiche Loch im Kiesbett treffend. 30 bis 40 mal stechen sie unter das gleiche Steinchen. Ebenso plötzlich, wie sie gekommen sind, sind sie dann mit einem einzigen Flügelschlag wieder verschwunden.

Einen Flugtanz vollführen auch die Weibchen der Falkenlibellen: *Cordulia aenea*, die Gemeine Smaragdlibelle, schwirrt 10 bis 15 Zentimeter über dem Wasser. Alle drei bis vier Sekunden schlägt sie kräftig auf das Wasser, als wollte sie es peitschen. Leider fliegen die Tiere häufig auf der Flucht vor den Männchen ins Schilf und entziehen sich damit der Beobachtung.

Die wohl merkwürdigste Eiablage finden wir beim Zweifleck (*Epitheca bimaculata*). Anfang Juni fliegen die Weibchen etwa drei bis vier Meter hoch über Seerosenteichen. Plötzlich und unerwartet setzen sie sich an einen Schilfhalm. Das Ende des Hinterleibs richtet sich steil auf. Unablässig quellen leuchtendgelbe Eier aus dem Hinterleib und ballen sich zu einer pfenniggroßen Kugel. Erst jetzt fliegt das Weibchen zur Wasseroberfläche und steuert im Wasser schwimmende Halme an. Dort legt es die Kugel ab, die sich bei Wasserkontakt zu einem Gewirr von Eischnüren ausbreitet.

Ein ähnliches Eiablageverfahren zeigen auch die Flußlibellen (Gomphidae). Die Weibchen der Gemeinen Keiljungfer (*Gomphus vulgatissimus*) warten sitzend so lange, bis die Eier klumpig aus dem Hinterleib quellen und eine erbsengroße Kugel bilden. Plötzlich fliegt dann das Weibchen schnell und reißend davon. Dicht über dem Wasser streift es die hervorgequollenen Eier mit einem merkwürdigen Flugknicks in das nasse Element.

An einen „hüpfenden" Flug erinnert die Eiablage der Moosjungfern (*Leucorrhinia*-Arten), die ebenfalls allein ablegen. Dicht über dem dunklen Moorsee fliegen sie und schlagen in unregelmäßigen Abständen auf die Wasseroberfläche. Zehn bis zwölf Eier gelangen pro Schlag ins Wasser, 200 bis 300 sind es in der sehr kurzen Zeit der Eiablage.

Die spektakulärsten Flugtänze vollführen jedoch die paarweise ablegenden Heidelibellen. Die Männchen und Weibchen eines Tandems sind in der Lage, völlig synchron zu fliegen und mit einem kräftigen Knicks die Eier ins Wasser oder auf das feuchte Erdreich zu schleudern. Die lebhaften Paare der Blutroten Heidelibelle (*Sympetrum sanguineum*) senken sich im Sekundentakt und werfen die Eier auf den feuchten Boden. Tanzende Tandems wirken anziehend: Oft versammeln sich 10 bis 15 Paare dieser Art auf engstem Raum und führen die Eiablage in rhythmischen Schwüngen aus: ein unvergleichliches Schauspiel, das wohl zum Schönsten gehört, was ein Libellensommer dem Beobachter zu bieten hat.

Das Weibchen der Zweigestreiften Quelljungfer (Cordulegaster boltoni) sticht seine Eier in den Kiesgrund alpiner Bäche.

Die Larven: gefräßige Lauerjäger

Alles höhere Leben kommt aus dem Ei, auch das der Libellen. Zu Tausenden im Sommer in Pflanzen oder ins freie Wasser gelegt, entwickeln sich im Innern der Eier winzige Lebewesen. Die Eier der Libellen sind klein, 20 bis 50 mal kleiner als die farbenprächtige Imago. Rund zwei bis sechs Wochen dauert es, bei überwinternden Eiern sechs Monate, bis die winzigen Prolarven sich aus den Eihäuten befreien können. Unterschiedliche Techniken helfen ihnen dabei. Kleinlibellenlarven sprengen die Eihülle mit dem Kopf. Großlibellenlarven zerschneiden sie mit einer Art Rasierklinge am Kopf, dem *ruptor ovi*. Ein sogenanntes „Kopfherz", das den Blutdruck im Kopf erhöht, sorgt für den nötigen Druck. Gelangt die Prolarve, die sich oft mühsam aus Pflanzenstengeln, den Eiablageorten der Weibchen des vergangenen Sommers, befreien muß, ins Wasser, häutet sie sich sofort. Das erste Larvenstadium ist jetzt frei für das Wasserleben.

Kaulquappen sind für Großlibellen-Larven eine leichte Beute.

Die Pro- oder Vorlarven verfügen über bemerkenswerte Fähigkeiten. Sie können sogar springen, um ins Wasser zu gelangen. Das Prolarven-Stadium ist eine Art „Rettungssystem" der Libellen. Haben sich die Wasserstandsverhältnisse zwischen Eiablage und Schlupf verändert, schaffen die Vorlarven dank ihrer Beweglichkeit oft den rettenden Sprung ins Wasser.

Die Entwicklung der Larven
Wie alle Insekten wachsen Libellen nur während ihrer Larvenzeit. Wird der Panzer zu eng, häuten sich die Larven. Die Anzahl der Häutungen und damit der Larvenstadien variiert zwischen neun und fünfzehn. Mit der Zahl der Häutungen werden die Jugendstadien den schlüpfbereiten Larven immer ähnlicher. Den Junglarven fehlen noch die Flügelanlagen, sie entstehen erst später in unterschiedlichen Stadien. Bei der Herbst-Mosaikjungfer (*Aeshna mixta*) werden sie im 3. Stadium, bei der Hufeisen-Azurjungfer (*Coenagrion puella*) im 4. Stadium, bei der Glänzenden Smaragdlibelle (*Somatochlora metallica*) im 5. Entwicklungsabschnitt und bei der Kleinen Königslibelle (*Anax parthenope*) erst nach der 6. Häutung, also im 7. Larvenstadium, angelegt. Noch sind die Flügel nur als winzige Stummel zu erkennen, sie wachsen aber mit jeder weiteren Häutung.

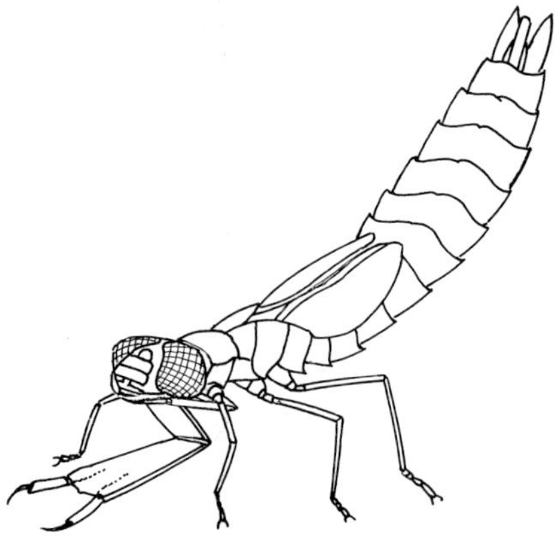

Großlibellenlarve mit ausgestreckter Fangmaske (= Unterlippe). Der vorschnellbare Fangapparat ermöglicht eine verlängerte Reichweite der Mundwerkzeuge, die Klauen halten die Beute fest.

Bei den meisten Kleinlibellen dauert das Durchlaufen aller Stadien, vom Ei zur Imago, etwa ein Jahr, viele Großlibellen benötigen dagegen drei bis vier Jahre für ihre larvale Entwicklung. Was steuert aber die Entwicklungsdauer der Larven? Leider ist eine Antwort auf diese Frage nicht so leicht zu geben. Vergleichende Untersuchungen haben gezeigt, daß die geographische Verbreitung auf der Erde und die Meereshöhe einen entscheidenden Einfluß auf die Länge des Larvenlebens haben. So bringt die Pechlibelle (*Ischnura elegans*) im Mittelmeergebiet drei Generationen pro Jahr hervor. Die Larvenentwicklung verläuft hier sehr schnell. In Schleswig-Holstein und Dänemark sind es noch zwei Generationen pro Jahr, während in Schweden zwei Jahre zur Entwicklung einer Generation benötigt werden. Wahrscheinlich ist es die durchschnittliche Wassertemperatur, die die Larvenentwicklung beschleunigt oder verzögert. Doch das kann nicht der einzige Faktor sein. Oft leben in ein und demselben Teich Larven einer Libellenart, die unterschiedlich lange brauchen, um zu wachsen. Es müssen also weitere Einflüsse wie die Tageslänge, das Nahrungsangebot und die Konkurrenzverhältnisse das Larvenleben steuern. Für Mitteleuropa läßt sich grob sagen, daß Kleinlibellenlarven etwa zwei bis drei Monate zur Entwicklung benötigen, während Großlibellen wie die Aeshniden etwa 100 bis 200 Tage fressen müssen, um schlüpfbereit zu werden. Entscheidend für die Larvenentwicklung ist, daß die Steuerfaktoren während einer mehrjährigen Entwicklung je nach dem Stadium einen unterschiedlichen Stellenwert haben. So wird die Larvalentwicklung der Moosjungfern (*Leucorrhinia*) von Tageslänge *und* Temperatur gesteuert, bei Junglarven beeinflußt jedoch die Tageslänge die Aktivität, die Altlarven sind dagegen ausschließlich temperatursensibel. Die Abhängigkeit der Altlarven von der Wärme ist sinnvoll, denn sie sollen am ersten warmen Frühlingstag möglichst gleichzeitig schlüpfen. Die Junglarven werden andererseits durch die kürzeren Herbsttage gezwungen, ihre Entwicklung einzustellen und sich zur Überwinterung zu verstecken.

Anpassungen an das Wasserleben
Insekten sind Landtiere. Ihre Atemorgane sind auf die Verwertung von Luftsauerstoff eingestellt. Wie gelang es den Libellen, wasserbewohnende Larven hervorzubringen? Sie verfügen als Landtiere ja nicht über Kiemen, wie das bei Wasserschnecken oder Fischen der Fall ist. Wie bewegen sie sich fort, wie fressen sie, wie konnten sie sich dem Wasserleben anpassen?

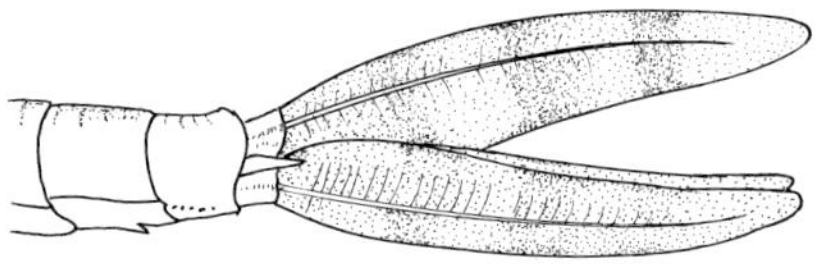

Hinterleibsanhänge (= Tracheenkiemen) einer Kleinlibellenlarve. Sie dienen mit ihrer vergrößerten Oberfläche der Sauerstoffaufnahme aus dem Wasser und dem Antrieb beim Schwimmen.

Entscheidend für die Eroberung des Wassers als Lebensraum der Larven war ein neues Atemkonzept, eine Zwischenlösung zwischen Kiemen- und Luftatmung. Wie alle Insekten verfügen Libellen, auch deren Larven, über Tracheen, das sind versteifte Rohrleitungen, die sich immer feiner verzweigen und Luft,

Die Typen der Libellenlarven in der Übersicht

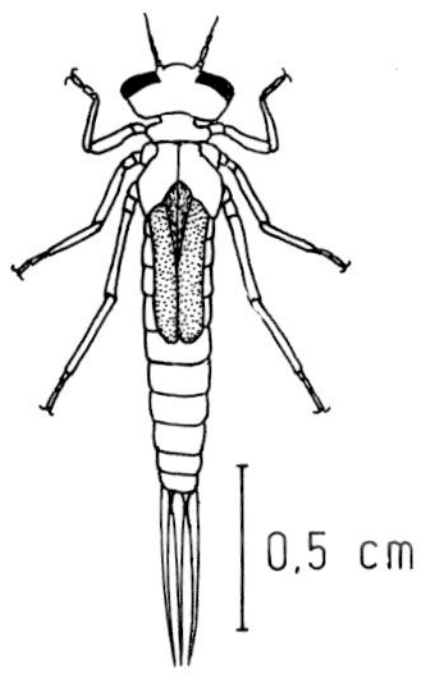

Schlanklibellen-Larve
(Coenagrionidae)

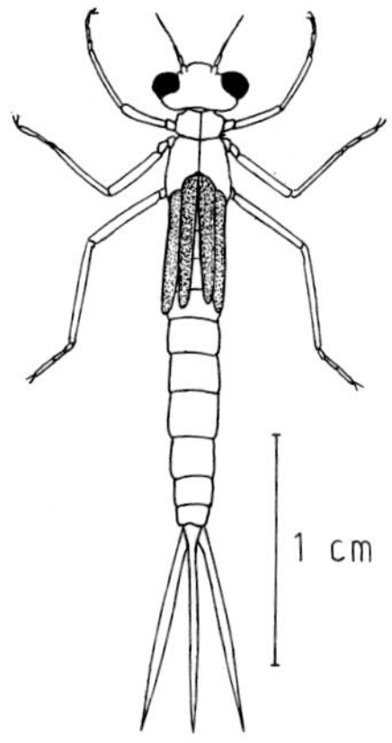

Larve der Binsen-jungfern (Lestes-Typ)

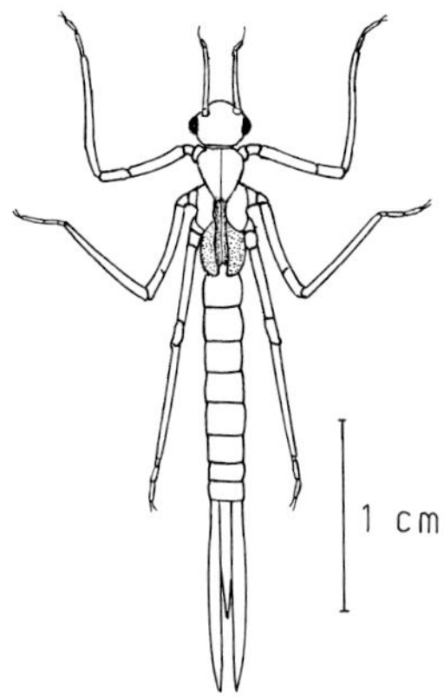

Prachtlibellen-Larve
(Calopteryx-Typ)

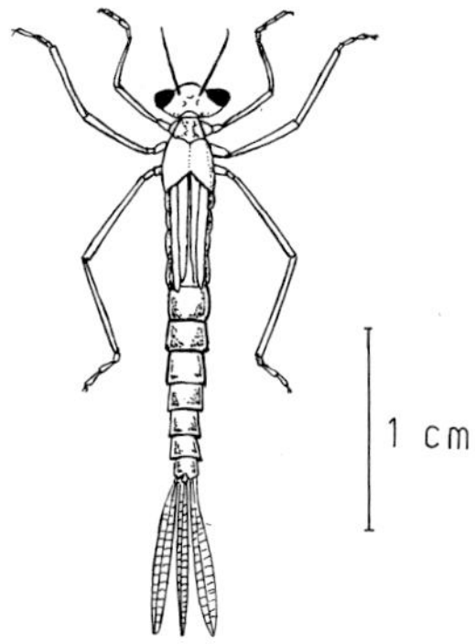

Larve einer Feder-libelle (Platycnemis)

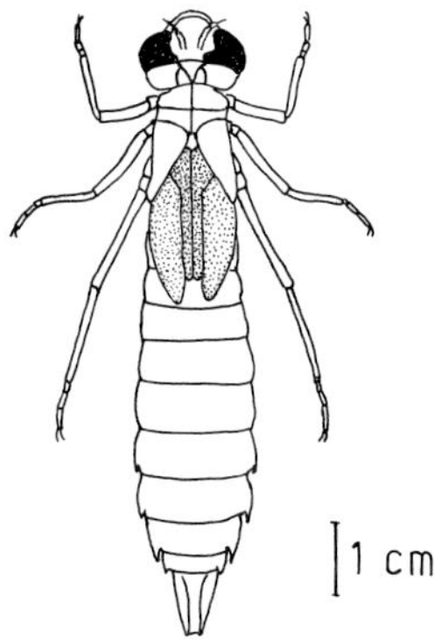

Larve der Mosaikjungfern
(Gattung Aeshna)

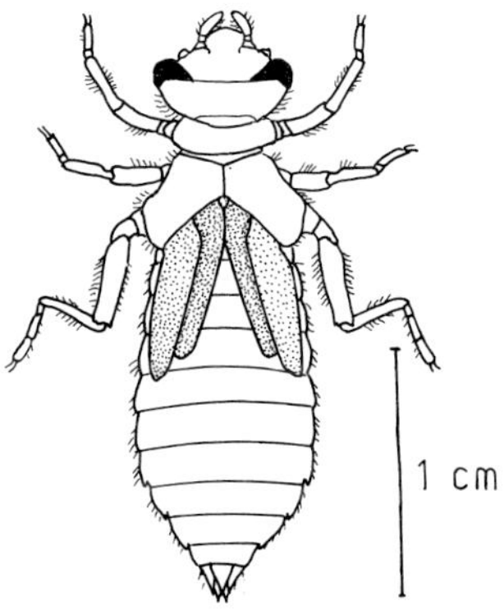

Larve der Flußjungfern
(Gomphidae)

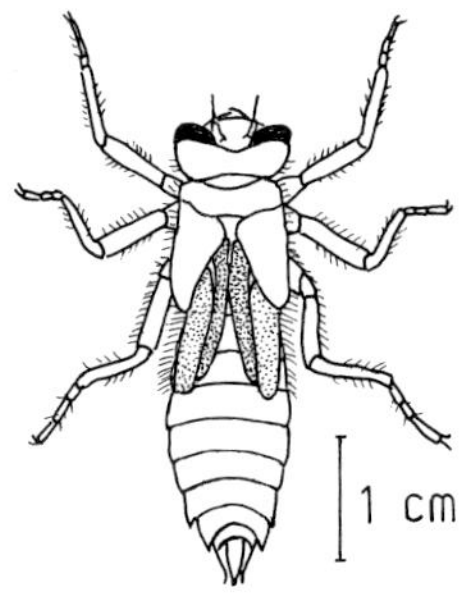

Quelljungfern-Larve
(Cordulegaster)

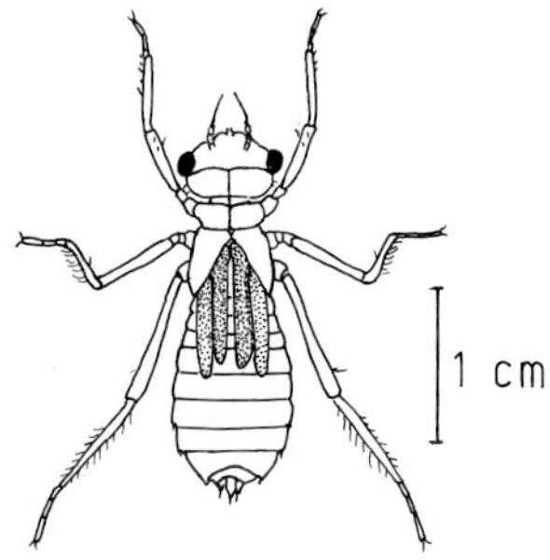

Larve der Falkenlibellen
(Corduliinae)

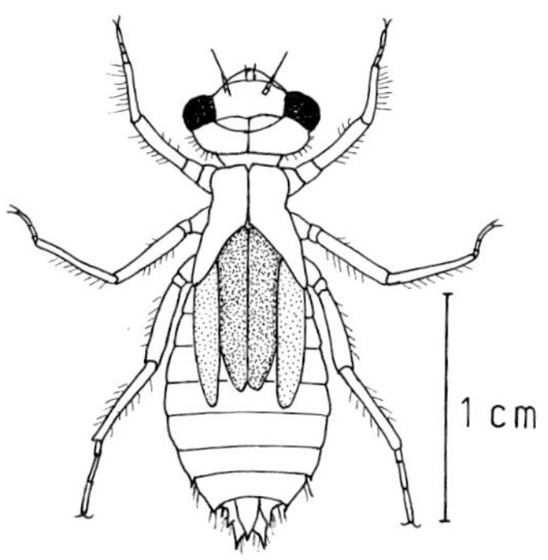

Larventyp der übrigen Segellibellen
(Libellulinae)

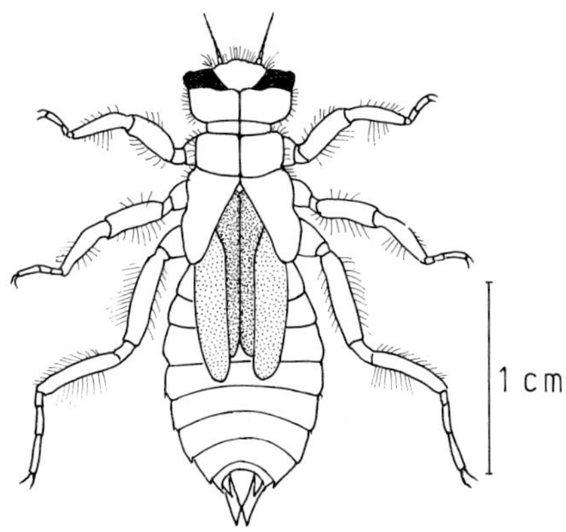

Larventyp des Blaupfeils
(Orthetrum)
sowie der Gattung Libellula

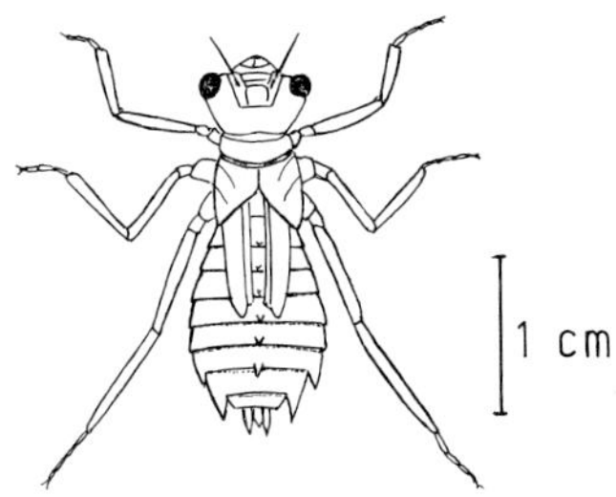

Heidelibellen-(Sympetrum)-Typ

und damit Sauerstoff, durch den Körper transportieren. Bei den Imagines münden die Tracheen in Atemöffnungen, den Stigmen. Diese Körperöffnungen, die oft mit Haarreusen verschlossen sind, um das Eindringen von Staub zu verhindern, liegen gut sichtbar seitlich an der Brust. Der Gasaustausch erfolgt durch Diffusion, also einen passiven Transport des Luftsauerstoffs von Orten höherer Konzentration an Orte mit niedrigerer Konzentration. Da das Endprodukt der Atmung, das Kohlendioxid (CO_2) 20 bis 30 mal schneller diffundiert als O_2, kommt es zu einer passiven Versorgung der Organe mit dem lebensnotwendigen Sauerstoff, zu einer Art „gerichtetem Luftstrom" durch die Tracheen. Auch die

Larve einer Kleinlibelle. Die drei Ruderplättchen am Ende des Hinterleibs dienen der Atmung und dem Antrieb beim Schwimmen.

Larven sind auf die Tracheen als Transportsystem für Sauerstoff angewiesen. Die entscheidende Neuentwicklung der Libellen bestand nun darin, bei den Larven die Tracheen der Körperoberfläche zu schließen und dafür die Tracheenstämme des Enddarms zu entfalten. Dort liegen in einer sogenannten Kiemenkammer zahlreiche Hautfalten, in die verzweigte Tracheen einmünden. Diese oberflächenvergrößernden Haupt- und Querfalten nehmen den im Wasser gelösten Sauerstoff auf.

Sauerstoffgewinnung durch Oberflächenvergrößerung heißt also der „Trick" der Libellenlarven, mit dessen Hilfe sie auch im Wasser leben können. Durch Zusammenziehen und Entspannen des Hinterleibs erzeugen die Großlibellenlarven einen zusätzlichen Wasserstrom, der den Tracheenkiemen ständig neues, sauerstoffreiches Wasser zuführt. Wird die Luft knapp, halten die Larven ihren

Diese Großlibellen-Larve lauert auf Beute. Die späteren Flügel der Libelle stecken noch in kleinen Köchern auf dem Rücken.

Hinterleib aus dem Wasser und atmen zusätzlich Luftsauerstoff. Mit der Kiemenkammer haben die Libellen ein weiteres Problem gelöst. Sie können Salz-Ionen wie zum Beispiel Chlorid aufnehmen oder abgeben. Diese Fähigkeit ermöglicht es ihnen sogar, in Brackwasser zu überleben. Und noch einen Vorteil hat das Atemsystem im Enddarm. Durch plötzliches Ausstoßen des Atemwassers aus der Kiemenkammer schießen Großlibellenlarven wie von einem Raketentreibsatz getrieben durch das Wasser. Das Prinzip ist in beiden Fällen das gleiche, nur dient bei den Tieren die Muskelkraft als Antrieb und Wasser als Medium.

Während die Großlibellenlarven nach dem Rückstoßprinzip schwimmen, schlängeln sich die Larven der Kleinlibellen durchs Wasser. Als Ruderantrieb dienen ihnen drei große, blattartige Fortsätze am Hinterleib, die Ruderplättchen. Sie wirken wie die Flossen eines Fisches, der sich beim Schwimmen mit der Schwanzflosse nach dem gleichen Prinzip vorwärtsbewegt. Die Ruderplättchen unterstützen die Atmung, sie sind von vielen Tracheenästen durchzogen, die den Sauerstoff aus dem Wasser aufnehmen. Obwohl Libellenlarven also über effektive Antriebswerkzeuge verfügen, schwimmen sie selten, meist nur bei Gefahr. Die Larven sind Lauerjäger, die meistens träge zwischen Wasserpflanzen sitzen und warten. Entdeckt aber eine Larve ein Beutetier, verfolgt sie das Tier mit den Augen. Langsam, kaum wahrnehmbar, schiebt die Larve den Körper an die Beute. Befindet sich das Opfer in Reichweite, schnellt die Fangmaske in Bruchteilen von Sekunden vor und ergreift die Beute mit messerscharfen Dolchen.

Die Fangmaske ist ebenfalls eine Erfindung der Libellenlarven. Sie kommt sonst nirgends im Tierreich vor. Die Libellenlarven haben ihre Unterlippe (*Labium*) zu einem mehrgliedrigen, mit Greifzangen bewehrten Fangapparat umgeformt. Er läßt sich gut mit dem menschlichen Arm vergleichen. In Ruhe liegt der „Arm" an den Körper gepreßt, zum Fang schnellt die „Hand" vor. Mit der Fangmaske vergrößert sich die Reichweite der Tiere. Wir finden zwei verschiedene Typen: Bei den Flußjungfern (Gomphidae) und den Edellibellen (Aeshnidae) handelt es sich um eine flache Maske, die in Ruhelage die Kopfunterseite bedeckt. Die Quelljungfern (Cordulegasteridae) und Kurzlibellen (Libellulidae) tragen eine Helmmaske, deren Ränder schüsselartig gewölbt sind. In der Ruhestellung decken diese Helmmasken fast den ganzen Vorderkopf bis zu den Augen zu. Auch die an der Spitze der Masken liegenden Greiforgane sind unterschiedlich geformt. Edellibellen fangen ihre Beute mit messerscharfen Dolchen, Quelljungfern mit sägeartigen Greifern. Die Fangmasken der Kleinlibellen liegen in der Konstruktion zwischen den beiden beschriebenen Typen. Die Unterlippe ist bei ihnen etwas schmaler geformt, die Wirkungsweise ist aber ganz ähnlich.

So unterschiedlich die Fangmasken sind, so unterschiedlich ist die Beute, die sie ergreifen. Ringelwürmer, Kleinkrebse, Wasserasseln, Schnecken, Zuckmückenlarven, Eintagsfliegen, Wasserwanzen oder Wasserkäfer stehen auf den Speisezetteln der Libellenlarven. Angegriffen wird jedes sich bewegende Objekt bis zur eigenen Körpergröße. Sie machen auch vor Artgenossen nicht halt. Um den Kannibalismus in Grenzen zu halten, stecken die Larven vieler Libellenarten Reviere ab, die sie regelmäßig nach Beute absuchen.

Libellenlarven werden ihrerseits häufig von räuberischen Wasserkäfern, Fischen oder Vögeln gefressen. Schwarzhalstaucher, Zwergtaucher und Hauben-

Aufenthaltsorte von Larven der Prachtlibellen im Bach (Querschnitt) (● = Wohnorte der Larven). Die bevorzugten Wohnorte liegen im Wurzelbereich von Bäumen (Erlen) oder im Pflanzengewirr. Hier sind die Larven vor Fischen weitgehend geschützt.

taucher verfüttern häufig die Larven der Wasserjungfern an ihre Jungen. Aber Libellenlarven sind nicht wehrlos. Die Larven der Edellibellen (Aeshnidae) verfügen über sogenannte Schwanzstacheln, das sind fünf spitze Hinterleibsanhänge, die wirksam eingesetzt werden, sobald das Tier selbst ergriffen wird. Die Hinterleibsanhänge der Kleinlibellenlarven können sogar abgeworfen werden, ohne daß die Larve Schaden nimmt. Dieser dem Schwanz der Eidechsen vergleichbare Mechanismus der „Autotomie“ rettet viele Kleinlibellenlarven vor dem Gefressenwerden.

Die Larven der einzelnen Libellenfamilien und -gattungen unterscheiden sich deutlich in bezug auf die Körpergestalt. Kleinlibellenlarven sind immer schlank, länglich und sofort an den blattartigen Fortsätzen des Hinterleibs zu erkennen. Oft geben auch die Augenformen schon Hinweise auf die Familienzugehörigkeit. Die Larven der Prachtlibellen (Calopterygidae) sind darüber hinaus leicht an den dicken, langen Antennen erkennbar. Sie leben bevorzugt unter Erlenwurzeln in klaren Bächen. Die Abb. auf S. 146 zeigt ihre Aufenthaltsorte, an einem Bachquerschnitt schematisch dargestellt.

Die Larven der Großlibellen wirken plumper als die der Kleinlibellen. Auffällig an ihnen ist, daß Larven, die im Schlamm verborgen leben, meist stärker behaart sind. Die bemerkenswertesten Larven sind die der Quelljungfern (Cordulegasteridae). Sie graben sich in wenigen Minuten zwischen den kleinen Steinchen am Grund eines reißenden Bergbaches ein. Nur die Fangmaske schaut heraus und lauert auf mit dem Strom driftende Beute.

Auch Larven lassen sich bestimmen. Ihre Körperstrukturen und Fangmasken ergeben sichere Bestimmungsmerkmale, die im Schlüssel von U. Franke (im Anhang) wiedergegeben sind. Wer in einem Teich oder Tümpel mit dem Käscher auf Entdeckungsreise geht, findet im Sommer sicher Libellenlarven. Oft sehen sie „krank“ aus, aber unter dem Mikroskop entpuppt sich der weiße „Schimmelbelag“, der den Betrachter vielleicht zunächst irritiert, als ein Gewirr aus vielen einzelligen Lebewesen. Es sind Wimpertiere der Art *Epistylis dreyeri*, die die Erlanger Biologen D. Matthes und W. Guhl neu entdeckten und nach dem Verfasser benannten. Diese Wimpertiere benutzen die Libellenlarven als „Wassertaxis“ und strudeln, fest auf der beweglichen Unterlage sitzend, mit einem Wimpernkranz Nahrung herbei. Nur 1/10 Millimeter sind diese Tiere groß, und doch gehören sie zum Lebensraum der Libellenlarven, dem gesunden Wasser.

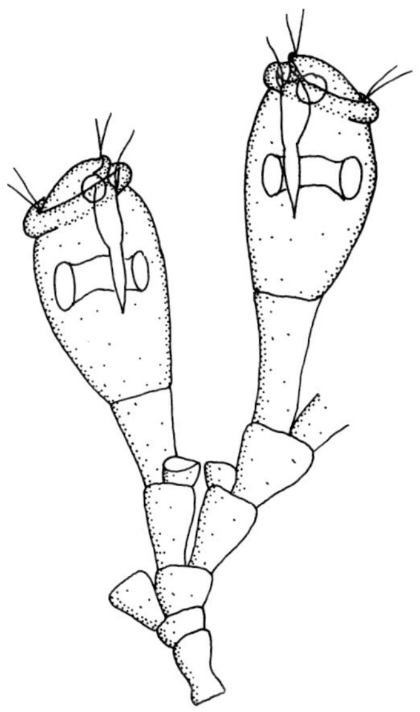

Epistylis dreyeri, eine Wimpertierart, lebt häufig auf den Larven verschiedener Libellen.

Die Geburt: Libellen fahren aus der Haut

Gartenbesitzer und Frühaufsteher können sie miterleben: Die Geburt der Blaugrünen Mosaikjungfer (*Aeshna cyanea*). Diese Libellenart besitzt eine besondere Vorliebe, ihre Eier in kleine und kleinste Gewässer inmitten unserer Kulturlandschaft zu legen. So kommt es, daß oft Gartenteiche der Schauplatz des Geschehens sind, wenn sich die unscheinbaren Larven in wunderschöne blaugrüne Insektenhubschrauber verwandeln. Großlibellen schlüpfen oft nachts, wenn die vielen räuberischen Vögel der Schilfzone schlafen. Eines Tages im Juni, kurz nach Mitternacht, beenden die letzten Larvenstadien ihr Unterwasserleben und verlassen den Teich. Irgendwo im Pflanzengewirr der Verlandungszone, an den Stengeln von Schwertlilien oder Kalmusblättern, beginnt die Libellengeburt:

2.00 Uhr:

Es ist Mitte Juni. Tagelang wartete die Larve auf günstige Wetterbedingungen zum Schlupf. Die Nacht ist warm und klar. Die Larve klettert an Blättern der Schwertlilie empor. Einen halben Meter über der Wasseroberfläche verankert sie ihre Krallen fest im weichen Pflanzengewebe.

2.20 Uhr:

Die Larvenhaut platzt auf dem Rücken. Augen, Kopf und Brust schieben sich aus dem Larvenpanzer. Selbst die Tracheen, lange schnurförmige Röhren, die Luft zu den Körperorganen leiten, müssen gehäutet werden.

Synchrones Massenschlüpfen von Heidelibellen (Sympetrum vulgatum).

Die leere Larvenhülle (Exuvie) bleibt nach dem Schlüpfen zurück. Sie ist biologisch nutzlos geworden, kann aber zur Bestimmung der Art dienen, ohne daß die Imagines gefangen werden müssen.

2.30 Uhr:
Mühsam befreit sich der mit Flugmuskeln vollgepackte Thorax aus dem Larvenkörper. Die weißen, gespannten Schnüre der alten Atemstränge vertrocknen an der nächtlichen Luft. Die Flügel liegen noch dicht gepackt wie Fallschirme auf dem Rücken.
2.35 Uhr:
Der schwere Vorderkörper der Libelle kippt nach hinten über. Die weichen „Häute“ geben noch keinen Halt. Weiche Strukturen sind beim Häuten, dem Prozeß der Organvergrößerung, unerläßlich. Auch die Beine sind noch weich und können den schweren Libellenkörper nicht halten. Mit dem Trocknen an der Luft erhärten die Chitinteile zu einem tragfähigen Gerüst.
2.50 Uhr:
Die Beine sind trocken und damit in der Lage, den Halm zu umklammern. Mit kräftigem Ruck schnellt der Oberkörper hoch und bringt die Beine an das Blatt.
3.00 Uhr:
Der feste Hebel der ausgehärteten Beine erlaubt es der Mosaikjungfer, ihren Hinterleib aus dem engen Larvenköcher zu ziehen. Noch liegen die Flügel in der dichten Packung, die der enge Larvenköcher vorschrieb.
3.20 Uhr:
Der wichtigste Schritt bei der Geburt ist die Entfaltung der Flügel, denn ohne ihre Flügel sind Libellen ihren überall lauernden Feinden ausgeliefert. Blutpumpen, durch Körperschleusen gesteuert, erhöhen den Druck der Körperflüssigkeit in den Flügeln. Wie ein flächiger Ballon entfalten sich die Schwingen.
3.40 Uhr:
Die Flügel sind entfaltet und gespannt. Noch trübt milchig-gelbes Insektenblut (Haemolymphe) die Tragflächen und zeigt die Funktion der hohlen Netzadern: Sie sind die Blutbahnen der Flügel. Der Entfaltungsdruck muß überall hingelangen können. Nach dem Rückzug des Blutes halten die trocknenden Adern die Flügelflächen straff.
4.00 Uhr:
Die lebensnotwendigen Flügel sind funktionsfähig. Ein Notstart wäre jetzt möglich, obwohl der übrige Körper noch weich und gestaucht ist. Die Umleitung der Haemolymphe in den Hinterleib bringt die zehn Segmente jedoch bald zur Streckung.

Rund dreimal so lang wie in der Larvenhülle muß das Abdomen werden. Der Innendruck bleibt so lange konstant, bis die Chitinröhre an der Luft ausgehärtet ist. Dann sorgt das Außenskelett, der Insektenpanzer, für die nötige Festigkeit. Er ist einer mittelalterlichen Ritterrüstung ähnlich. Nach dem Streckungsvorgang geben die neugeborenen Libellen Wasser ab. Es diente der Erhöhung des Blutdrucks zur Entfaltung des Körpers und wird jetzt nicht mehr gebraucht.
5.00 Uhr:
Rund drei Stunden dauerte die Geburt. Die Imago ist fertig, die Metamorphose (Verwandlung) von der wasserbewohnenden Larve zum Fluginsekt ist abgeschlossen. Mit den ersten Sonnenstrahlen des neuen Tages beginnt ein neues Libellenleben. Die alte Haut verweht der Wind.

*Seiten 152 / 153:
Die verschiedenen Phasen bei der Geburt einer Libelle demonstriert diese Blaugrüne Mosaikjungfer (Aeshna cyanea).*

Die Lebensräume: an Teichen, Bächen oder Flüssen

„Wie kommt es“, so hört man gelegentlich den von einem Naturschutzvorhaben betroffenen Teichwirt fragen, „daß sich bedrohte Libellenarten ausgerechnet in meinem Fischteich eingenischt haben sollen?“ Die Frage ist berechtigt, wenn auch falsch gestellt.

Sicher waren die ursprünglichen Lebensräume der Libellen Urstromtäler mit Auenwald, Toteisseen mit Verlandungsvegetation und Hochmoore. Stammesgeschichtlich alte Libellenfamilien wie die Binsenjungfern (Lestidae), die Flußlibellen (Gomphidae) und die Edellibellen (Aeshnidae) leben noch heute in den Resten dieser Urlandschaften.

Der rapide Artentod hängt unmittelbar mit der Vernichtung der letzten Naturlandschaften, der Hochmoore, der mäandrierenden Flüsse mit Altarmen, der Auenwälder, der ungezähmten Bergbäche und der nährstoffarmen Bergseen zusammen. Die heutige Kulturlandschaft ist ausschließlich vom Menschen ge-

Kalte, schnell fließende Bäche sowie Rinnsale der Mittelgebirge und der Alpen sind der Lebensraum der Quelljungfern.

Der Wasserhahnenfuß (Ranunculus aquatilis) gehört zu den Eiablagepflanzen vieler Schlanklibellen-Arten.

Der Gilbweiderich (Lysimachia vulgaris) blüht häufig an den Ufern von Flüssen, Seen und Teichen.

prägt. Nicht immer allerdings sind menschliche Eingriffe schädlich. Mit der Anlage von Hecken und Knicks hat der Mensch eines der artenreichsten ökologischen Systeme selbst geschaffen. Die Evolution hat nie „wegen Umbau geschlossen", wie es der Freiburger Evolutionsbiologe G. Osche ausdrückt. Auch heute passen sich fortwährend Arten den neuen Situationen an. Mit dem Entstehen der vom Menschen geschaffenen Kulturlandschaft haben sich viele Libellenarten zusätzlich neue Lebensräume erobert. Es sind Erfolgsarten wie die Gemeine Binsenjungfer (*Lestes sponsa*) oder die Hufeisen-Azurjungfer (*Coenagrion puella*), die auch mit Teichen und Tümpeln oder ausbetonierten Fließwasserrinnen zurechtkommen. Diese Arten sind deshalb Ubiquisten, weil sie die neue Situation besser zur Fortpflanzung nutzen können als stärker spezialisierte Arten. Sie sind im Erschließen neuer Ressourcen eben „konkurrenzlos" und deshalb erfolgreich. Warum stellen sich nicht die spezialisierten Libellenarten auf nährstoffreiche Teiche oder Tümpel um und sichern so ihre Zukunft?

Die Antwort ist: Sie können es nicht. Sie haben sich in Jahrmillionen auf bestimmte Lebensräume und deren Bedingungen (Temperatur, Salzgehalt, Nahrungsspektrum etc.) spezialisiert und eben dadurch einen Konkurrenzvorteil erlangt. Warum schaffen es aber einige Arten doch, in Minitümpeln, Betonrinnen oder Fischteichen zu leben? Die Antwort ergibt sich aus dem Vergleich von spezialisierten und euryöken Libellenarten innerhalb der einzelnen Familien:

	Artenzahl	
Familie	Spezialisten	Ubiquisten
Calopterygidae	2	0
Lestidae	6	2
Platycnemididae	1	0
Coenagrionidae	13	5
Aeshnidae	8	5
Gomphidae	6	1
Cordulegasteridae	2	0
Corduliidae	5	2
Libellulidae	12	10
Summe	55	25

Vergleicht man die Artenzahl innerhalb einer Familie mit der Anzahl der Spezialisten, ergibt sich eine statistisch hoch gesicherte lineare Beziehung. Je mehr Arten eine Familie aufweist, umso mehr spezialisierte Arten *und* umso mehr Generalisten treten nebeneinander auf. Es gibt also in jeder Familie Arten, deren Lebensstrategie es ist, nicht auf bestimmte Habitate spezialisiert zu sein. 55 unserer heimischen 80 Libellenarten, also 68,7 %, sind Formen, die auf bestimmte Habitate spezialisiert sind. Vergleicht man die Arten der Roten Liste mit obiger Aufstellung, stellt sich heraus, daß fast 100 % der spezialisierten Arten gefährdet sind. Von den Ubiquisten steht dagegen keine einzige Art in der Roten Liste.

Die folgende Aufstellung gibt darüber Auskunft, welche Lebensräume die einheimischen spezialisierten Libellenarten benötigen und welche Biotope daher vorrangig zu erhalten sind.

Prachtlibellen (Calopterygidae): Saubere Fließgewässer mit wechselnder Strömung von 2—6 cm/Sek. und flutenden Unterwasserpflanzen. Die Uferbereiche müssen schattige und sonnige Abschnitte aufweisen und reich mit Gräsern oder Schilf bewachsen sein.

Eine intakte Flußlandschaft mit mäandrierendem Wasserlauf. Hier leben in stillen Buchten Flußjungfern, Feder- und Prachtlibellen.

Binsenjungfern (Lestidae): Flache, sich rasch erwärmende Teiche und Weiher in Waldnähe mit ausgedehnter Verlandungszone, die in eine Riedfläche übergeht. Erlen oder Weiden müssen direkt am Ufer stehen.
Federfußlibellen (Platycnemididae): Saubere Bäche und Flüsse mit flutenden Unterwasserpflanzen. Lebensraum ähnlich dem der Prachtlibellen.
Schlanklibellen (Coenagrionidae): Hoch- und Niedermoore mit Moorschlenken, nährstoffarme Teiche und Seen mit reicher Schwimmblattvegetation. Außerdem schwach fließende Wiesengräben mit Unterwasservegetation.

Die Randbereiche junger, vegetationsarmer Teiche sind die Jagdzonen von Blaupfeil, Plattbauch und Vierfleck. Als typische Pionierarten besiedeln sie solche Lebensräume als erste.

Die Sumpfdotterblume (Caltha palustris) gedeiht an See- und Teichufern und auf feuchten Wiesen.

Edellibellen (Aeshnidae): Hochmoore in der Ebene und in den Hochlagen. Krebsscherenteiche oder -gräben. Teiche und Weiher mit ausgedehnter Schwimmblattvegetation.
Flußjungfern (Gomphidae): Wiesenbäche und unbelastete, unverbaute Oberläufe von Flüssen mit Geröllflächen und Sandbänken.
Quelljungfern (Cordulegasteridae): Klare Bergbäche mit Sickerwasserflächen und sonnenbeschienenen Seichtwasserstellen.
Falkenlibellen (Corduliidae): Alpine Hochmoore, Heidemoore und Hochmoore der Geest mit Sphagnumgewässern. Ausgedehnte Seggensümpfe an Klarwasserseen.
Segellibellen (Libellulidae): Reich entfaltete Verlandungszonen von Seen und Teichen, Schachtelhalm- und Seggensümpfe, nährstoffarme Sumpfwiesen, Heidemoore mit Gräsern.

Die Liste der Biotope unserer bedrohten Libellenarten zeigt, daß es vor allem *saubere, nährstoffarme* Gewässer sind, die Libellen zum Überleben benötigen. Wir müssen große Anstrengungen unternehmen, um belastete Gewässer wieder zu renaturieren und intakte Gewässer zu erhalten. Das bedeutet vor allem auch den partiellen Verzicht auf die Nutzung solcher Flächen als Erholungsgebiete sowie zum Wasser- oder Angelsport. Saubere Gewässer — das ist die einzige Zukunft von zwei Dritteln aller heimischen Libellenarten.

Die Moorlibellen: Leben unter extremen Bedingungen

Einst prägten die Hochmoore viele Landschaften Niedersachsens, Schleswig-Holsteins und Bayerns. Wie stille Oasen lagen sie mitten in der Kulturlandschaft und galten als lebensfeindlich. Seit Jahrzehnten werden sie entwässert, kultiviert und abgetorft. Von den einst 2 500 km^2 bedeckenden Hochmooren Niedersachsens sind heute gerade noch 10% übriggeblieben, und auch sie sind nicht mehr intakt, ihr Wasserhaushalt ist schon gestört. Erst jetzt, kurz vor dem endgültigen Ende der Hochmoore, begreift man ihren Wert: Moore sind einzigartige Lebensräume und Rückzugsgebiete für seltene, vom Aussterben bedrohte Pflanzen- und Tierarten. Sie sind die letzten Lebensinseln der Moorlibellen. Wie lassen sich diese Hochmoore kennzeichnen, welche Lebensbedingungen herrschen hier?

Unsere Moore sind Relikte der letzten Eiszeit. Pflanzenarten, die in anderen Lebensräumen nicht konkurrenzfähig waren, besiedelten grundwasserreiche Sümpfe. Die Torf- und Bleichmoose breiteten sich unter dem Einfluß eines niederschlagsreichen, kühlen Klimas aus und überzogen die Senken. Wie ein riesiger Schwamm hielten sie das Wasser fest. Absterbende Moosteile konnten unter

Hochmoore sind von Natur aus baumfrei. Vor den Fichten am Rand der eigentlichen Moorfläche erkennt man Wollgras (Eriophorum) und andere Sauergräser, im Vordergrund flutende Torfmoose (Sphagnum spec.).

Wasser nicht verfaulen, sie setzten sich am Senkengrund ab und bildeten mächtige Torflager. An der Wasseroberfläche wuchsen die Torfmoose weiter, wölbten das Moor auf und formten die typische uhrglasförmige Gestalt der Hochmoore.

Moore sind Biotope mit extremen Lebensbedingungen: Sie sind nährstoffarm, es fehlt weitgehend der lebensnotwendige Stickstoff, aus dem Aminosäuren und Eiweiße als Grundlagen des Lebens entstehen. Der Eintrag von Stickstoff erfolgt ausschließlich mit dem Regen und begrenzt somit pflanzliche und tierische Vielfalt. Hochmoore bestehen zu 90% aus sauerstoffarmem, saurem Wasser. Der Säurewert des Wassers schwankt ständig zwischen pH-Werten von 2 bis 6. (Die pH-Skala gibt den Gehalt an Wasserstoffionen an und reicht von 1 bis 14. Trinkwasser liegt bei pH 7, Essig etwa bei pH 2). Pflanzen und Tiere müssen also mit sehr saurem Wasser fertig werden, wenn sie in Mooren leben.

Extrem sind auch die Klimafaktoren. Während im Sommer tagsüber Lufttemperaturen von 30—40°C vorherrschen, können sie nachts auf 10—15°C absinken. Die von Huminsäuren dunkelbraun gefärbten Moorgewässer heizen sich am Tag an der Oberfläche bis auf 30°C auf, während in nur 15 Zentimetern Tiefe 10—15°C warmes Wasser vorherrscht. Derartig krasse Temperaturschichtungen zeigt kein anderes Gewässer.

Typische Moorpflanzen sind Wollgräser (Eriophorum spec., oben) und der Rundblättrige Sonnentau (Drosera rotundifolia, unten, in Knospe).

Die extremen Lebensbedingungen von Hochmooren haben dazu geführt, daß die Fauna im Vergleich mit anderen Feuchtgebieten sehr artenarm ist. Viele große Tiergruppen fehlen fast völlig. Dies gilt für Bodentiere wie Regenwürmer,

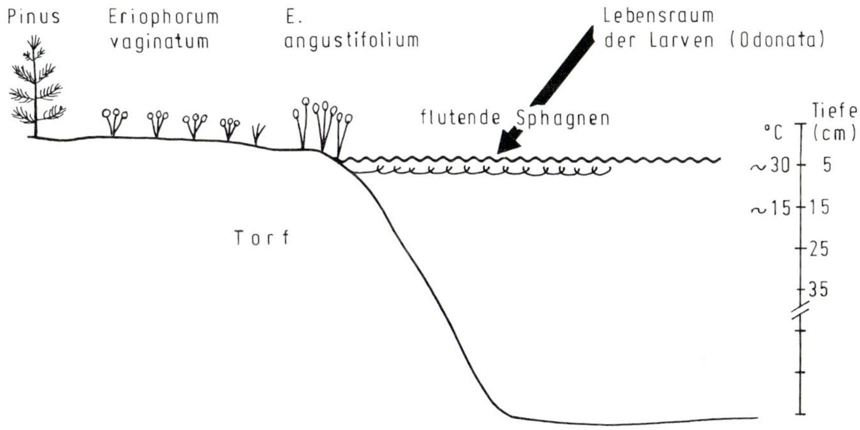

Schema eines Sphagnumgewässers

Asseln, Schnecken und Kleinsäuger. Ebenso fehlen Arten der Zwergstrauchschicht wie Heuschrecken und Grillen. Unter den Wasserbewohnern fehlen Eintagsfliegen, Steinfliegen, Amphibien und Fische. Es sind also nur wenige Spezialisten, die im Hochmoor leben. Man schätzt, daß nur etwa 100 bis 150 wirbellose Tierarten Moorbewohner sind. Das ist sehr wenig, wenn man bedenkt, daß Hecken und Knicks rund 7 000 Tierarten beherbergen.

Angesichts der schwierigen Lebensbedingungen und der allgemeinen Artenarmut ist es erstaunlich, daß rund 15% unserer Libellenarten im Hochmoor leben. Von den 80 in Deutschland nachgewiesenen Odonatenarten kommen zwölf ausschließlich oder teilweise in Mooren dieses Typs vor. Die Hochmoor-Mosaikjungfer (*Aeshna subarctica*) und die Kleine Moosjungfer (*Leucorrhinia dubia*) sind sogar ausschließlich an Torfgewässer gebunden. Diese Arten sind nicht flexibel. Fehlen Sphagnumgewässer, sterben sie aus.

Nur vier Gattungen stellen somit hochmoorbewohnende Arten. Die Gattung *Leucorrhinia* ist ausschließlich in Mooren und anmoorigen Gewässern zu finden. Bei *Somatochlora* und *Aeshna* sind auffallend viele Arten tyrphobiont (moorbewohnend). Die Kleinlibellen sind nur mit zwei Arten vertreten. Diese Artenanalyse zeigt, daß hauptsächlich die mobilen Großlibellen in der Lage waren, Moore, die inselartig in der Landschaft liegen, zu besiedeln. Ihre Verbreitung von Skandinavien bis zu den Hochmooren der Alpen und der Mittelgebirge deutet darauf hin, daß weniger geographische Aspekte als vielmehr moortypische Faktoren für das Vorkommen dieser Arten entscheidend sind.

Moorarten

Kleinlibellen (Zygoptera)

Hauben-Azurjungfer (*Coenagrion armatum*)
Speer-Azurjungfer (*Coenagrion hastulatum*)

Großlibellen (Anisoptera)

Alpen-Mosaikjungfer (*Aeshna caerulea*)
Torf-Mosaikjungfer (*Aeshna juncea*)
Hochmoor-Mosaikjungfer (*Aeshna subarctica*)
Alpen-Smaragdlibelle (*Somatochlora alpestris*)
Arktische Smaragdlibelle (*Somatochlora arctica*)
Östliche Moosjungfer (*Leucorrhinia albifrons*)
Zierliche Moosjungfer (*Leucorrhinia caudalis*)
Kleine Moosjungfer (*Leucorrhinia dubia*)
Nordische Moosjungfer (*Leucorrhinia rubicunda*)
Große Moosjungfer (*Leucorrhinia pectoralis*)

Wie werden die Moorlibellen mit den ökologischen Bedingungen dieser Extremstandorte fertig, welche Anpassungen erlauben ihnen hier das Überleben?

Im Gegensatz zur Kleinen Moosjungfer trägt die Nordische Moosjungfer (Leucorrhinia rubicunda) rötliche Flügelmale. Sie ist in den Mooren Norddeutschlands beheimatet.

Die Kleine Moosjungfer (Leucorrhinia dubia), eine typische Moorlibelle.

Die Anpassungen an wechselnde Säurewerte des Wassers sind bei Libellen kaum untersucht. Möglicherweise spielt saures Wasser für Libellenlarven nur eine untergeordnete Rolle. Großlibellen-Larven verfügen in ihrem Enddarm über sogenannte Chloridepithelien, das sind Ausstülpungen der Innenwand mit besonderen Zelltypen, die verschiedene Ionenkonzentrationen der Wohngewässer ausgleichen können. Schwieriger sind die Probleme mit den stark schwankenden Temperaturen. Sie beeinflussen Moorlibellen in zwei Lebensstadien. Die Imagines sind am Tage der Gefahr ausgesetzt, ihren Körper zu überhitzen. Vier Mechanismen helfen dabei, diese Gefahr zu mindern.

Libellen können den Haemolymphfluß (man spricht bei Insekten von Haemolymphe statt Blut) zwischen Brust und Hinterleib steuern. Das ermöglicht es ihnen, aufgeheizte Körperteile von innen her zu kühlen oder die Wärme im Körper umzuverteilen. Während des Fluges schalten Libellen oft den Flugmotor ab und gehen zum Gleitflug über. Dieses Verhalten vermeidet eine Überhitzung durch die wärmeabgebenden Flugmuskeln. Auch die Verlagerung der Aktivität hin zum kühleren Frühjahr schafft Überhitzungsprobleme aus der Welt. Schließlich hilft auch die Körperfarbe. Viele Moorlibellen sind sehr dunkel gefärbt. Man weiß zwar, daß sich dunkle Flächen noch mehr mit Wärme aufladen als helle, doch die Libellen lösen diesen scheinbaren Widerspruch durch ihr Verhalten. Mit dunklen Farben können wechselwarme Insekten schon früh am Morgen Wärme aufnehmen und so sehr früh am Tage fliegen, wenn es eigentlich für Insekten noch zu kühl ist. Den heißen Mittag verbringen die dunklen Moorlibellen oft ruhend im Schatten von Bäumen. Das ist der Grund, warum etwa die Mosaikjungfern eine Mittagsruhe einhalten, die vielen Libellenbeobachtern auffällt. Darüber hinaus tarnt die dunkle, oft noch gesprenkelte Körperfärbung die Moorlibellen vor dem dunklen Hintergrund der Hochmoorvegetation.

Paarungsrad der Torf-Mosaikjungfer (Aeshna juncea).

Lebensfeindlich ist auch die „zweidimensionale Pflanzenstruktur" von Hochmooren. Es fehlen Stengel, senkrecht stehende, hochragende Sprosse von Pflanzen, zur Ablage der Eier. Die Strukturarmut verhindert die Einwanderung solcher Arten, deren genetisch gesteuertes Verhaltensprogramm eine Eiablage in senkrechte Pflanzenstengel vorschreibt. In Mooren haben nur Libellenarten eine Chance, die frei über dem Wasser im Tanzflug die Eier abwerfen können oder die mit winzigen Torfmoosen zum Einstich auskommen.

Nicht minder leicht sind die klimatischen Probleme des Hochmoores für die Libellenlarven, die zwischen den flutenden Torfmoosen leben. Nach einem Grundsatz der Physik beschleunigt Wärme die Entwicklung des Lebens. Wären Moorlibellen ausschließlich an den Faktor Wärme in ihrer Entwicklung gekoppelt, wären die Larven bereits im Herbst voll entwickelt und würden an einem warmen Herbsttag schlüpfen. Das wäre verhängnisvoll, denn dann fehlte bald die Nahrung. Ein jäher Frost würde alles Libellenleben vernichten. Schwedische Libellenforscher haben entdeckt, daß die Tageslänge das Verhalten der jungen Larven steuert. Werden die Tage kürzer, stellen Junglarven der Kleinen Moosjungfer das Fressen ein. Sie wachsen nicht, auch wenn die warmen Moorgewäs-

Männchen der Östlichen Moosjungfer (Leucorrhinia albifrons).

ser eigentlich noch Nahrung böten. Das vermeidet Katastrophen, denn das Licht ist in unseren Breiten als Zeitgeber zuverlässiger als das Wetter. Erst das letzte Stadium, die schlüpfbereite Larve, ist wieder empfänglich für Wärme. So schaffen es die Moosjungfern, im Frühling wie auf Kommando zu schlüpfen.

Die komplizierten Lebensbedingungen von Mooren haben die Moorlibellen zu Spezialisten gemacht. Und gerade das wird ihnen zum Verhängnis. Die Moorzerstörung, die Torfgewinnung zur Verbesserung unserer Gartenerde, die Entwässerung der Moore, der Freizeitrummel in Mooren, — all das bringt diese hochspezialisierten Tiere in Gefahr. Mit einer Ausnahme (*Leucorrhinia dubia*) sind *alle* Moorlibellen in der Roten Liste als „vom Aussterben bedroht“, „stark gefährdet“ oder „gefährdet“ verzeichnet. Nur der rigorose sofortige Schutz unserer Restmoore kann 15% der heimischen Libellen, die Moorlibellen, retten. Es gibt heute bereits eine Reihe von Rettungsprogrammen für Moore. Erste Ergebnisse zeigen, daß es sich lohnt, auch teilweise abgetorfte Hochmoore wieder zu vernässen. Die Libellenarten kehren zurück, wenn rechtzeitig eingegriffen wird. Allerdings zeigt sich hier auch die Kehrseite der Medaille: Naturschutzprojekte, zum Beispiel eine Moorrekultivierung, ziehen Touristen an, Besucher, die

Die Hochmoor-Mosaikjungfer (Aeshna subarctica) trägt Tarnfarben, die das Tier vor dem Hintergrund fast unsichtbar werden lassen.

guten Glaubens das Erreichte bewundern wollen und oft auch finanziell fördern. Aber sie bringen auch Nährstoffe mit in Form von Abfällen und Fäkalien. In allen diesen „Produkten“ ist Stickstoff enthalten. Und Stickstoff ist der Tod der Moore, der Moorlibellen und der weiteren 150 Tierarten dieser extremen Lebensräume. Jahrmillionen hat es gedauert, bis sich Tierarten an die spezielle nährstoffarme Situation der Moore anpaßten und zu Moorspezialisten wurden. 15% der heimischen Libellen haben das geschafft. Wie wird ihre Zukunft aussehen?

Viele ökologische Fragen, deren Beantwortung ein klares Schutzkonzept ergeben könnte, sind noch offen: Wie groß müssen die Minimalareale typischer Moortiere sein, damit sie langfristig überleben können? Wie groß ist das Ausbreitungsvermögen von Hochmoorarten und damit die Chance der Wiederbesiedlung faunistisch verödeter Moore? Inwieweit können Maßnahmen steuernd und erhaltend eingreifen, um die Mannigfaltigkeit der Moorfauna zu bewahren und ihre Anfälligkeit gegen Störeinflüsse herabzusetzen?

Wir dürfen nicht dabei stehenbleiben, gefährdete Libellenarten in Rote Listen einzutragen. Der Schutz ihrer spezifischen Lebensräume muß Vorrang vor allen anderen Maßnahmen erhalten.

Die Flugzeiten: Beobachten nach Plan

Faunistische Bestandserhebungen von Libellen zu Naturschutzzwecken müssen möglichst genau sein. Dabei spielen nicht so sehr die Individuenzahlen eine Rolle (sie sind ohnehin schwer zu erfassen), als vielmehr die Artenzahl und der Nachweis der Bodenständigkeit. Die übliche Methode, die Libellenarten eines Biotops bei gelegentlichen Exkursionen oder mit Rasterkarten zu erfassen, liefert nur ungenaue, unbefriedigende Ergebnisse. Ein derartiges Vorgehen berücksichtigt nicht, daß die Libellenarten im Laufe ihres Lebens unterschiedliche Lebensräume (Jagdräume, Partnerfindungszonen, Paarungsräume, Eiablagebereiche) aufsuchen. Es berücksichtigt auch nicht, daß die Libellenarten eines Biotops unterschiedliche jahres- und tageszeitliche Aktivitätsmuster besitzen. Untersucht man die jahreszeitliche Aktivität, lassen sich schon innerhalb einer Libellenfamilie Frühjahrsarten, Sommerarten und Herbstarten unterscheiden und solche, die über vier bis fünf Monate im Habitat fliegen. Am Beispiel der Segellibellen (Libellulidae) sehen wir das deutlich: Die Frühe Heidelibelle (*Sympetrum fonscolombei*) fliegt ab der zweiten Maiwoche. Ihre Eiablagephase endet oft schon Ende Juni. Danach streifen die Imagines weit umher. Eine Arterfassung Mitte Juli, also im Hochsommer, würde diese gefährdete Libellenart nur unzureichend, wenn überhaupt, erfassen. Ein zweites Beispiel: Die Sumpf-Heidelibelle (*Sympetrum depressiusculum*) schlüpft zwar schon Mitte Juni, ihre Hauptaktivität (Paarung/Eiablage) findet aber erst im August statt. Eine einzige Erfassung, etwa im Juli, würde auch an dieser stark gefährdeten Art vorbeigehen oder falsche Daten über Häufigkeit und Bruterfolg liefern.

Die beiden Beispiele zeigen schon, daß die Erfassung von Libellen einer jahreszeitlichen Planung bedarf. Von Anfang Mai (bei Winterlibellen schon von März/April) bis Ende September müssen bei optimalem Wetter monatlich mindestens eine, besser zwei Begehungen eines Biotops erfolgen, um vernünftige Aussagen über das Vorkommen der dort zu erwartenden Arten erstellen zu können. Und noch etwas ist wichtig:

Untersucht man die Eiablage-Aktivität von Libellen, die ja für den Nachweis der Bodenständigkeit einen zentralen Stellenwert einnimmt, unter dem Gesichtspunkt ihrer tageszeitlichen Verteilung, dann lassen sich vier Typen unterscheiden: Eiablage am Vormittag (meist Sommerarten), Eiablage am Nachmittag (meist Herbstarten), Eiablage während des ganzen Tages (meist euryöke Arten) und „biomodales" zeitliches Eiablagemuster (Aeshniden sind meist vormittags und nachmittags aktiv, halten aber Mittagsruhe). Bei den Begehungen eines Biotops zur Libellenerfassung sind also auch noch die Tageszeiten zu berücksichtigen. Deshalb sollte man bei gutem Wetter pro Monat mindestens je eine Begehung etwa um 10 bis 11 Uhr, die andere gegen 13 bis 14 Uhr einplanen.

Um derartige Planungen zu erleichtern, wurde Wert darauf gelegt, bei der Besprechung der Arten (Kapitel „Die Arten") auch die *Uhrzeit* ihrer Schlupfphase, der Paarungs- und der Eiablagerhythmik anzugeben. Wo bisher Daten vorliegen, sind die Angaben jeweils erfolgt.

Schließlich gilt es, einen letzten Punkt zu berücksichtigen, der für Bestandserfassungen sehr wichtig ist. Während der Fortpflanzung zeigen viele Libellenarten räumliche Strukturpräferenzen innerhalb ihres Habitats. Dafür einige Beispiele: Partnerfindung, Paarung und Eiablage der Weidenjungfer (*Chalcolestes viridis*) finden nur an Weiden-, Erlen- und anderen Büschen statt, in deren unmittelbarer Nähe *hohe* Büsche, Bäume oder ein Waldrand riegelartig den Zugang der Weibchen zum Wasser versperren. Im Erlanger Teichgebiet und elf anderen untersuchten Gebieten waren bis zu 120(!) geeignete Eiablagebüsche ohne ein einziges Individuum dieser Art. Dort, wo die Struktur „stimmt", versammeln sich dagegen *alle* Individuen von *Chalcolestes viridis*. Dieser Befund gilt für viele Arten wie *Lestes sponsa*, *Sympetrum*-Arten und vor allem für Coenagrioniden, die ebenfalls bestimmte Habitatzonen bevorzugen. Am Schierenseebach nahe Kiel legten 1985 die Arten *Pyrrhosoma nymphula* und *Platycnemis pennipes* nur in einem Bereich von etwa 20 bis 30 Metern ab, obwohl der Bach etwa einen Kilometer lang ist. Hier „stimmte" eben die Struktur.

Die Schlußfolgerung aus diesen Erkenntnissen muß sein, daß Libellenerfassungen die spezifischen Strukturpräferenzen der einzelnen Arten (Schwimmblattzone, Schilfzone, freies Wasser, Rohrkolbenzone etc.) gesondert berücksichtigen müssen. Zusammenfassend läßt sich sagen: Brauchbare Bestandserhebungen müssen sich an der Flugzeit, der tageszeitlichen Aktivität und der räumlichen Präferenz der Libellen orientieren. Und noch ein Wort zum Wetter: Erfahrene Insektenforscher gehen bei glühender Sonne nach Hause. Die meisten Insekten haben sich dann nämlich verkrochen. Optimales Wetter für den Entomologen sind schwülwarme Sonnentage mit diffuser Bewölkung ohne Schlagschatten. „Insektenwetter" nennen es die Insider.

Im Anschluß finden Sie die Flugzeitendiagramme aller 80 in Deutschland vorkommenden Arten. Die Zusammenfassung so unterschiedlicher Klimabereiche, wie sie im Rheingraben, im atlantisch geprägten Schleswig-Holstein und in den alpinen Kälteregionen vorherrschen, bringt es mit sich, daß die Anfangs- und Schlußdaten der Libellenflugzeiten um zwei Wochen differieren können. Entsprechendes gilt für die übrigen Länder West- und Mitteleuropas, die hier zwar nicht explizit berücksichtigt sind, für die die Übersicht jedoch ebenso Gültigkeit hat. In der Mitte der Flugzeit liegt meist auch die richtige Beobachtungszeit — Beobachten nach Plan eben.

Die Flugzeiten der heimischen Libellen

	März	April	Mai	Juni	Juli	Aug.	Sept.	Okt.	Nov.
Prachtlibellen (Calopterygidae)									
Blauflügel-Prachtlibelle *(Calopteryx virgo)*			●●●●	●●●●	●●●●	●●●○			
Gebänderte Prachtlibelle *(Calopteryx splendens)*			●●●	●●●●	●●●●	●●●●	●●●○		
Binsenjungfern (Lestidae)									
Gemeine Winterlibelle *(Sympecma fusca)*	○●●	●●●●	●●●●	●●●	●●	●●●●	●●●●	●●●●	●●○○
Sibirische Winterlibelle *(Sympecma paedisca)*	○●●	●●●●	●●●●	●●●●		●●●●	●●●●	●●●●	○○○○
Dunkle Binsenjungfer *(Lestes macrostigma)*			●●●	●●●●	●●●●	●●●●	●●●		
Gemeine Binsenjungfer *(Lestes sponsa)*			●●	●●●●	●●●●	●●●●	●●●●	●●●●	
Südliche Binsenjungfer *(Lestes barbarus)*				●●	●●●●	●●●●	●●●●	●●	
Glänzende Binsenjungfer *(Lestes dryas)*				●	●●●●	●●●●	●●●●		

	März	April	Mai	Juni	Juli	Aug.	Sept.	Okt.	Nov.
Weidenjungfer *(Chalcolestes viridis)*					●●●●	●●●●	●●●●	●●●●	
Kleine Binsenjungfer *(Lestes virens)*					●●	●●●●	●●●●	●●●	
Federlibellen (Platycnemidae)									
Federlibelle *(Platycnemis pennipes)*			●●●	●●●●	●●●●	●●●●	●●●		
Schlanklibellen (Coenagrionidae)									
Frühe Adonislibelle *(Pyrrhosoma nymphula)*		●●	●●●●	●●●●	●●●●	●●			
Gemeine Pechlibelle *(Ischnura elegans)*			●●●●	●●●●	●●●●	●●●●	●●●●		
Becher-Azurjungfer *(Enallagma cyathigerum)*			●●●●	●●●●	●●●●	●●●●	●●●		
Speer-Azurjungfer *(Coenagrion hastulatum)*			●●●●	●●●●	●●				
Fledermaus-Azurjungfer *(Coenagrion pulchellum)*			●●●●	●●●●	●●●●	●●●●	●●		
Hufeisen-Azurjungfer *(Coenagrion puella)*			●●●●	●●●●	●●●●	●●●●	●●●●		
Großes Granatauge *(Erythromma najas)*			●●●●	●●●●	●●●●	●●●●	●●		
Hauben-Azurjungfer *(Coenagrion armatum)*			●●●	●					
Kleine Pechlibelle *(Ischnura pumilio)*			●●	●●●●	●●●●	●●●●	●●		
Vogel-Azurjungfer *(Coenagrion ornatum)*			●●	●●●●	●●●●				
Helm-Azurjungfer *(Coenagrion mercuriale)*			●●	●●●●	●●●●	●●			
Zwerglibelle *(Nehalennia speciosa)*			●●	●●●●	●●●				
Mond-Azurjungfer *(Coenagrion lunulatum)*				●●●●					
Gabel-Azurjungfer *(Coenagrion scitulum)*				●●●●					
Späte Adonislibelle *(Ceriagrion tenellum)*				●●●	●●●●	●●●●	●●		
Kleines Granatauge *(Erythromma viridulum)*				●●●	●●●●	●●●●	●●		
Sibirische Azurjungfer *(Coenagrion hylas)*				●●	●●●●				
Pokal-Azurjungfer *(Coenagrion lindeni)*				●●	●●●●	●●●●	●●		
Edellibellen (Aeshnidae)									
Kleine Mosaikjungfer *(Brachytron pratense)*			●●●●	●●●●	●●●				
Schabrackenlibelle *(Hemianax ephippiger)*			●●●●	●●●●					
Keilflecklibelle *(Aeshna isosceles)*			●●	●●●●	●●●●	●●			
Kleine Königslibelle *(Anax parthenope)*			●●	●●●●	●●●●	●●●●	●●●		

	März	April	Mai	Juni	Juli	Aug.	Sept.	Okt.	Nov.
Torf-Mosaikjungfer *(Aeshna juncea)*				●●●	●●●●	●●●●	●●●●	●●●	
Blaugrüne Mosaikjungfer *(Aeshna cyanea)*				●●●	●●●●	●●●●	●●●●	●●●●	●●
Große Königslibelle *(Anax imperator)*				●●●	●●●●	●●●●			
Braune Mosaikjungfer *(Aeshna grandis)*				●●	●●●●	●●●●	●●●●		
Alpen-Mosaikjungfer *(Aeshna coerulea)*					●●●●	●●●●	●●		
Grüne Mosaikjungfer *(Aeshna viridis)*					●●●●	●●●●	●●●●		
Südliche Mosaikjungfer *(Aeshna affinis)*					●●●●	●●●●			
Hochmoor-Mosaikjungfer *(Aeshna subarctica)*					●●●	●●●●	●●●		
Herbst-Mosaikjungfer *(Aeshna mixta)*					●●	●●●●	●●●●	●●●●	●●
Flußjungfern (Gomphidae)									
Gemeine Keiljungfer *(Gomphus vulgatissimus)*			●●●●	●●●●	●●●●				
Westliche Keiljungfer *(Gomphus pulchellus)*			●●●	●●●●	●●●●				
Kleine Zangenlibelle *(Onychogomphus forcipatus)*			●●	●●●●	●●●●				
Große Zangenlibelle *(Onychogomphus uncatus)*				●●●●	●●●●				
Asiatische Keiljungfer *(Gomphus flavipes)*				●●●	●●●●	●●●●	●●●●		
Grüne Keiljungfer *(Ophiogomphus serpentinus)*				●●●	●●●●	●●●●	●●●●	●●	
Gelbe Keiljungfer *(Gomphus simillimus)*					●●	●●●			
Quelljungfern (Cordulegasteridae)									
Gestreifte Quelljungfer *(Cordulegaster bidentatus)*			●●	●●●●	●●●●				
Zweigestreifte Quelljungfer *(Cordulegaster boltoni)*				●●●●	●●●●	●●●●			
Falkenlibellen (Corduliidae)									
Gemeine Smaragdlibelle *(Cordulia aenea)*			●●●●	●●●●	●●●●	●●			
Glänzende Smaragdlibelle *(Somatochlora metallica)*			●●	●●●●	●●●●	●●●●	●●●		
Gefleckte Smaragdlibelle *(Somatochlora flavomaculata)*			●●	●●●●	●●●●	●●●●			
Zweifleck *(Epitheca bimaculata)*			●●	●●●					
Alpen-Smaragdlibelle *(Somatochlora alpestris)*				●●●●	●●●●	●●●●	●●●		
Arktische Smaragdlibelle *(Somatochlora arctica)*				●●●	●●●●	●●●●	●●●		
Gekielte Smaragdlibelle *(Oxygastra curtisi)*				●●●	●●●●	●●			

	März	April	Mai	Juni	Juli	Aug.	Sept.	Okt.	Nov.
Segellibellen (Libellulidae)									
Nordische Moosjungfer *(Leucorrhinia rubicunda)*		••	••••	••••	••				
Vierfleck *(Libellula quadrimaculata)*			••••	••••	••••	•••			
Plattbauch *(Libellula depressa)*			••••	••••	••••	••			
Kleine Moosjungfer *(Leucorrhinia dubia)*			••••	••••	••••	•••			
Große Moosjungfer *(Leucorrhinia pectoralis)*			••••	••••	••••				
Frühe Heidelibelle *(Sympetrum fonscolombei)*			•••	••••	••••				
Spitzenfleck *(Libellula fulva)*			•••	••••	••••				
Östliche Moosjungfer *(Leucorrhinia albifrons)*			•••	••••	••••				
Kleiner Blaupfeil *(Orthetrum coerulescens)*			••	••••	••••	••••			
Großer Blaupfeil *(Orthetrum cancellatum)*			••	••••	••••	••••	•••		
Südlicher Blaupfeil *(Orthetrum brunneum)*				••••	••••	••			
Östlicher Blaupfeil *(Orthetrum albistylum)*				••••	•••				
Zierliche Moosjungfer *(Leucorrhinia caudalis)*				••••	••••	••			
Feuerlibelle *(Crocothemis erythraea)*				•••	••••	•••			
Gefleckte Heidelibelle *(Sympetrum flaveolum)*				••	••••	••••	••••		
Blutrote Heidelibelle *(Sympetrum sanguineum)*				••	••••	••••	••••	••••	••
Gemeine Heidelibelle *(Sympetrum vulgatum)*					••••	••••	••••	••••	
Schwarze Heidelibelle *(Sympetrum danae)*					•••	••••	••••	••••	••
Gebänderte Heidelibelle *(Sympetrum pedemontanum)*					•••	••••	••••	••	
Sumpf-Heidelibelle *(Sympetrum depressiusculum)*					•••	••••	••••	•••	
Südliche Heidelibelle *(Sympetrum meridionale)*					••	••••	••••		
Große Heidelibelle *(Sympetrum striolatum)*					••	••••	••••	••••	

Gefährdung und Schutz: wie lange noch?

Die Bilanz ist erschreckend: 66,2 %, also zwei Drittel aller heimischen Libellenarten, sind in der Roten Liste, dem Sterberegister unserer Tier- und Pflanzenwelt, aufgelistet. Zwei Drittel, das sind 53 von 80 in Deutschland vorkommenden Libellenarten. Selbst wenn man die acht „potentiell gefährdeten" Arten, also diejenigen, die vorübergehend in unseren Gewässern brüten oder bei uns als Irrgäste auftreten, aus der Wertung nimmt, bleiben immer noch 61 %, deren Überleben gefährdet ist. Dieser Trend des rapiden Rückgangs ist nicht allein in der Bundesrepublik zu verzeichnen. Er gilt für die übrigen Länder Mitteleuropas ebenso. In der Tabelle auf S. 171 sind die Arten je nach Gefährdungsgrad für die BRD, die österreichische Steiermark und für die Schweiz aufgelistet. In allen Ländern liegen die Gefährdungsraten nahe 50 % oder sogar deutlich darüber. Wie kam es zu diesem alarmierenden Artenrückgang unserer Libellen innerhalb der letzten 20 Jahre?

Die Ursachen für den drastischen Bestandsrückgang bei den Libellen sind längst klar erkannt. Alle Libellen sind zumindest als Larve auf Gewässer angewiesen. Aber gerade in diese Lebensräume greift der Mensch immer wieder grundlegend ein. Viele Kleingewässer werden gedankenlos mit Müll verfüllt oder mit Bauschutt zugekippt, Bäche und Flüsse dienen als Vorfluter für menschliche Abfälle oder werden mit Düngemitteln eutrophiert. Besonders aufschlußreich ist die Auflistung der bei uns vom Aussterben bedrohten Libellenarten und ihrer Lebensräume, an die sie ökologisch auf Gedeih und Verderb gebunden sind:

vom Aussterben bedrohte Arten	Lebensraum
Ceriagrion tenellum	Hochmoor
Coenagrion armatum	Moor
Coenagrion mercuriale	Wiesenbäche
Coenagrion ornatum	Wiesenbäche
Nehalennia speciosa	Seggen-Schwingrasen
Aeshna coerulea	Alpine Hochmoore
Aeshna viridis	Flachmoore mit Krebsschere
Gomphus vulgatissimus	Wiesenbäche
Onychogomphus forcipatus	Bäche, Flüsse
Onychogomphus uncatus	Bäche, Flüsse
Ophiogomphus serpentinus	Bäche, Flüsse
Cordulegaster bidentatus	Bergbäche
Epitheca bimaculata	Klarwasserseen
Somatochlora alpestris	Alpine Hochmoore
Leucorrhinia albifrons	Moorseen

Die Lebensräume der 15 vom Aussterben bedrohten Libellenarten lassen sich zwei Biotop-Typen zuordnen: Zum einen sind es Moore und zum anderen saubere, sauerstoffreiche Fließgewässer. Die vom Aussterben bedrohten Arten leben etwa zur Hälfte jeweils in den genannten Lebensräumen. Was ist mit diesen Lebensräumen geschehen? Allein in Schleswig-Holstein existierten früher etwa 45 000 ha ungestörter Hochmoore. Heute sind noch etwa 5 600 ha vorhanden, also etwa 12 % der ursprünglich zur Verfügung stehenden Flächen. Fast 90 % wurden durch Torfabbau zerstört, durch Dränage trockengelegt oder durch

Nährstoffeintrag von den immer dichter heranrückenden Agrarflächen überdüngt und damit unwiederbringlich verändert. Was die Evolution der letzten 250 Millionen Jahre hervorgebracht hat, nämlich die Spezialisierung der Moorlibellen auf dieses nährstoffarme, klimatisch extreme Biotop, wird diesen Tieren jetzt zum Verhängnis. Sie sind Spezialisten und somit nicht anpassungsfähig an neue, sich verändernde Situationen.

	BRD	Österreich (Steiermark)	Schweiz
Ausgestorben	2	4	13
vom Aussterben bedroht	15	—	14
stark gefährdet	12	3	9
gefährdet	16	4	8
potentiell gefährdet	8	18	—
ohne Gefährdung	27	35	29
Summe der nachgewiesenen Arten	80	64	73
gefährdete Arten (%)	66,2 %	45,3 %	60,3 %

Das gleiche gilt für die Fließwasserarten. Die Larven der Prachtlibellen *Calopteryx splendens* und *C. virgo* sind so eng an bestimmte Fließgeschwindigkeiten und den daran gekoppelten Sauerstoffgehalt gebunden, daß Bach- und Flußregulierungen sich verheerend auswirken. Sie sterben aus, weil ihre Situation sich drastisch verändert hat. Der naturfremde Ausbau und die naturfremde, meist pflegeleichte Unterhaltung der Fließgewässer ließen Bereiche mit langsamer und schneller Strömungsgeschwindigkeit (und damit unterschiedlichen Sauerstoffbedingungen) verlorengehen. Wiesengräben wurden verrohrt und damit ebenfalls Lebensräume vernichtet. Der hohe Freizeitwert von Flüssen sorgte für eine übernatürlich hohe Dichte von Anglern, die beim Einholen und Auswerfen der Haken die Pflanzen für die Eiablage und die Verstecke der Larven beeinträchtigen. Die Nutzung von Gräben, Bächen und Flüssen als Abwässerkanäle hat die chemische und pflanzliche Struktur dieser Gewässer so nachhaltig verändert, daß Fließwasserlibellen ihren Lebensraum weitgehend verloren haben.

Bezieht man in die Analyse des Artenrückgangs die Arten ein, die „lediglich“ gefährdet sind, ist es vor allem die drastische Abnahme ungestörter Schwimmblattzonen an stehenden Gewässern, die zum Bestandsrückgang der Tiere beiträgt. Intensivierung der Teichwirtschaft mit zu hohem Fischbesatz, überhöhter Nährstoffeintrag und intensiver Wassersport sind die klar nachweisbaren Faktoren, die für den alarmierenden Rückgang dieser Libellen verantwortlich sind.

Alle diese Faktoren zusammen verschlechtern die Lebensbedingungen für Libellen und andere wasserbewohnende Tiergruppen wie beispielsweise Amphibien derart, daß spezielle Artenschutzprogramme für sie aufgestellt werden mußten. Grundlage des Artenschutzes ist bei uns die *Bundesartenschutzverordnung* vom 25. August 1980. Gemäß dieser Verordnung sind *alle* einheimischen Libellenarten geschützt. Es ist verboten, sie zu fangen, zu verletzen, zu töten oder ihre Eier und Larven aufzunehmen, zu zerstören oder zu beschädigen.

Besonders dringlich ist der Schutz für folgende Libellenarten, die im Verordnungstext eigens hervorgehoben werden:

Alpen-Mosaikjungfer	*Aeshna coerulea*
Grüne Mosaikjungfer	*Aeshna viridis*
Späte Adonislibelle	*Ceriagrion tenellum*
Hauben-Azurjungfer	*Coenagrion armatum*
Vogel-Azurjungfer	*Coenagrion ornatum*
Gestreifte Quelljungfer	*Cordulegaster bidentatus*
Gemeine Keiljungfer	*Gomphus vulgatissimus*
Östliche Moosjungfer	*Leucorrhinia albifrons*
Große Zangenlibelle	*Onychogomphus uncatus*
Grüne Keiljungfer	*Ophiogomphus serpentinus*
Südlicher Blaupfeil	*Orthetrum brunneum*

Wenn auch der generelle Schutz aller Libellenarten nach der Bundesartenschutzverordnung Probleme mit sich bringt, ist er doch ein wichtiger Meilenstein auf dem Weg zur Erhaltung oder Rückgewinnung intakter Naturräume und deren Arteninventar. Problematisch bleibt zum Beispiel das Verbot des Fangens von Libellen für die Ausbildung von Biologen an den Hochschulen. Ein angehender Biologe *muß* Tiere unter dem Mikroskop untersuchen, Versuche zum Verhalten, zur Klärung ihrer Lebensansprüche und zur vergleichenden Untersuchung ihrer Anatomie anstellen. Nur von Biologen kommt das Wissen, das dazu beiträgt, Tiere in ihrer spezifischen Umwelt zu erhalten.

Ebenso genügt es nicht, gefährdete Tierarten in Roten Listen zusammenzufassen. Alles verfügbare Wissen muß zusammengetragen, zu einem „Lebensbild“ zusammengefügt und als Richtlinie zum Schutz der Tiere und ihrer Lebensräume für die politischen Entscheidungsträger wie Verwaltungs- und Planungsbehörden aufbereitet werden. Diese praxisbezogenen Anforderungen und die Möglichkeit ihrer Verwirklichung sind die Aufgaben der in den Bundesländern geschaffenen Landesämter für Naturschutz. Da die Erfassung von wertvollen Naturräumen, ihre Kartierung und die Einbeziehung in Planungsvorhaben nicht nur Libellen, sondern alle gefährdeten Tier- und Pflanzenarten betrifft

Die Weiße Seerose (Nymphaea alba) ist eine wichtige Eiablagepflanze für viele Libellen der Schwimmblattzone, zum Beispiel für das Große Granatauge (Erythromma najas).

und da von allen diesen Gruppen zuverlässiges Datenmaterial benötigt wird, ist der Bearbeitungsstand in den einzelnen Bundesländern unterschiedlich. Und da Libellen als auffällige und relativ leicht zu erfassende Bioindikatoren für die ökologische Bewertung von Feuchtgebieten eine große Rolle spielen, sei hier der Stand der Bearbeitung der Artenschutzprogramme für die einzelnen Bundesländer (Stand 1983) wiedergegeben, soweit er von seiten der zuständigen Behörden vorgenommen worden ist.

Die Tabelle zeigt, daß in fast allen Bundesländern Artenhilfsprogramme bestehen oder gerade erarbeitet werden. Allerdings gibt es wesentliche Unterschiede hinsichtlich der Detailgenauigkeit und der Zielrichtung. Nur in Bayern und Berlin sind umfassende, meist unmittelbar vor Ort wirksame Schutzprogramme vorgesehen. In diesen Bundesländern geht es also bereits um sehr konkrete Schutzbemühungen, die etwa ein Moor, ein Teichgebiet oder einen Bachlauf zur Rettung der Flußperlmuschel (*Margaritifera margaritifera*) und der Quelljungfern (*Cordulegaster spp.*) betreffen.

	Aufstellung gesetzl. vorgeschrieben	Bearbeitung geplant/ begonnen	unveröffentlichte Arbeitspapiere	Teile veröffentlicht	vorwiegend Artenhilfsprogramme	umfassendes Artenschutzprogramm in Arbeit
Baden-Württemberg	§ 28 NatSchG	●			●	
Bayern			●			●
Berlin	§ 28 NatSchGBln		●			●
Bremen		●			●	
Hamburg	§25 HmbNatSchG	●			●	
Hessen		●			●	
Niedersachsen	§ 4 NNatG	●			●	
Nordrhein-Westfalen			●		●	
Rheinland-Pfalz	§ 15 LPflG	●			●	
Saarland	§ 8 SNG		●	●		●
Schleswig-Holstein		●			●	

Alle behördlichen Artenschutzprogramme sind undenkbar ohne die freiwillige Mithilfe naturinteressierter Bürger, von Naturschutzverbänden oder Jugendorganisationen, die helfen, die Zielkonflikte zwischen Naturerhaltung und deren Nutzung zu lösen. Die Adressen einschlägig relevanter Naturschutzorganisationen finden Sie am Ende des Buches.

Was kann man als interessierter Laie tun, um an Arterhaltungsprogrammen für Libellen und andere gefährdete Tierarten mitzuwirken?

Bestandserfassung

Die wichtigste Hilfe bei der Beurteilung der Qualität eines Libellengewässers ist die Erfassung der dort vorkommenden Arten. Es gibt grundsätzlich zwei Möglichkeiten, die Verbreitung von Libellenarten darzustellen — die Fundortkarte und die Fundortliste. Beide Verfahren haben Vor- und Nachteile. Am besten ist es, man kombiniert die beiden Methoden miteinander. Bei der Fundortkarte werden auf topographischen Karten im Maßstab 1:50 000 oder 1:100 000 alle Libellenarten pro Planquadrat erfaßt und notiert. Derartige Fundortübersichten dienen der Analyse großflächiger Libellenvorkommen und werden später computerunterstützt ausgewertet. Solche Rasterkartierungen liegen bereits für England, Holland und Teile der Bundesrepublik vor. Sie geben Auskunft über die aktuelle großräumige Verbreitung der Libellenarten. In Deutschland werden derartige Untersuchungen in dem Projekt zur „Erfassung der europäischen Wirbellosen" (Leitung Prof. P. Müller, Universität Saarbrücken) durchgeführt. So wichtig das Projekt zur großflächigen Erfassung und Bewertung von Naturräumen auch ist, für den Naturschützer vor Ort, in einer Gemeinde oder in einem Kreis, ist es viel zu grob. Im Wirkungskreis eines engagierten Naturschützers oder Libellenkundlers geht es darum, ein Moor, einen Teich oder einen intakten Bachlauf zu erhalten. Hier helfen nur Fundortlisten weiter.

Fundortlisten, besser: Erfassungsbögen für Libellenbiotope, müssen folgende Daten erfassen:
Ort, Datum, Tageszeit, Bearbeiter. Ferner gehören dazu Angaben über:

Lebensraumtyp:	Graben, Bach, Fluß, Seggenried, Kleingewässer, Teich, Weiher, Moor, Baggersee, Kiesgrube, See
Umgebung:	Feuchtwiesen, Wald, Weidengebüsch, intensiv genutztes Ackerland
Zustand:	natürlich, genutzt, Erholungsverkehr usw.
Vegetation:	Unterwasserpflanzen, Schwimmblattzone, Verlandungsvegetation, Röhrichtgürtel, Schilfgürtel, Algenwatten, Torfmoose usw.
Arten:	Imagines beobachtet, Schlupf, Paarung, Eiablage beobachtet
Bemerkungen:	sonstige Tiere, Fotos, Belege, Schutzstatus usw.

Derartige Erfassungsbögen sind die wichtigsten Planungsunterlagen der unteren Naturschutzbehörden. Sie werden seit Jahren für Pflanzenarten erstellt und ausgewertet. Für Amphibien oder gar Insekten wie etwa Libellen sind sie leider noch Mangelware. Die Voraussetzung für einen Nachweis ist natürlich das sichere Ansprechen von Arten. Da das Bestimmen von Insekten im Flug nur dem Fachmann überlassen werden sollte, empfiehlt es sich, Fotos zu machen oder notfalls die Libellen zu fangen und möglichst lebend zu bestimmen. Aus der Sicht des Libellenschutzes ist es am besten, Exuvien, also die Larvenhäute geschlüpfter Libellen, zu sammeln. Das Einsammeln der leeren Larvenhäute schadet den Libellen nicht, gibt sichere Bestimmungsmöglichkeiten nach dem im Buch abgedruckten Larvenschlüssel und erlaubt gleichzeitig Rückschlüsse auf den Bruterfolg von Libellen in einem Biotop.

Genau so wichtig wie die Erfassung von Arten in einem Biotop ist die Abschätzung der Populationsgröße. Nach den Gesetzen der Inselökologie, die später behandelt werden, ist es entscheidend, ob eine Libellenart nur in wenigen Individuen auftritt oder ein eigenständiges „Volk", eine Population, bildet. Meist genügt es, aufzuzählen, wie viele Tiere, Paarungen oder Eiablagen man während des Beobachtungszeitraumes gesehen hat. Und genau hier liegt das Problem bei Libellenerfassungen. Einzelne Arten wie etwa *Aeshna cyanea* tauchen an einem Minitümpel nur in Einzelindividuen auf. Der Beobachter registriert ein Männchen innerhalb einer halben Stunde an einem isolierten Wasserloch. „Nicht schützenswert" lautet dann oft der Schluß der Planungsbehörden. In Wahrheit besucht die Blaugrüne Mosaikjungfer ein weit verstreutes System von solchen isolierten Wasserlöchern in der Landschaft. Zu einem kleinen Wasserloch gehört unter Umständen eine Population von 100 bis 200 *Aeshna cyanea*-Exemplaren, was sich aus den Gelegenheitsbeobachtungen niemals schließen läßt. Der Ökologe H. Kaiser fing die Imagines dieser Art und markierte sie an den Flügeln mit farbigem Nagellack. Das schadet den Libellen nicht, sie können gut weiterfliegen. Er fand heraus, daß die Männchendichte an einem Teich deren Anwesenheitsdauer regelt:

Sind nur wenige Männchen anwesend, wird der Patrouillenflug eines neu eintreffenden Tieres länger ausfallen, sind aber bereits mehrere Artgenossen am Ort, verweilen neu angekommene Tiere nur kurze Zeit im Gebiet. Es ist also nicht richtig, aus der momentanen Präsenz einer Libelle auf eine schwache Libellenpopulation zu schließen. Statt dessen kann man mit Hilfe der Markierungsmethode in Verbindung mit einer einfachen Formel die Gesamtpopulation abschätzen. Dieser sogenannte Lincoln-Index ist leicht zu berechnen. Er lautet:

$$P = \frac{M \cdot N}{R}$$

Die Symbole stehen dabei für folgende Größen:

P = Populationsgröße
M = markierte freigelassene Tiere
N = gesamter Rückfang (nach einem oder mehreren Tagen)
R = Rückfang markierter Tiere

Die Anwendung dieser einfachen Formel hat jedoch einige Tücken: So muß die Zahl markierter Tiere relativ hoch sein, am besten weit über 100. Der Rückfang muß zufällig sein, das heißt markierte Tiere dürfen nicht gezielt herausgefangen werden. Und schließlich sollte die Rückfangrate an markierten Tieren mindestens 20 % der ursprünglich gekennzeichneten Tiere betragen.

Sind diese Forderungen erfüllt, ergibt der Lincoln-Index recht gute Schätzungen einer Libellenpopulation. In der Regel eignet sich dieser Test vor allem für relativ ortstreue Libellen wie Arten der Gattungen *Sympetrum*, *Lestes*, *Coenagrion*, *Enallagma* oder *Ischnura*. Für die hochmobilen Großlibellen wie etwa die Aeshniden oder die Gomphiden ist dieser Test schwer anzuwenden, da man zu wenige Tiere fangen kann, Kleinlibellen dagegen lassen sich oft im Sitzen markieren, ohne daß man sie fangen muß. In einem solchen Versuch ließen sich beispielsweise während der Eiablage von *Chalcolestes viridis* leicht 380 Individuen innerhalb von zwei Tagen markieren. Die Ergebnisse sagten aus, daß bei dieser Art schon 200 Paare eine stabile und damit schützenswerte Lokalpopulation bilden. Für alle Libellenerfassungen ist es wichtig, daß sie mehrmals pro Jahr vorgenommen werden, um Frühjahrs-, Sommer- und Herbstarten erfassen zu können.

Erhaltungsmaßnahmen

Der beste Weg, Libellen zu schützen, ist die Erhaltung intakter, langfristig funktionierender Lebensräume. Dort, wo sich Tierarten seit langer Zeit erfolgreich aufhalten, haben sie ihr Habitat gefunden, haben sie sich etabliert. Derartige Populationen beanspruchen meist große, intakte Lebensräume, etwa Bachsysteme (*Gomphus*-Arten) oder Moore (*Leucorrhinia*-Arten). Der Schutz derart umfangreicher Lebensräume kann oft nicht in befriedigender Form erfolgen, da Naturschutzgebiete, die ihren Zweck auch erfüllen, von der Größe her das bisher übliche Maß weit übersteigen würden. Aber die schnelle kleinräumige Sicherung von Teilen eines solchen Lebensraumes als Naturschutzgebiet und die Sicherstellung der Umgebung als „Pufferzone" in Form eines Landschaftsschutzgebiets bewirkt oft schon einen nachhaltigen Schutz. Jeder engagierte Naturschützer weiß, wie schwer und langwierig Verhandlungen um die Unterschutzstellung eines Teiches, eines Feuchtgebietes, eines Bachabschnittes sein können. Doch die Bereitschaft der Behörden, die Natur effektiv zu schützen, ist gewachsen. Es ist deshalb wichtig, vor allem die spezialisierten Libellenarten mit distinkten Habitatpräferenzen wie Moorlibellen und Fließwasserlibellen zu erfassen und den Schutz ihrer Lebensgebiete vorzuschlagen. Damit wird oft zugleich eine Fülle weiterer gefährdeter Tier- und Pflanzenarten (Amphibien, Wasservögel, Moortiere, Wasserpflanzen, Orchideen etc.) erfaßt. Für alle am Libellenschutz interessierten Naturbeobachter bietet die *Gesellschaft deutschsprachiger Odonatologen* mit ihrer jährlichen Tagung ein Forum zur Aussprache, Ideen zum Schutz und Erfahrungsaustausch. Die Adresse findet sich zusammen mit den Anschriften weiterer einschlägiger Vereine und Verbände am Schluß dieses Buches.

Renaturierungsmaßnahmen

Angesichts der fortschreitenden Naturzerstörung großen Stils kommt den Renaturierungsmaßnahmen heute eine große Bedeutung zu. Lassen sich abgetorfte Moore wieder vernässen, Flußsysteme wieder in ökologisch intakte Lebensräume zurückverwandeln? Wir wissen es nicht genau. Aber trotzdem lohnen sich kostenaufwendige Versuche. Experimente mit Libellenbiotopen, die man wieder naturnah zu gestalten versuchte, sind bislang vielversprechend verlaufen. Dafür einige Beispiele: Seit 1983 wird das Dosenmoor in Schleswig-Holstein, nahe Neumünster, ein um die Jahrhundertwende abgetorftes Moor, wieder vernäßt. Wasserpumpen und ein Schlauchsystem versorgen die uhrglasförmig aufgewölbte, halbtrockene Hochmoorfläche wieder mit nährstoffarmem Wasser. In den Moorschlenken zeigt sich ein erster Erfolg, die Torfmoose (Sphagnen) können wieder wachsen. Als Folge entwickelte sich eine umfangreiche Population der Nordischen Moosjungfer (*Leucorrhinia rubicunda*). Ein ähnlicher Erfolg stellte sich bei Moorrenaturierungsmaßnahmen in Südschwaben mit dem Auftreten der Arktischen Smaragdlibelle (*Somatochlora arctica*) ein.

Wie schwierig Renaturierungsmaßnahmen ökologisch zu bewerten und zu planen sind, zeigt das Beispiel des Schierenseebaches in Schleswig-Holstein. Auf den Rat eines erfahrenen Ökologen hin wurde der Bachlauf mit Erlen bepflanzt. Der Bach, Verbindungsglied zwischen zwei Seen, wurde durch die Beschattung zum oligotrophen Fließgewässer mit wenig flutenden Wasserpflanzen. Das begünstigte die Stabilität des Gewässers und das Vorkommen des Spitzenflecks (*Libellula fulva*) und der Westlichen Keiljungfer (*Gomphus pulchellus*). Die dort häufigeren Libellenarten, die an flutende Wasserpflanzen angepaßt sind, wie die Gebänderte Prachtlibelle (*Calopteryx splendens*), die Federlibelle (*Platycnemis pennipes*) und die Frühe Adonislibelle (*Pyrrhosoma nymphula*) wurden etwas in ihren Populationen eingeschränkt. Als „Naturschützer" in einer „Nacht- und Nebelaktion" einige Erlen fällten, verschob sich im folgenden Sommer wieder das Verhältnis zugunsten der häufigeren Arten, was natürlich nicht im Sinne des Libellenschutzes war. Das Beispiel zeigt, daß Renaturierungsmaßnahmen oder Biotoplenkungsmaßnahmen auch für seltene Libellenarten möglich sind, sofern sie von fachkundiger Hand betreut werden. Wichtig bei allen Renaturierungsmaßnahmen ist, daß erfahrene Ökologen, die das gesamte System überblicken, eingeschaltet werden.

Eine nicht zu unterschätzende, positive Rolle für Libellen spielen Kiesgruben. Nach dem Abbau sammelt sich in den Senken meist Wasser, natürliche Tümpel entstehen, die oft eine erstaunliche Vielfalt seltener Libellenarten beherbergen. So fanden Studenten der Universität Erlangen erst kürzlich in zwei aufgelassenen Kiesgruben große Populationen der seltenen Kleinen Pechlibelle (*Ischnura pumilio*) und der Südlichen Binsenjungfer (*Lestes barbarus*) sowie weiterer 14 Libellenarten. Das Beispiel zeigt, daß Kiesgruben nicht automatisch einer „Rekultivierung“, sprich: Aufforstung oder Verfüllung mit Müll, zugeführt werden dürfen. Als Wärmeinseln sind Kiesgruben oft wahre Libelleneldorados. Bei Renaturierungsplänen sollten auch hier unbedingt fachkundige Biologen zugezogen werden.

Neugestaltung von Biotopen

Neue Biotope libellengerecht zu gestalten, ist schwer, aber möglich. Die meisten Vorschläge zielen darauf ab, möglichst vielen Libellenarten einen Lebensraum zu bieten. Das ist jedoch falsch, denn den Super-Ökoteich für alle Libellenarten gibt es nicht. Zu verschieden sind die Biotoppräferenzen der einzelnen Arten. Entscheidend ist es, die lokalen Lebensräume, die verlorengegangen sind, wieder entstehen zu lassen. Dringend erwünscht wäre zwar unter anderem die Neuanlage von Gräben mit einer Tiefe von etwa 1,50 Meter und einer Fließgeschwindigkeit von 1 bis 2 Metern pro Sekunde, doch wird ein solches Vorhaben in der Regel die Mittel und Möglichkeiten von einzelnen oder kleinen Gruppen überschreiten. Solche umfangreichen Eingriffe sind nur in Zusammenarbeit mit Flurbereinigungsbehörden und Wasserbauämtern möglich und werden deshalb hier nicht ausführlicher besprochen. Man kann also nicht ohne weiteres einen neuen Bach anlegen, wohl aber einen Teich mit einer ausgedehnten Verlandungszone. Erfolge stellen sich meist schnell ein. Jedoch sind es in der Regel sogenannte Pionierarten, die einen neuen Lebensraum besiedeln — Ubiquisten, Allerweltsarten wie die Blaugrüne Mosaikjungfer (*Aeshna cyanea*), der Plattbauch (*Libellula depressa*) oder die Hufeisen-Azurjungfer (*Coenagrion puella*). Künstlich angelegte Teiche „reifen“ aber mit den Jahren. Strukturreiche Libellentümpel können schließlich bis zu 40 Libellenarten beherbergen. Wer langfristig gefährdeten Libellenarten durch die Neuanlage von Biotopen helfen will, muß vor allem folgende Faktoren in seine Überlegungen einbeziehen:

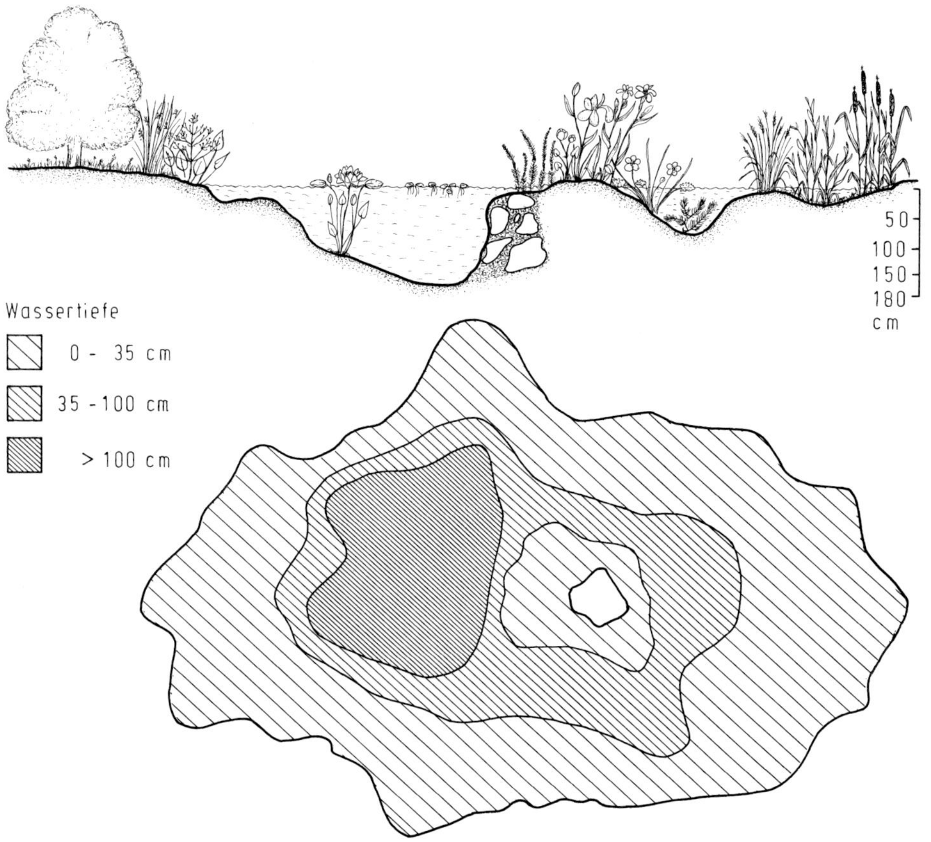

Schema eines Teiches im Gelände als Biotop für Libellen und Amphibien (Größe nicht unter 50 m^2). Oben Querschnitt, unten Tiefenzonen.

Größe des Biotops
Nach den Erkenntnissen des Ökologen McArthur sind die Größe einer Insel und die Zahl der dort lebenden Tierarten miteinander verknüpft. Diese vielfach bewiesene „Inseltheorie" gilt auch weitgehend für „Habitatinseln". Und nichts anderes als eine Wohninsel für Libellen stellt beispielsweise ein Sumpfgebiet inmitten unserer Kulturlandschaft heute dar. Je größer das Biotop ist, desto mehr Tierarten werden hier leben. Die Mindestgröße eines Kleingewässers, das für Libellen wichtig werden kann, liegt bei etwa 50 Quadratmetern. Nach oben hin sind natürlich keine Grenzen gesetzt.

Strukturvielfalt
Um unseren Libellenarten neuen Lebensraum zu geben, sollte ein Kunstteich möglichst viele „Nischen" bieten, wie Uferschlenken, Flachwasserzonen, Tiefwasserbereiche, schattige Abschnitte, sumpfige Bereiche, Inseln usw. Die Abb. auf S. 177 zeigt den Querschnitt und die Tiefenzonierung eines künstlichen Libellengewässers. Die eingezeichneten Wasserpflanzen lassen sich in wenigen Exemplaren natürlichen Teichen entnehmen und einpflanzen. Die Ausbreitung und Einnischung in der richtigen Wassertiefe nehmen die Pflanzen im Laufe der Zeit selbst vor.

Schutz des Kleingewässers
Künstlich angelegte Libellenteiche sollen hinreichend gegen das meist landwirtschaftlich genutzte Umland abgegrenzt sein, um den Düngereintrag einzudämmen. Am besten geeignet ist ein etwa zehn Meter breiter Brachlandstreifen rund um das eigentliche Biotop. Natürlich darf ein derartiger Lebensraum nicht zur Fischzucht oder zum Sportangeln dienen. Auch das Anbringen von Entenbrutkästen ist nicht ratsam. Notfalls hält ein Zaun unerwünschte Störungen von Libellenteichen fern. Auf keinen Fall sollten Fische eingesetzt werden, da sie die Lebensgemeinschaft oft nachhaltig verändern. Kleingewässer sind sehr komplexe Lebensräume. Man kann deshalb ihre Entwicklung nicht genau vorausplanen. Es ist ratsam, jedem Gewässer sein „Eigenleben" zu lassen und nach anfänglicher Grobgestaltung möglichst kaum noch Einfluß zu nehmen. Die Natur hilft sich am besten selbst.

Finanzierung
Um die Schaffung neuer Tümpel und Teiche zu erleichtern, bieten einzelne Landesregierungen Finanzierungshilfen an. So bezuschußt die schleswig-holsteinische Landesregierung derartige Investitionen mit bis zu 100 % der Kosten, wenn der Antragsteller das Gelände zur Verfügung stellt und sich verpflichtet, das Biotop auf Dauer zu erhalten. Auskünfte erteilen die jeweiligen Landesämter für Naturschutz oder die unteren Naturschutzbehörden bei den Kreisverwaltungen.

Der Dorfteich als Libellengewässer
Früher spielte der Dorfteich eine wichtige Rolle als Lebensraum von Amphibien und Libellen im unmittelbaren Wohnbereich der Menschen. Meist als Wasserreservoir zur Brandbekämpfung angelegt, verloren die Dorfteiche mit dem Ausbau von Fernwassernetzen und der Anlage von Hydranten an Bedeutung und wurden oft zugeschüttet.

Mittlerweile erlebt der Dorfteich eine Renaissance. Vor allem im Rahmen des ländlichen Wettbewerbs „Unser Dorf soll schöner werden" besann man sich auf den Dorfteich als ein Mittel, wieder mehr Natur in Dorf und Stadt zu bringen.

Leider wirken viele dieser Anlagen noch steril und einfallslos. Eine Gestaltung nach den Konzepten eines Libellenbiotops brächte sicher wieder natürliches Leben in die Dörfer und ermöglichte den Bewohnern, die Natur auch hautnah zu erleben. Die Anlage eines Dorfteiches brachte der Gemeinde Probsteierhagen im Kreis Plön (vgl. Abb. unten) zusammen mit anderen Biotoperhaltungsmaßnahmen den Titel „Schönstes Dorf des Kreises" ein. Natürlich gilt auch für dieses Biotop, daß Fische, Wettangeln und Zierenten diesen Lebensraum eher zerstören würden als es zum Naturzentrum der Gemeinde werden zu lassen.

Der Dorfteich in Probsteierhagen (Kreis Plön) ist ein gutes Beispiel dafür, daß sich Libellenbiotope selbst mitten in Ortschaften befinden können.

Der Gartenteich als Libellenbiotop

Gartenteiche sind in Mode gekommen. Als Folienteiche angelegt und mit typischen Sumpfpflanzen bepflanzt, entwickeln sie sich schnell zu einem Stückchen Natur in den eintönigen Rasenflächen unserer Einheitsgärten. Warum sollte man also nicht einen Gartenteich so anlegen, daß er zum Lebensraum für Libellen wird? Die Abb. auf S. 180 ist als Vorschlag gedacht, im Garten ein Libellenrevier entstehen zu lassen. Wichtig bei der Gestaltung ist das Bodenrelief. Der Tiefwasserzone mit Teichrose, Seerose, Laichkraut oder Tausendblatt sollte sich eine Flachwasserzone mit Schwertlilien und Rohrkolben anschließen. Ein Steinwall begrenzt den Teich, bleibt aber durchlässig für das Wasser, das ein Sumpfbeet mit Blutauge, Froschlöffel, Sumpfdotterblume oder Seggen speist und ständig feucht hält. Eine Erle beschattet eine Seite des Teichs. Ein derartig naturnah gestalteter Gartenteich zieht Libellen geradezu magisch an. Schon im ersten Jahr nach der Anlage werden sich Blaugrüne Mosaikjungfern (*Aeshna cyanea*) und Hufeisen-Azurjungfern (*Coenagrion puella*) einstellen. Und wer an einem frühen Julimorgen die Geburt einer Großlibelle im eigenen Garten miterleben kann, ist um ein Stück Naturerfahrung reicher geworden. Nur Mut, und keine Angst: Libellen stechen nicht, auch wenn Volksnamen wie „Augenschießer" und „Teufelsnadeln" ihnen Gefährlichkeit andichten. 66 % unserer heimischen Libellenarten sind gefährdet. Wir müssen intensiv dafür sorgen, daß der

Das Schema ist ein Vorschlag für die libellengerechte Gestaltung eines Gartenteiches.

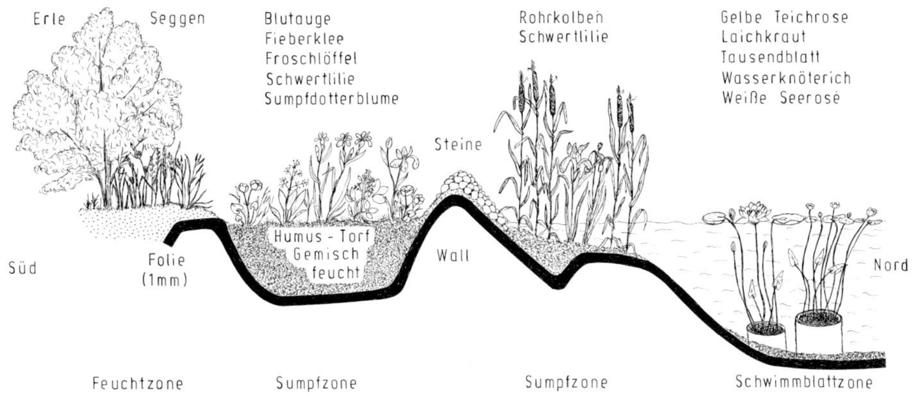

Artentod gestoppt wird. Libellen sind wichtige Bioindikatoren in unserer Landschaft. Ihre alarmierende Abnahme zeigt uns, daß wir im Umgang mit der Natur gewaltige Fehler gemacht haben und noch machen. Es wird der vereinten Anstrengungen aller Naturfreunde und Wissenschaftler bedürfen, um diese Fehler, vor allem den leichtfertigen Umgang mit unserem eigenen Lebensraum, abzustellen. Wir brauchen die Libellen, und zwar alle 80 einheimischen Arten. Sie alle sind durch nichts zu ersetzende Glieder eines komplexen, vernetzten Ökosystems. Ohne Libellen, ohne Amphibien, ohne Tiere und Pflanzen wird das System löchrig und anfällig für Katastrophen, die letztlich auch das Überleben des Menschen in Frage stellen können. Dieses Libellenbuch ist für Menschen geschrieben, die sich an dem Tanz der Wasserjungfern freuen können und mehr darüber wissen wollen. Möge die Freude ein Anreiz sein, den ersten Schritt zu tun und selbst aktiv zu werden!

Die Verbreitungsübersicht: Wo fliegen sie noch?

Diese nach Bundesländern aufgeschlüsselte Verbreitungsübersicht basiert auf der Faunenliste von H. Lohmann, die 1980 nach Literaturangaben, Mitteilungen zahlreicher Amateurforscher und wissenschaftlichen Bestandsaufnahmen erstellt wurde. Sie wurde nach eigenen Beobachtungen geringfügig erweitert und umfaßt die Funde ab dem Jahr 1960. Arten, die seit 1960 nicht mehr gemeldet wurden, gelten als verschollen oder ausgestorben. Die Symbole bedeuten:

● = überall noch häufig oder lokal häufig
s = selten, Einzelfunde oder in geringer Zahl lokal bodenständig
† = seit 1960 verschollen oder ausgestorben
— = keine Nachweise

Kleinlibellen (Zygoptera):	Bayern	Baden-Württemberg	Rheinland-Pfalz + Saarland	Hessen	Nordrhein-Westfalen	Niedersachsen + Bremen	Schleswig-Holstein	Berlin
Federlibelle *(Platycnemis pennipes)*	●	●	●	●	●	s	●	●
Pokal-Azurjungfer *(Cercion lindeni)*	—	●	●	†	s	—	—	s
Späte Adonislibelle *(Ceriagrion tenellum)*	†	s	—	†	s	s	s	—
Hauben-Azurjungfer *(Coenagrion armatum)*	—	—	—	—	†	s	s	—
Speer-Azurjungfer *(Coenagrion hastulatum)*	s	s	s	s	s	●	●	s
Sibirische Azurjungfer *(Coenagrion hylas)*	†	—	—	—	—	—	—	—
Mond-Azurjungfer *(Coenagrion lunulatum)*	s	—	—	s	s	s	s	s
Helm-Azurjungfer *(Coenagrion mercuriale)*	†	s	s	—	†	†	s	—
Vogel-Azurjungfer *(Coenagrion ornatum)*	s	†	s	—	—	†	†	—
Hufeisen-Azurjungfer *(Coenagrion puella)*	●	●	●	●	●	●	●	●
Fledermaus-Azurjungfer *(Coenagrion pulchellum)*	●	●	s	†	●	●	●	●
Gabel-Azurjungfer *(Coenagrion scitulum)*	—	†	—	—	s	—	—	—
Becher-Azurjungfer *(Enallagma cyathigerum)*	●	●	●	●	●	●	●	●
Großes Granatauge *(Erythromma najas)*	●	●	●	●	●	●	●	●

Kleinlibellen (Zygoptera):	Bayern	Baden-Württemberg	Rheinland-Pfalz + Saarland	Hessen	Nordrhein-Westfalen	Niedersachsen + Bremen	Schleswig-Holstein	Berlin
Kleines Granatauge *(Erythromma viridulum)*	s	●	●	†	s	s	s	s
Große Pechlibelle *(Ischnura elegans)*	●	●	●	●	●	●	●	s
Kleine Pechlibelle *(Ischnura pumilio)*	s	s	s	s	s	s	s	s
Zwerglibelle *(Nehalennia speciosa)*	s	s	†	—	†	†	†	†
Späte Adonislibelle *(Pyrrhosoma nymphula)*	●	●	●	●	●	●	●	s
Weidenjungfer *(Chalcolestes viridis)*	●	●	●	s	●	●	s	s
Südliche Binsenjungfer *(Lestes barbarus)*	s	s	s	s	s	s	s	s
Glänzende Binsenjungfer *(Lestes dryas)*	s	s	s	s	s	s	s	s
Dunkle Binsenjungfer *(Lestes macrostigma)*	†	—	—	—	—	—	—	—
Gemeine Binsenjungfer *(Lestes sponsa)*	●	●	●	●	●	●	●	●
Kleine Binsenjungfer *(Lestes virens)*	●	s	s	†	s	s	s	s
Gemeine Winterlibelle *(Sympecma fusca)*	●	●	●	●	s	s	s	s
Sibirische Winterlibelle *(Sympecma paedisca)*	†	s	—	—	s	†	s	—
Gebänderte Prachtlibelle *(Calopteryx splendens*	●	s	●	s	s	s	●	s
Blauflügel-Prachtlibelle *(Calopteryx virgo)*	●	●	s	●	●	s	s	s

Großlibellen (Anisoptera):

Kleine Mosaikjungfer *(Brachytron pratense)*	●	●	●	†	●	s	●	s
Südliche Mosaikjungfer *(Aeshna affinis)*	s	s	s	—	s	—	—	—
Alpen-Mosaikjungfer *(Aeshna coerulea)*	s	s	—	—	—	—	—	—

Großlibellen (Anisoptera):	Bayern	Baden-Württemberg	Rheinland-Pfalz + Saarland	Hessen	Nordrhein-Westfalen	Niedersachsen + Bremen	Schleswig-Holstein	Berlin
Blaugrüne Mosaikjungfer *(Aeshna cyanea)*	●	●	●	●	●	●	●	●
Braune Mosaikjungfer *(Aeshna grandis)*	●	●	s	●	s	●	●	s
Torf-Mosaikjungfer *(Aeshna juncea)*	●	s	s	s	s	s	●	s
Herbst-Mosaikjungfer *(Aeshna mixta)*	●	●	●	●	●	s	●	●
Hochmoor-Mosaikjungfer *(Aeshna subarctica)*	s	s	–	●	●	●	●	–
Grüne Mosaikjungfer *(Aeshna viridis)*	–	–	–	–	s	s	s	s
Keilflecklibelle *(Aeshna isosceles)*	s	s	●	†	s	s	s	s
Große Königslibelle *(Anax imperator)*	●	●	●	●	●	s	s	s
Kleine Königslibelle *(Anax parthenope)*	s	s	s	–	–	–	s	s
Schabrackenlibelle *(Hemianax ephippiger)*	–	s	–	–	–	–	†	–
Asiatische Keiljungfer *(Gomphus flavipes)*	†	–	–	–	†	†	†	†
Westliche Keiljungfer *(Gomphus pulchellus)*	–	●	s	s	s	s	–	–
Gelbe Keiljungfer *(Gomphus simillimus)*	–	†	–	–	–	–	–	–
Gemeine Keiljungfer *(Gomphus vulgatissimus)*	s	s	s	†	s	†	s	s
Kleine Zangenlibelle *(Onychogomphus forcipatus)*	s	s	s	†	†	†	–	†
Große Zangenlibelle *(Onychogomphus uncatus)*	–	s	–	–	–	–	–	–
Grüne Keiljungfer *(Ophiogomphus serpentinus)*	s	s	s	†	†	s	s	†
Gestreifte Quelljungfer *(Cordulegaster bidentatus)*	s	s	†	†	s	s	–	–
Zweigestreifte Quelljungfer *(Cordulegaster boltoni)*	s	s	s	s	s	s	s	–
Gemeine Smaragdlibelle *(Cordulia aenea)*	●	●	●	●	●	●	●	s
Zweifleck *(Epitheca bimaculata)*	†	s	†	†	s	†	s	s

Großlibellen (Anisoptera):	Bayern	Baden-Württemberg	Rheinland-Pfalz + Saarland	Hessen	Nordrhein-Westfalen	Niedersachsen + Bremen	Schleswig-Holstein	Berlin
Gekielte Smaragdlibelle *(Oxygastra curtisi)*	–	–	–	–	†	–	–	–
Alpen-Smaragdlibelle *(Somatochlora alpestris)*	s	s	–	s	–	s	–	–
Arktische Smaragdlibelle *(Somatochlora arctica*	s	●	s	s	†	s	s	–
Gefleckte Smaragdlibelle *(Somatochlora flavomaculata)*	●	s	s	†	s	s	s	s
Glänzende Smaragdlibelle *(Somatochlora metallica)*	●	●	●	●	s	●	●	s
Feuerlibelle *(Crocothemis erythraea)*	†	s	s	–	–	–	–	–
Östliche Moosjungfer *(Leucorrhinia albifrons)*	†	†	–	†	–	s	s	s
Zierliche Moosjungfer *(Leucorrhinia caudalis)*	s	s	–	–	†	s	†	s
Kleine Moosjungfer *(Leucorrhinia dubia)*	●	s	†	s	●	●	●	s
Große Moosjungfer *(Leucorrhinia pectoralis)*	s	s	–	†	s	s	s	s
Nördliche Moosjungfer *(Leucorrhinia rubicunda)*	†	s	†	†	s	●	●	s
Plattbauch *(Libellula depressa)*	●	●	●	●	●	s	●	s
Spitzenfleck *(Libellula fulva)*	s	s	s	†	s	s	s	s
Vierfleck *(Libellula quadrimaculata)*	●	●	●	●	●	●	●	●
Östlicher Blaupfeil *(Orthetrum albistylum)*	s	s	–	–	–	–	–	–
Südlicher Blaupfeil *(Orthetrum brunneum)*	s	s	s	†	†	†	s	s
Großer Blaupfeil *(Orthetrum cancellatum)*	●	●	●	●	●	●	s	●
Kleiner Blaupfeil *(Orthetrum coerulescens)*	s	s	s	†	s	s	s	s
Schwarze Heidelibelle *(Sympetrum danae)*	●	●	●	●	●	●	●	s
Sumpf-Heidelibelle *(Sympetrum depressiusculum)*	s	s	s	†	s	s	–	–
Gefleckte Heidelibelle *(Sympetrum flaveolum)*	●	s	s	●	●	●	●	●

Großlibellen (Anisoptera):	Bayern	Baden-Württemberg	Rheinland-Pfalz + Saarland	Hessen	Nordrhein-Westfalen	Niedersachsen + Bremen	Schleswig-Holstein	Berlin
Frühe Heidelibelle *(Sympetrum fonscolombei)*	s	s	s	s	s	–	†	–
Südliche Heidelibelle *(Sympetrum meridionale)*	s	s	s	†	–	–	†	–
Gebänderte Heidelibelle *(Sympetrum pedemontanum)*	s	s	–	s	–	–	s	s
Blutrote Heidelibelle *(Sympetrum sanguineum)*	●	●	●	●	●	●	s	●
Große Heidelibelle *(Sympetrum striolatum)*	●	●	●	●	●	s	s	s
Gemeine Heidelibelle *(Sympetrum vulgatum)*	●	●	●	●	●	●	●	●

Anhang

Bestimmungsschlüssel für 80 einheimische Libellenarten

Der Bestimmungsschlüssel ist in vier Schritte eingeteilt, die stets aufeinander folgen und immer in der gleichen Reihenfolge abgefragt werden:

A) Kleinlibelle oder Großlibelle? (Schlüssel zu den Unterordnungen)
B) Welche Libellenfamilie liegt vor? (Familienschlüssel)
C) Zu welcher Gattung gehört das Tier? (Gattungsschlüssel)
D) Welche Art liegt vor? (Artenschlüssel)
C und D sind gelegentlich kombiniert. In Fällen, in denen eine Gattung nur eine oder wenige Arten umfaßt, ist auch der Gattungsschlüssel (C) in den Familienschlüssel (B) inkludiert. Eine Libelle ist dann bestimmt, wenn Gattungs- und Artname feststehen, z. B. *Lestes sponsa* — **Gemeine Binsenjungfer**.

Man prüfe stets *alle* genannten Kriterien auf Übereinstimmung mit dem Objekt. Treffen die genannten Kriterien nicht zu, gehe man zu der mit * gekennzeichneten Alternative in der nächsten Zeile. Treffen die Kriterien zu, folge man den am Ende der Zeile angegebenen Zahlen. Ist dort ein Gattungs- und Artname zugeordnet, ist die Libelle bestimmt.
(Zeichnungen verändert nach: Fischer 1983; Geijskes et al., 1983; Müller et al., 1985; Stobbe et al., 1984)

Kleinlibelle oder **Großlibelle?**

Kleinlibellen:

— Vorderflügel und Hinterflügel sind gleich groß.
— Die Komplexaugen sind (von oben gesehen) deutlich getrennt und berühren sich nicht (vgl. Abb. **1a**)
— Der Hinterleib ist etwa streichholzdick oder dünner und streichholzlang.
→ Schlüssel Seite 189

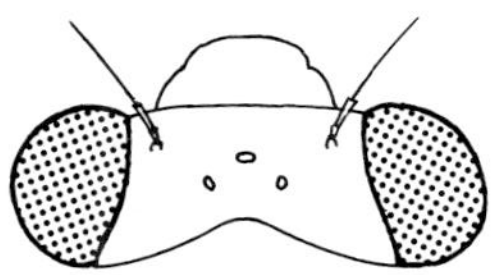
Abb. **1 a**

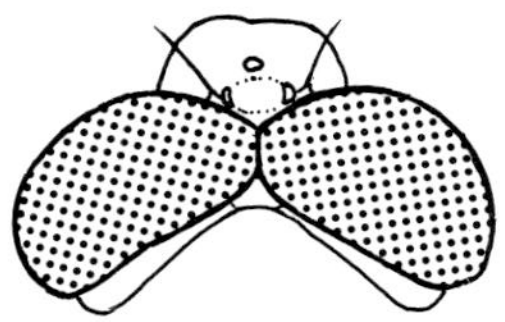
Abb. **1 b**

Abb. **2**

Großlibellen:

— Vorder- und Hinterflügel sind ungleich groß und verschieden geformt.
— Die Komplexaugen berühren sich (von oben gesehen) in der Kopfmitte (vgl. Abb. **1 b**). Achtung, Ausnahme: Bei den Flußlibellen sind die Augen getrennt, liegen aber nahe zusammen (Abb. **2**). Diese Arten sind jedoch deutlich größer und kräftiger als ein Streichholz.
→ Schlüssel Seite 193

Zygoptera — **Kleinlibellen**

Schlüssel zu den Familien

1 Am Vorderrand der Flügel liegen zwischen Flügelgelenk und Knoten (Nodus) nur 2 Queradern (vgl. Abb. **3**). 2
1* Am Vorderrand der Flügel liegen zwischen Flügelgelenk und Knoten (Nodus) mehr als 2 Queradern (vgl. Abb. **4**). Flügel grün, bräunlich, metallisch blau oder mit einer blauen Binde. *Calopterygidae* — **Prachtlibellen**
→ Schlüssel Seite 190

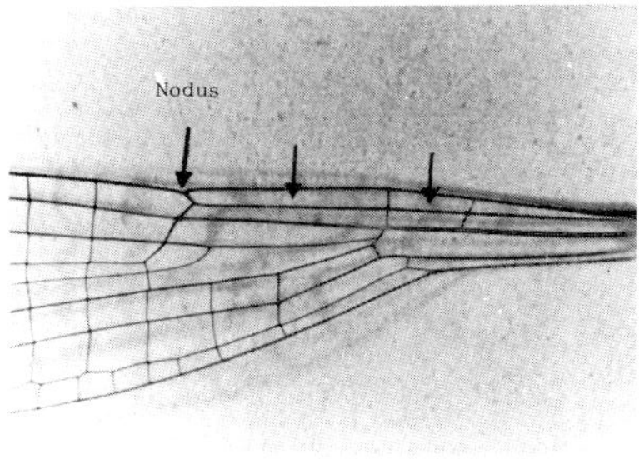

Abb. **3**

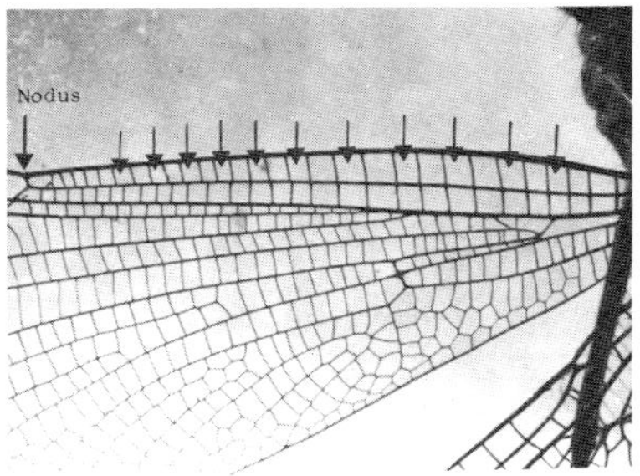

Abb. **4**

2 Unter dem Flügelmal liegen 1—1 1/2 Zellen (vgl. Abb. **5**). Wenn scheinbar *fast* 2 Zellen, dann Körper rot. 3
2* Unter dem Flügelmal liegen deutlich 2—3 Zellen (vgl. Abb. **6**). Tiere meist grünmetallisch bis bronzefarben oder schmutzigbraun, aber nie rot. *Lestidae* — **Binsenjungfern**
→ Schlüssel Seite 190

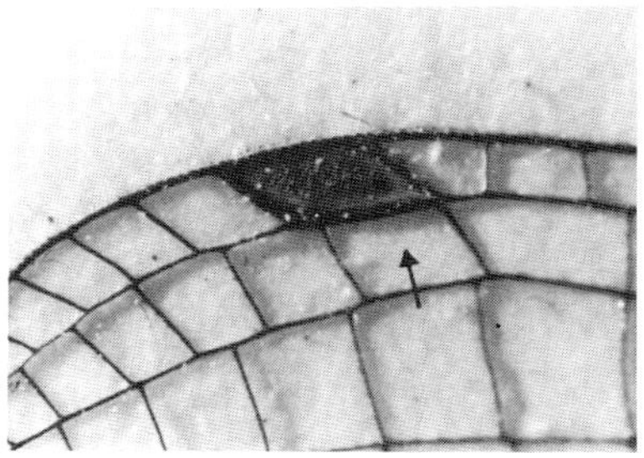
Abb. **5**

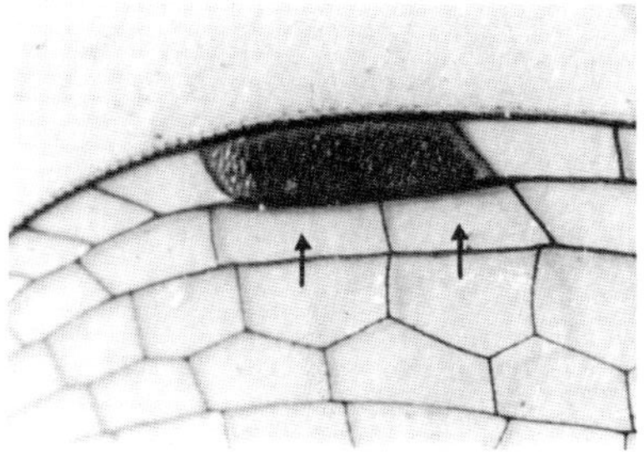
Abb. **6**

3 Beinschienen der hinteren Beinpaare sehr deutlich verbreitert und federartig, stark bedornt und weißlich (vgl. Abb. **7a**). Kopf (von oben gesehen) mit 2 hellen Querbinden zwischen den Komplexaugen. (Körperzeichnung vgl. Abb. **7b**) *Platycnemididae* — **Federlibellen**
Nur eine heimische Art: *Platycnemis pennipes* — **Federlibelle**
3* Beinschienen nicht federartig verbreitert, schmaler als die Schenkel. Kopf (von oben gesehen) *hinter* den Fühlern ohne helle Querbinden. *Coenagrionidae* — **Schlanklibellen**
→ Schlüssel Seite 191

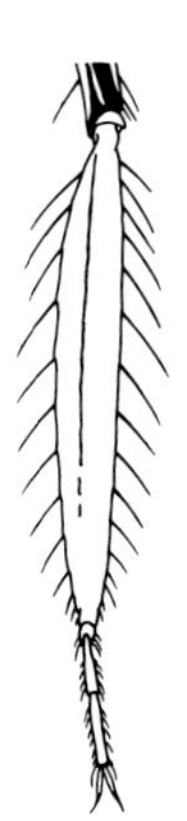

Abb. **7 a**

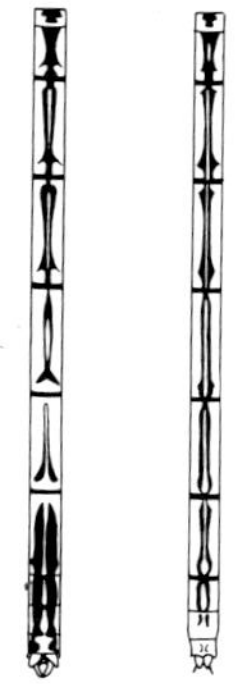

♂ Abb. **7 b** ♀

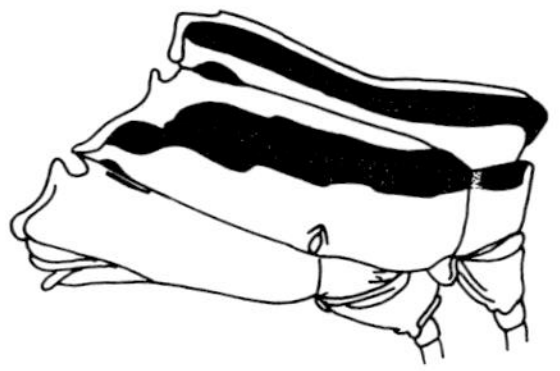

Abb. **8 a**
Gemeine Winterlibelle
(Sympecma fusca)

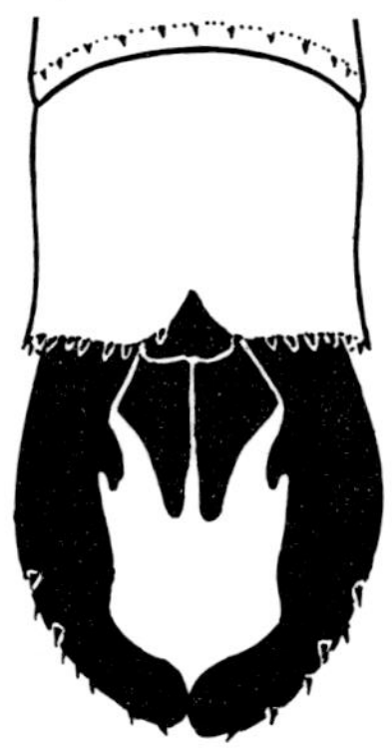

Abb. **8 b**
Hinterleibsanhänge ♂

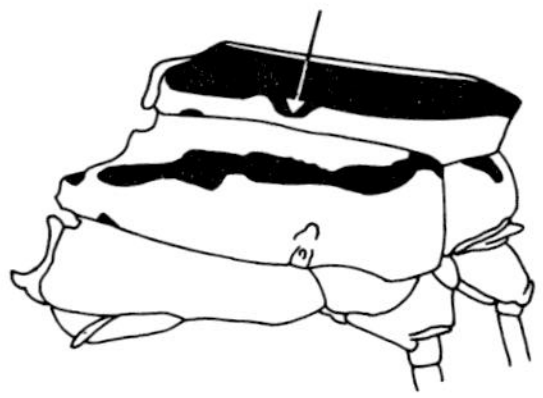

Abb. **8 c**
Sibirische Winterlibelle
(Sympecma paedisca)

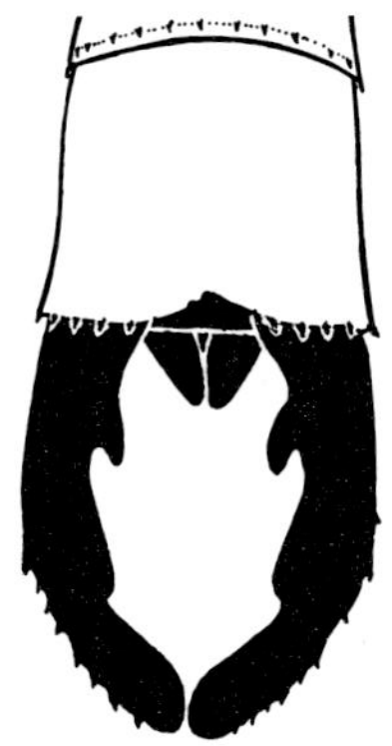

Abb. **8 d**
Hinterleibsanhänge ♂

Calopterygidae — Prachtlibellen

Artenschlüssel

1 Flügel mit einem metallisch blau oder grün glänzenden Querband (bei ♂♂) oder Flügel grünlich, aber noch durchsichtig (bei ♀♀).
Calopteryx splendens — **Gebänderte Prachtlibelle**

1* Gesamter Flügel stahlblau oder grünmetallisch schillernd (bei ♂♂) oder Flügel bräunlich (bei ♀♀). *Calopteryx virgo* — **Blauflügel-Prachtlibelle**

Lestidae — Binsenjungfern

Artenschlüssel

1 Hinterleib (Abdomen) braun, oberseits mit dunkleren bronzefarbenen Flecken. Bei vorsichtig ausgebreiteten Flügeln liegt das Flügelmal des Vorderflügels näher an der Spitze als das Pterostigma des Hinterflügels. *Sympecma* — **Winterlibellen**

Zwei Arten, die an der dunklen Färbung der Brustseiten zu unterscheiden sind (vgl. Abb. **8a—8b** sowie **8c—8d**).

1* Hinterleib metallisch erzgrün, bronzefarben oder kupfern. Flügelmale der Vorder- und Hinterflügel genau übereinander. *Lestes* und *Chalcolestes* — **Binsenjungfern**
Die sechs einheimischen *Lestes*-Arten lassen sich am sichersten durch Vergleich der männlichen Hinterleibsanhänge und der weiblichen Legeapparate mit den Zeichnungen bestimmen (siehe Abb. **9—13**). Im folgenden Abschnitt stehen zusätzliche Kriterien.

Lestes sponsa — Gemeine Binsenjungfer

Flügelmal einfarbig schokoladenbraun. Die inneren (= unteren) Hinterleibsanhänge des ♂ sind lang und gerade (Abb. **9a**). Der Legebohrer des ♀ ist nicht länger als das letzte Hinterleibssegment (Abb. **9b**). 2. Hinterleibssegment des ♂ immer blau bereift.

Lestes dryas — Glänzende Binsenjungfer

Flügelmal einfarbig schwarz. Die inneren (= unteren) Hinterleibsanhänge des ♂ sind lang und löffelartig nach innen gebogen (Abb. **10a**). Der Legebohrer des ♀ ragt deutlich über das letzte Hinterleibssegment hinaus (Abb. **10b**).

Lestes macrostigma — Dunkle Binsenjungfer

Flügelmale auffallend groß, darunter liegen 3—4 Zellen.
Die äußeren (= oberen) Hinterleibszangen innen mit sägeartigem Band.

Chalcolestes viridis — Weidenjungfer

Flügelmal leuchtend hellgelb bis hellbraun. Die inneren (= unteren) Hinterleibsanhänge des ♂ sind kurz und nach innen zugespitzt (Abb. **11a**). Der Legebohrer des ♀ trägt unterseits kräftige Zähne (Abb. **11b**).

Lestes barbarus — Südliche Binsenjungfer

Flügelmal zweifarbig (außen weiß, innen braun).
Die inneren (= unteren) Hinterleibsanhänge spitz und unverwechselbar nach außen gekrümmt (Abb. **12a**).
Der Legebohrer des ♀ ist einfarbig hell und unterseits leicht gezähnt (Abb. **12b**).

Lestes virens — Kleine Binsenjungfer

Flügelmal braun, links und rechts von einer hellen Linie gesäumt.
Die inneren (= unteren) Hinterleibsanhänge auffallend kurz und stumpf (Abb. **13a**).
Flügelmal der ♀♀ *rötlich* (braun). Verwechslungsgefahr mit *L. sponsa*-Weibchen! Legebohrer vgl. Abb. **13b**.

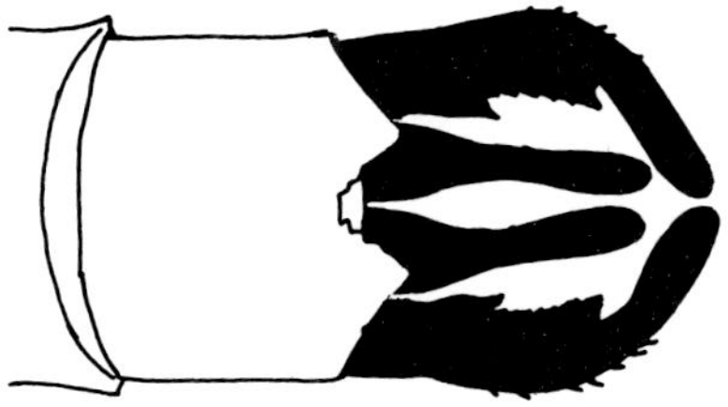

Abb. 9 a

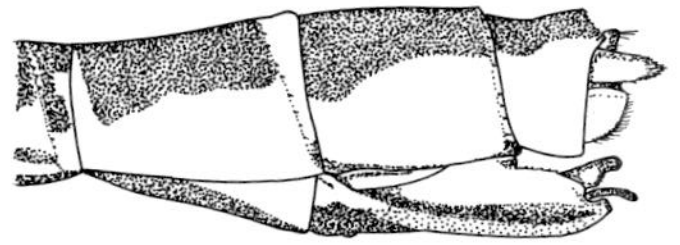

Abb. 9 b

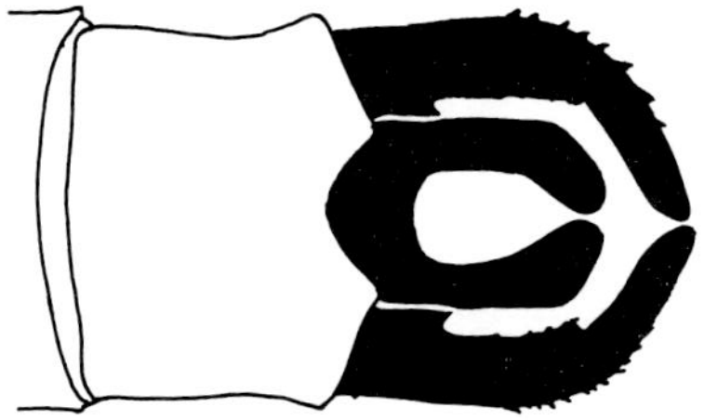

Abb. 10 a

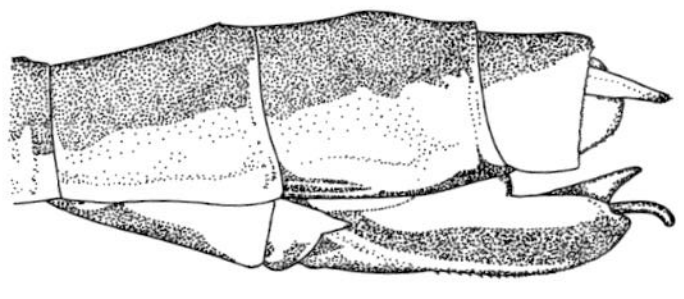

Abb. 10 b

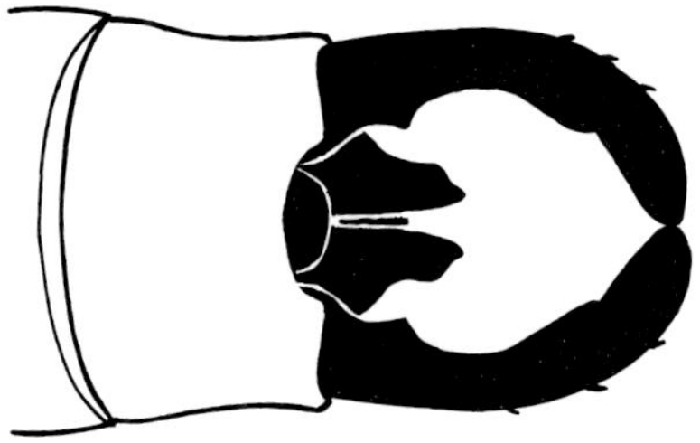

Abb. 11 a

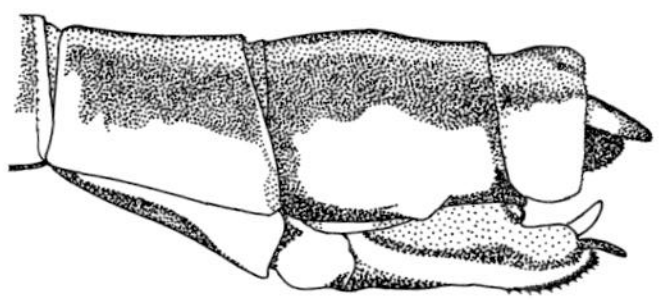

Abb. 11 b

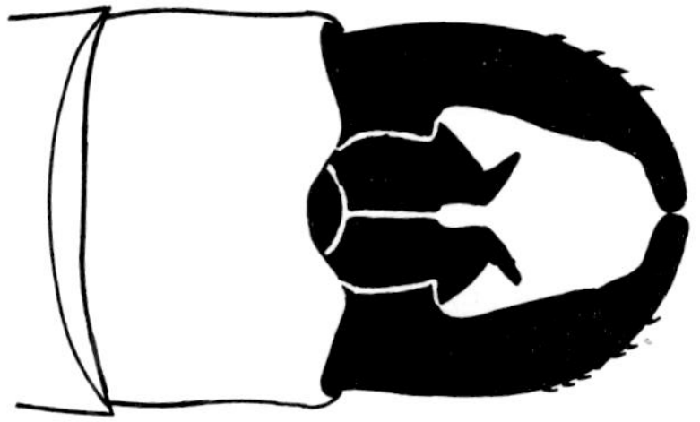

Abb. 12 a

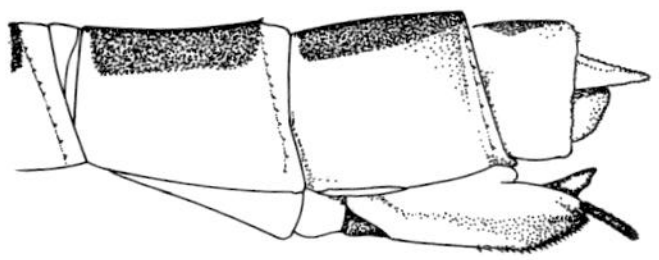

Abb. 12 b

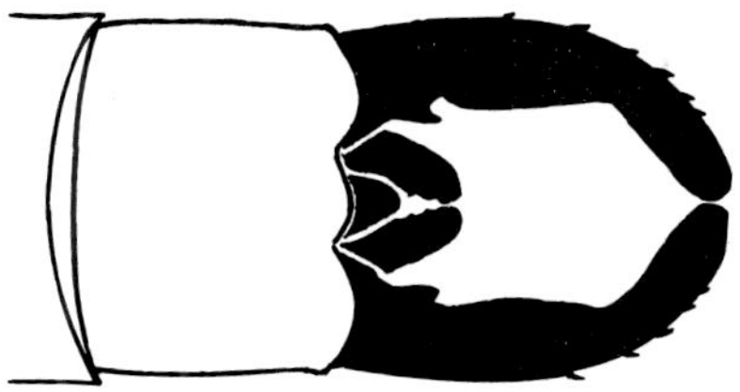

Abb. 13 a

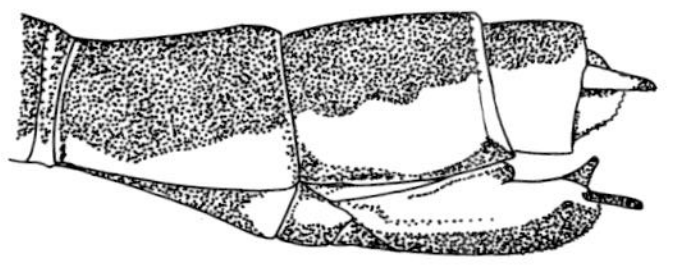

Abb. 13 b

Coenagrionidae — **Schlanklibellen**

Artenschlüssel

1 Libelle von oben erzgrün, auffallend klein (2—2,5 cm Gesamtlänge).
Nehalennia speciosa — **Zwerglibelle**

1* anders **2**

2 Gesamte Libelle karminrot (nicht lachsrosa oder orange), seitlich gelbe Streifen an der Brust.
Zwei Arten: a) Beine und Flügelmal schwarz
Pyrrhosoma nymphula — **Frühe Adonislibelle**
b) Beine und Flügelmal rot
Ceriagrion tenellum — **Späte Adonislibelle**

2* anders **3**

3 Segmente 3—7 des Hinterleibs oben schwarz oder gleichmäßig dunkel und ohne Zeichnung, Kopf von oben mit runden hellen Flecken oder Flecken fehlend. **4**

3* Segmente 3—7 des Hinterleibs nicht ganz schwarz, mindestens 1 Segment mit hellblauer, grüner oder brauner *Zeichnung* auf dunklem Grund. Kopf, von oben gesehen, mit hellen, quer gestreckten Flecken am Hinterhaupt. **6**

4 Helle Flecken am Hinterkopf ± rund.
Zwei Arten:
a) 8. Hinterleibssegment oben blau, 9. und 10. Segment und Hinterleibsanhänge schwarz.
♂: Flügelmal zweifarbig (blau und schwarz).
♀: Vor dem Legebohrer (seitlich gesehen) ragt ein spitzer Dorn nach unten. Hinterrand der Vorderbrust (Prothorax) vgl. Abb. **14**.
Ischnura elegans — **Gemeine Pechlibelle**
b) 8.—10. Hinterleibssegment oben schwarz, Hinterleibsanhänge weiß oder hell, Flügelmal im Vorderflügel etwa doppelt so groß wie im Hinterflügel. Junge ♀♀ oft lachsrosa. Hinterrand der Vorderbrust (Prothorax) des ♀ vgl. Abb. **15**.

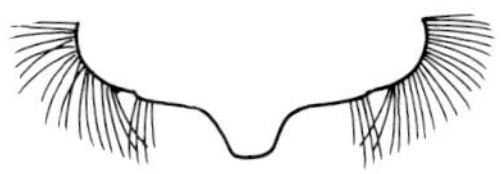

Abb. **14**

Abb. **15**

Ischnura pumilio — **Kleine Pechlibelle**

4* Helle Flecken am Hinterkopf zwischen den Augen fehlen. Flügelmal stets braun, obere Hinterleibsanhänge des ♂ länger als untere, ♀ ohne Dorn vor dem Legeapparat. **5**

5 ♂: Hinterleibsanhänge vgl. Abb. **16a**. Augen rotbraun bis rot.
♀: Hinterrand der Vorderbrust mit „Nase“ (Abb. **16b**).
Erythromma najas — **Großes Granatauge**

5* ♂: Hinterleibsanhänge vgl. Abb. **16c**. Augen oben dunkelbraun, unten rötlich.
♀: Hinterrand der Vorderbrust gerade, ohne Nase (Abb. **16d**).
Erythromma viridulum — **Kleines Granatauge**

6 Brust, seitlich gesehen, mit nur einer keulenförmigen Zeichnung (vgl. Abb. **17a**), ♀ mit Dorn vor dem Legebohrer (Abb. **17b**). Hinterrand der Vorderbrust (Prothorax) des ♀ vgl. Abb. **17c**. *Enallagma cyathigerum* — **Becher-Azurjungfer**

6* Brust, seitlich gesehen, mit 2 keulenförmigen Zeichnungen. ♀ ohne Dorn vor dem Legebohrer. **7**

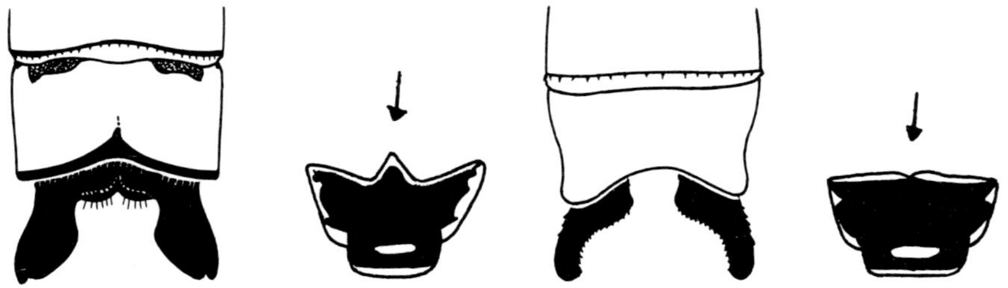

Abb. 16 a Abb. 16 b Abb. 16 c Abb. 16 d

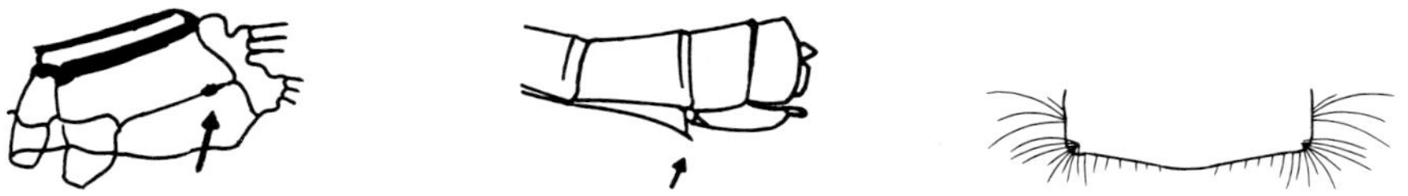

Abb. 17 a Abb. 17 b Abb. 17 c

7 ♂: Hinterleib mit blauer und schwarzer Zeichnung; siehe anschließenden Sonderschlüssel *Coenagrion (♂♂)* (Abb. **18—27**).

7* ♀: Hinterleibssegmente mit grüner oder blauer Zeichnung; siehe anschließenden Sonderschlüssel *Coenagrion (♀♀)* (Abb. **18—27**).

Zur Art gelangt man durch den Vergleich der Hinterleibszeichnungen (bei ♂ und ♀, Abb. **18—27 a** und **c**) sowie durch den Vergleich des Hinterrandes der Vorderbrust (Prothorax) bei den ♀♀ (Abb. **18—27b**).

Sonderschlüssel *Coenagrion*-Azurjungfern

Abb. **18 Fledermaus-Azurjungfer** *(Coenagrion pulchellum)*

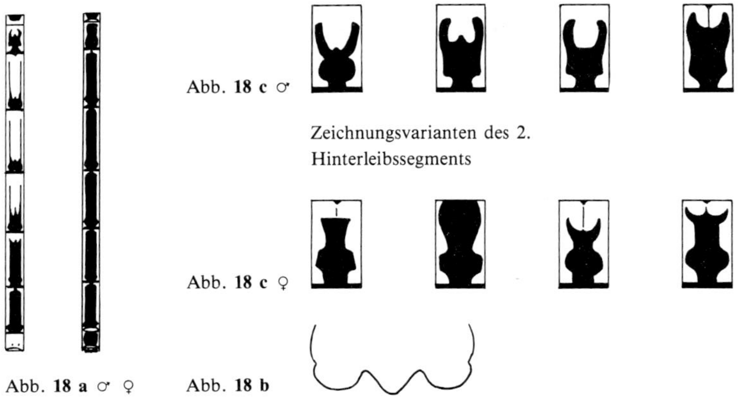

Abb. **18 a** ♂ ♀ Abb. **18 b** Abb. **18 c** ♂ Abb. **18 c** ♀

Zeichnungsvarianten des 2. Hinterleibssegments

Abb. **19 Hufeisen-Azurjungfer** *(Coenagrion puella)*

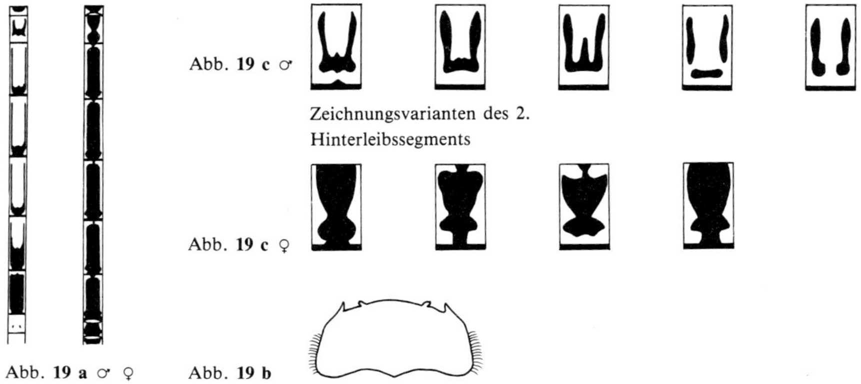

Abb. **19 a** ♂ ♀ Abb. **19 b** Abb. **19 c** ♂ Abb. **19 c** ♀

Zeichnungsvarianten des 2. Hinterleibssegments

Abb. **20 Hauben-Azurjungfer** *(Coenagrion armatum)*

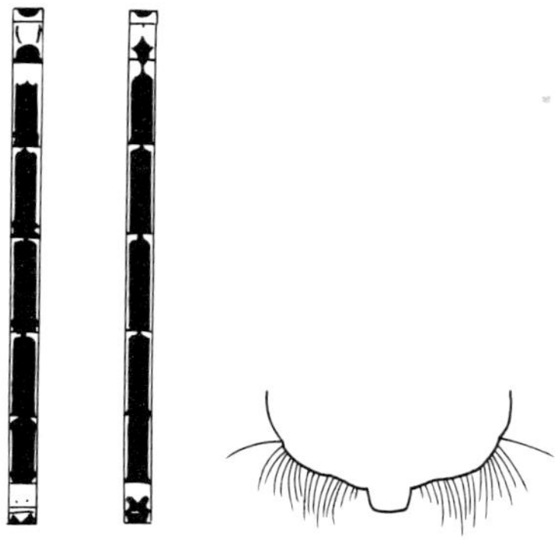

Abb. **20 a** ♂ ♀ Abb. **20 b**

Abb. **21 Mond-Azurjungfer** *(Coenagrion lunulatum)*

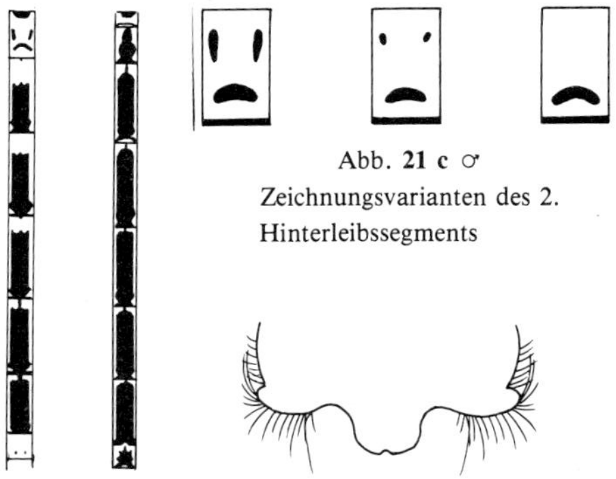

Abb. **21 a** ♂ ♀ Abb. **21 b** Abb. **21 c** ♂

Zeichnungsvarianten des 2. Hinterleibssegments

Abb. **22 Speer-Azurjungfer** *(Coenagrion hastulatum)*

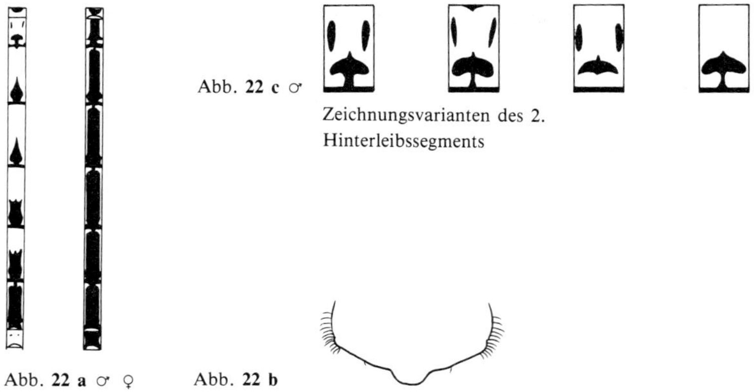

Abb. **22 a** ♂ ♀ Abb. **22 b** Abb. **22 c** ♂

Zeichnungsvarianten des 2. Hinterleibssegments

Abb. **23** **Vogel-Azurjungfer** *(Coenagrion ornatum)*

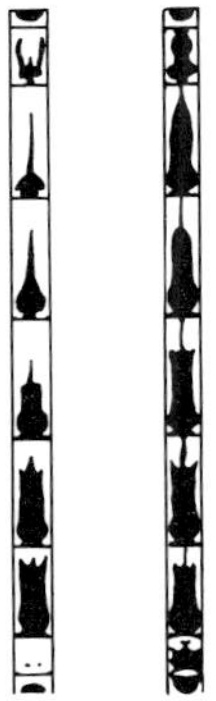

Abb. **23 a** ♂ ♀

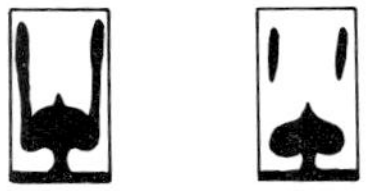

Abb. **23 c** ♂
Zeichnungsvarianten des 2. Hinterleibssegments

Abb. **23 b**

Abb. **24** **Sibirische Azurjungfer** *(Coenagrion hylas)*

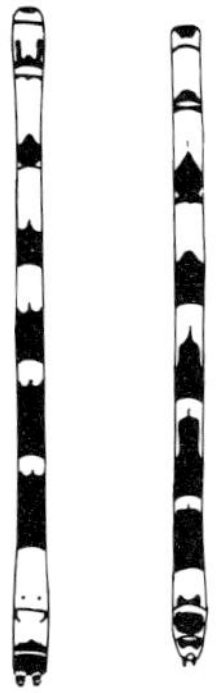

Abb. **24 a** ♂ ♀

Abb. **25** **Helm-Azurjungfer** *(Coenagrion mercuriale)*

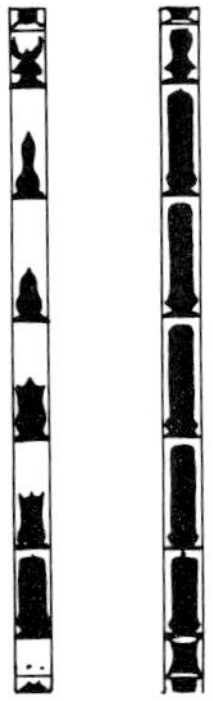

Abb. **25 a** ♂ ♀

Abb. **25 c** ♂
Zeichnungsvarianten des 2. Hinterleibssegments

Abb. **25 b**

Abb. **26** **Gabel-Azurjungfer** *(Coenagrion scitulum)*

Abb. **26 a** ♂ ♀

Abb. **26 c** ♂
Zeichnungsvarianten des 2. Hinterleibssegments

Abb. **26 b**

Abb. **27** **Pokal-Azurjungfer** *(Cercion lindeni)*

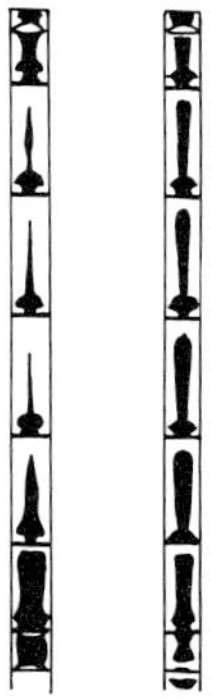

Abb. **27 a** ♂ ♀

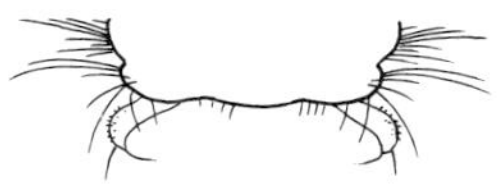

Abb. **27 b**

Anisoptera — Großlibellen

Schlüssel zu den Familien

1 Komplexaugen berühren sich (von oben gesehen) nur in einem Punkt, Körper schwarz gefärbt mit gelben Ringen. *Cordulegasteridae* — **Quelljungfern**
→ Schlüssel Seite 194

1* anders 2

2 Komplexaugen berühren sich (von oben gesehen) nicht, sind also völlig getrennt (vgl. Abb. **2**). *Gomphidae* — **Flußjungfern**
→ Schlüssel Seite 195

2* Komplexaugen stoßen (von oben gesehen) breit aneinander (vgl. Abb. **1b**). 3

3 Aufsicht auf ausgebreitete Flügel: Flügeldreieck im Vorderflügel zeigt mit dem spitzesten Winkel waagerecht zum Flügelende (vgl. Abb. **28**). *Aeshnidae* — **Edellibellen**
→ Schlüssel Seite 194

3* Aufsicht auf ausgebreitete Flügel: Flügeldreieck im Vorderflügel zeigt mit dem spitzesten Winkel senkrecht nach unten in Richtung Hinterleib (vgl. Abb. **29**). 4

4 Kopf von der Seite: Hinterrand des Komplexauges deutlich ausgebuchtet. ♂ am 2. Hinterleibssegment (von oben gesehen) mit „Öhrchen" (vgl. Abb. **30**). *Corduliidae* — **Falkenlibellen**
→ Schlüssel Seite 196

4* Kopf von der Seite: Hinterrand des Komplexauges ohne Buchten und deutlich glatt. ♂ ohne „Öhrchen". *Libellulidae* — **Segellibellen**
→ Schlüssel Seite 196

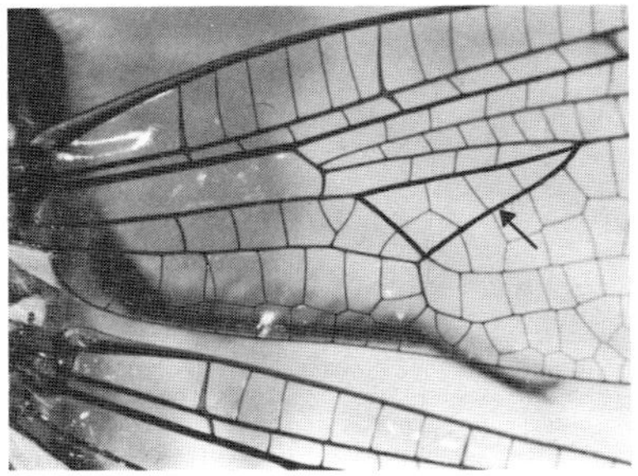

Abb. **28**

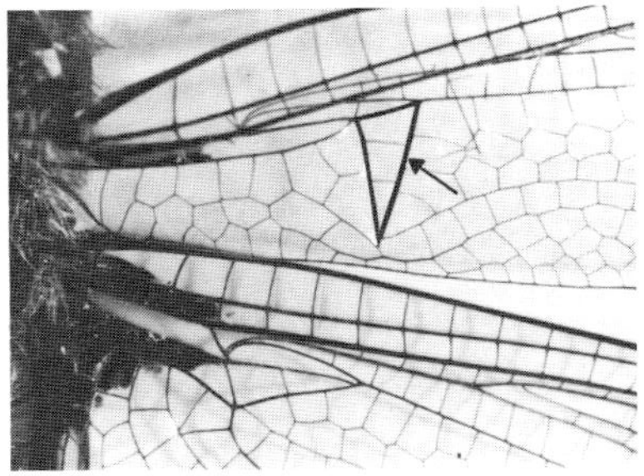

Abb. **29**

Abb. **30**

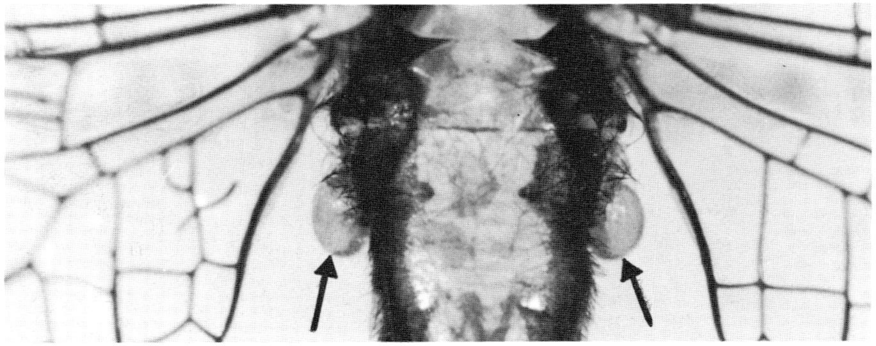

Cordulegasteridae — Quelljungfern

Artenschlüssel

1 Kopf von oben gesehen: Dreieck am Hinterkopf gelb. Die mittleren Hinterleibssegmente mit dickeren und dünneren gelben Querringen.
Cordulegaster boltoni — **Zweigestreifte Quelljungfer**

1* Kopf von oben gesehen: Dreieck am Hinterkopf schwarz. Die mittleren Hinterleibssegmente mit gleich dicken gelben Querringen.
Cordulegaster bidentatus — **Gestreifte Quelljungfer**

Aeshnidae — Edellibellen

Artenschlüssel

1 Brust (von der Seite gesehen) nahezu einfarbig, ohne auffallende dunkle Zeichnung. 2

1* Brust (von der Seite gesehen) mit dunkler Zeichnung im vorderen Bereich oder allgemein dunkel gezeichnet. 4

2 Flügel ausbreiten: Hinterflügel an der Basis mit typischer Aderung (vgl. Abb. **31**). Körperfarbe hell gelbbraun mit dunkelbraunen Zeichnungen, 2. Hinterleibssegment oben blau gefärbt. *Hemianax ephippiger* — **Schabrackenlibelle**

2* Hinterflügel an der Basis mit anderem Aderverlauf (vgl. Abb. **32**). 3

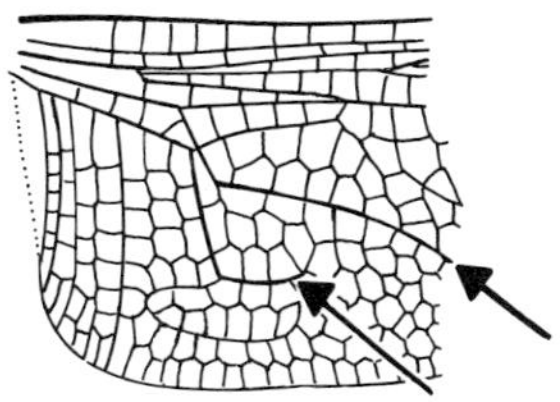
Abb. **31**

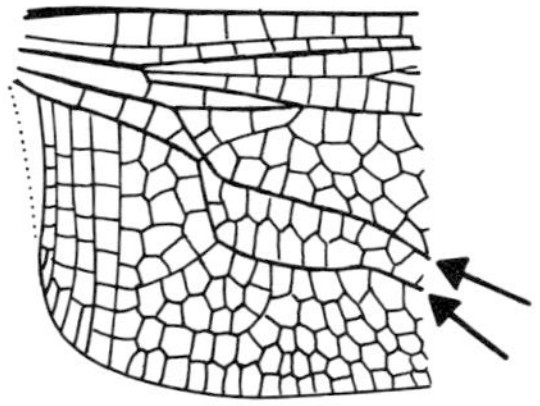
Abb. **32**

3 Brust und Gesicht grasgrün. Hinterleib blau (♂) oder blaugrün (♀) mit dunklen Zeichnungen oberseits. Größte einheimische Libelle. Hinterleibsanhänge (♂) vgl. Abb. **33**.
Anax imperator — **Große Königslibelle**

3* Brust bräunlich, manchmal grau-violett. Hinterleib schmutzigbraun, am 2. und 3. Segment leuchtend blaugrün. Hinterleibsanhänge (♂) vgl. Abb. **34**.
Anax parthenope — **Kleine Königslibelle**

4 Hinterleib (von oben gesehen) meist einfarbig braun oder rötlich. 5

4* Hinterleib (von oben gesehen) dunkel mit vielen Flecken (vgl. Abb. **35**). 6

5 Auf dem 2. Hinterleibssegment oben ein leuchtend *gelber* Keilfleck. Gesamter Hinterleib oben mit dünner schwarzer Mittellinie. Hinterleibsanhänge (♂) vgl. Abb. **36**.
Aeshna isosceles — **Keilflecklibelle**

5* Hinterleib oben einheitlich dunkelbraun. An den Flügelansatzstellen kleine hellblaue Flecken. Flügel goldbraun, Geäder rotbraun getönt. Hinterleibsanhänge (♂) vgl. Abb. **37**.
Aeshna grandis — **Braune Mosaikjungfer**

6 Brust an der Seite fast einheitlich grün mit wenigen sehr dünnen Nähten (Abb. **38**). Augen hellgrün. Hinterleibsanhänge (♂) vgl. Abb. **39a**.
Aeshna viridis — **Grüne Mosaikjungfer**

6* Brust an der Seite nicht einheitlich grün oder anders gezeichnet. 7

7 Brust seitlich hellbraun. Auf der Vorderbrust liegen (von oben gesehen) 2 kommaförmige, gelbe Flecken. Hinterleibsanhänge (♂) vgl. Abb. **39b**.
Aeshna affinis — **Südliche Mosaikjungfer**

7* Brust an der Seite mit kräftiger dunkler Zeichnung. 8

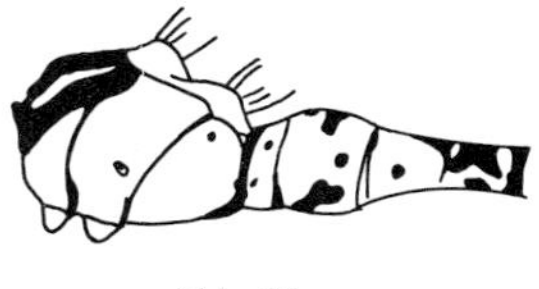
Abb. **38**

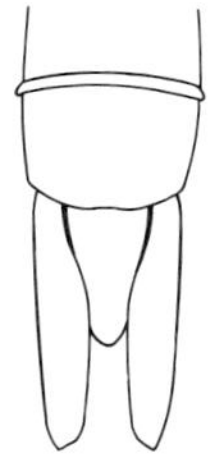
Abb. **39 a**

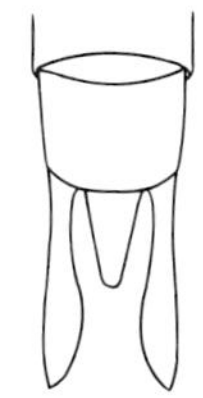
Abb. **39 b**

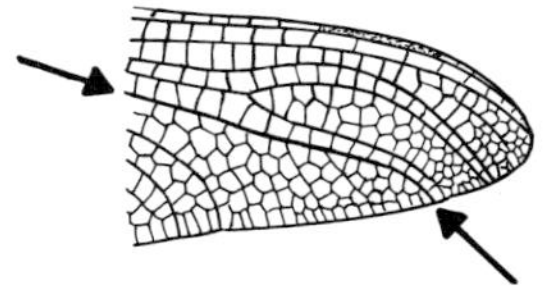
Abb. **40**

8 Flügel ausbreiten: In Abb. **40** mit Pfeilen gekennzeichnete Ader verläuft fast gerade. Brust grün mit 2 schwarzen ± parallelen Strichen. Äußere Hinterleibsanhänge (♂) schließen sich zangenartig (vgl. Abb. **41**). *Brachytron pratense* — **Kleine Mosaikjungfer**

8* Flügel ausbreiten: In Abb. **42** mit Pfeilen gekennzeichnete Ader mit deutlicher „Doppelkurve“ im Verlauf. 9

9 Brust an der Seite mit 2 breiten grünen Flächen, die von 2 schwarzen, kräftigen Streifen unterbrochen sind. Brust (von oben gesehen) mit 2 großen, eiförmigen grünen Flecken (Abb. **43**). Hinterleibsanhänge (♂) vgl. Abb. **44**.
Aeshna cyanea — **Blaugrüne Mosaikjungfer**

9* Brust seitlich mit hellen Streifen auf überwiegend dunklem Grund (vgl. Abb. **45** und **46**). 10

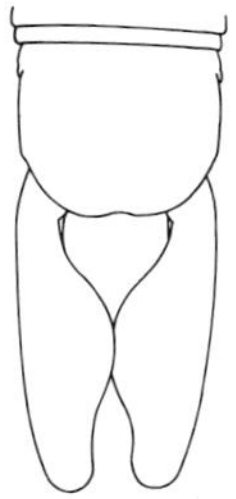
Abb. **33**

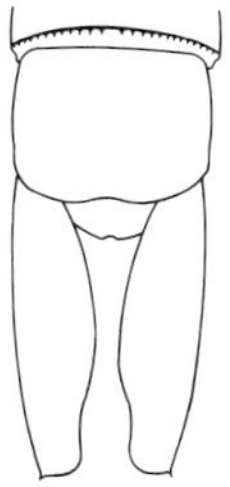
Abb. **34**

Abb. **35**

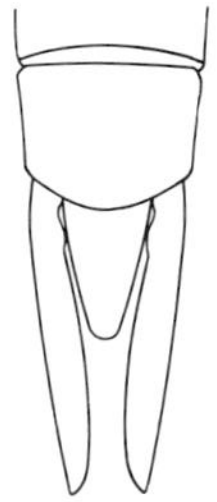
Abb. **36**

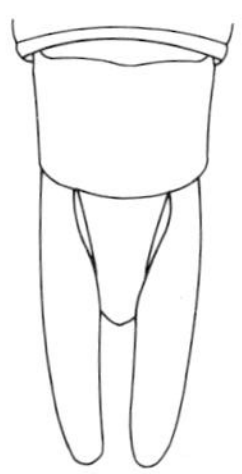
Abb. **37**

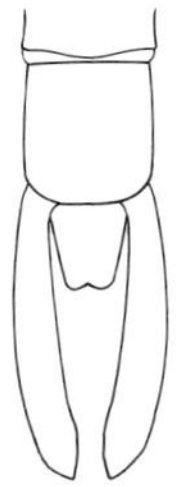
Abb. **41**

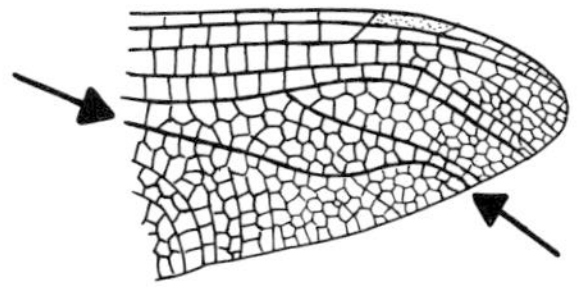
Abb. **42**

Abb. **43**

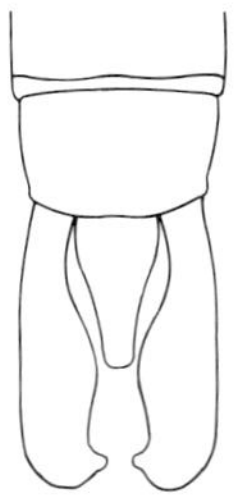
Abb. **44**

Abb. **45**

Abb. **46**

10 Brust, von oben gesehen, mit 2 gelben Kommastrichen, seitlich mit 2 gelben Binden. Vorderrand der Flügel zweifarbig: von Basis bis Knoten hellbraun, von Knoten bis Spitze dunkel. Hinterleibsanhänge (♂) vgl. Abb. **47**.
Aeshna mixta — **Herbst-Mosaikjungfer**

10* Brust oben ohne gelbe Kommastriche. **11**

11 Brust seitlich bräunlich und mit je 2 *schmalen, gezackten* blauen (♂) oder gelben (♀) Streifen. Hinterleib auffallend leuchtend blau. Nur in den Alpen in Höhen über 1 000 m.
Aeshna coerulea — **Alpen-Mosaikjungfer**

11* Brust seitlich mit deutlichen *breiten* hellen Streifen auf dunklem Grund. **12**

12 Kopf von unten betrachten: Unterlippe *mit* 2 dunklen Flecken. Hinterkopf *ohne* helle Randflecken (vgl. Abb. **48a**). Hinterleibsanhänge (♂) vgl. Abb. **48b**.
Aeshna subarctica — **Hochmoor-Mosaikjungfer**

12* Kopf von unten betrachten: Unterlippe *ohne* dunkle Flecken. Hinterkopf *mit* hellen Randflecken (vgl. Abb. **49a**). Hinterleibsanhänge (♂) vgl. Abb. **49b**.
Aeshna juncea — **Torf-Mosaikjungfer**

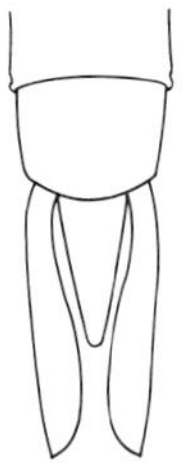

Abb. **47**

Abb. **48 a**

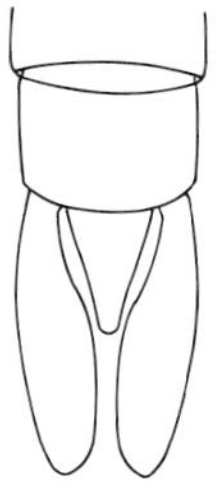

Abb. **48 b**

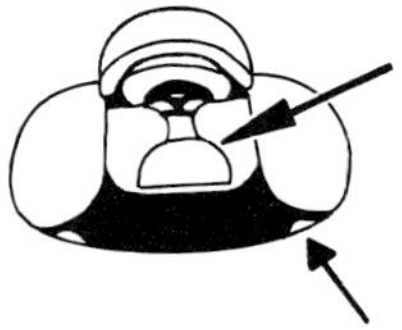

Abb. **49 a**

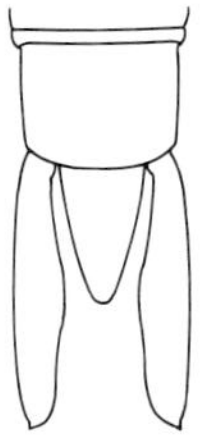

Abb. **49 b**

Gomphidae — Flußjungfern

Artenschlüssel

Tier vorsichtig an den Flügeln halten und von der Seite auf die Brust oder von oben auf den Hinterleib schauen:

1 Brust (Thorax) seitlich mit *dicker*, schwarzer, streifenförmiger Zeichnung (vgl. Abb. **50** und **51**). Äußere Hinterleibsanhänge des ♂, von oben gesehen, fast rechtwinklig nach innen gekrümmt; sie berühren die inneren, ebenfalls gekrümmten Anhänge (vgl. Abb. **52**). **2**

1* Brust (Thorax) seitlich mit *dünner*, schwarzer, streifenförmiger Zeichnung (vgl. Abb. **53** und **54**). **3**

Abb. **50**

Abb. **51**

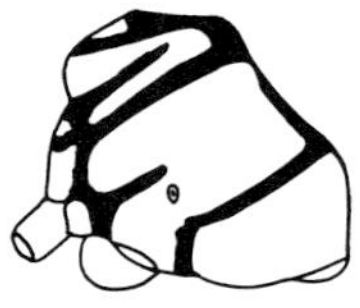

Abb. **53**

Abb. **54**

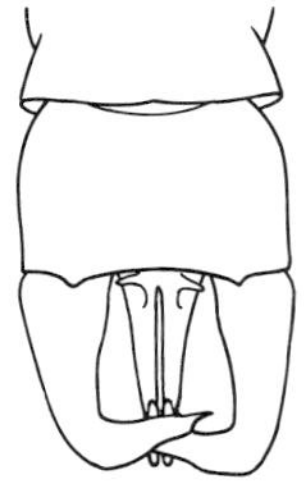

Abb. **52**

Abb. **55**

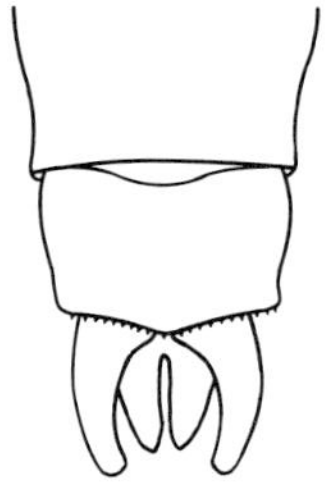

Abb. **56 a**

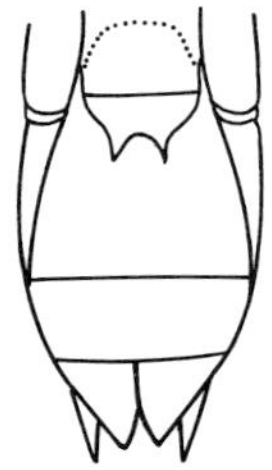

Abb. **56 b**

2 Die Hinterleibsanhänge der ♂♂ sind ineinandergefaltet und tragen innen einen Zahn (vgl. Abb. **55**). Augen grün, der Körper wirkt blaß grüngelb.
Onychogomphus forcipatus — **Kleine Zangenlibelle**

2* Augen blau bis grau, Körper gelblich. Hinterleibsanhänge des ♂ ohne Zahn innen. Beim ♀ Legeapparat mit auffallenden, dünnen, nach innen zeigenden Stiften.
Onychogomphus uncatus — **Große Zangenlibelle**

3 Beine schwarz *und* gelb, Augen grün, Brust grün wie frisches Gras.
♂: Äußere Hinterleibsanhänge einwärts weisend (vgl. Abb. **56a**).
♀: Legeapparat vgl. Abb. **56b**.
Ophiogomphus serpentinus — **Grüne Keiljungfer**

3* Augen blaugrün oder grau, Brust gelb oder blaßgelb.
♂: Äußere Hinterleibsanhänge nach außen gebogen (Abb. **58**).
♀: Kante des Hinterkopfes ohne Warzen. **4**

4 Brustseiten mit breiten schwarzen Streifen (vgl. Abb. **57**). Augen blaugrün, Körper grünlichgelb, Beinschienen einheitlich schwarz.
♂: Hinterleibsanhänge vgl. Abb. **58**.
♀: Legeapparat vgl. Abb. **59**.
Gomphus vulgatissimus — **Gemeine Keiljungfer**

4* Beinschienen mit schwarzen Streifen auf gelbem Grund. **5**

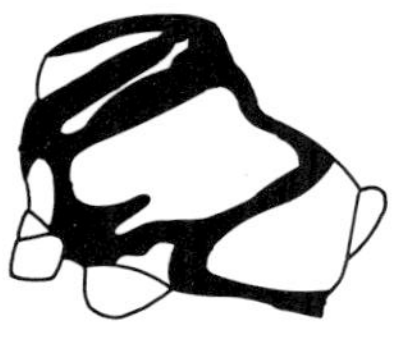

Abb. **57**

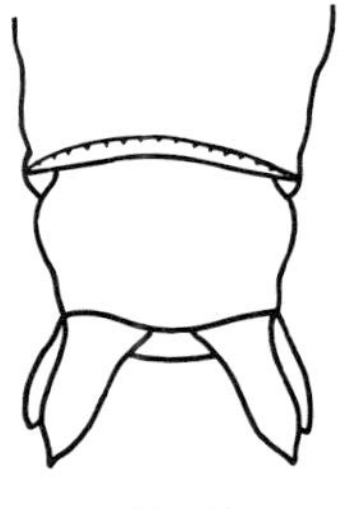

Abb. **58**

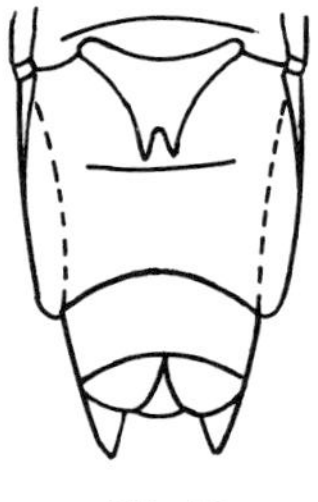

Abb. **59**

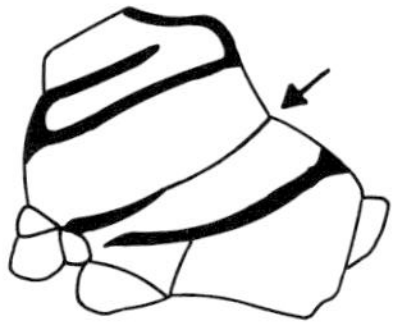

Abb. **60**

5 Der dünne schwarze Streifen auf der Mittelbrust durchläuft die ganze Breite des Thorax (vgl. Abb. **60**).
♂: Auf dem letzten Hinterleibssegment laufen die dunklen Streifen seitlich bis zum Ende durch. Der helle Mittelstreifen ist nicht unterbrochen. Hinterleibsanhänge vgl. Abb. **61a**.
♀: Typischer Höcker auf dem 8. Hinterleibssegment (Unterseite); (vgl. Abb. **61b**).
Gomphus pulchellus — **Westliche Keiljungfer**

5* Der dünne Streifen auf der Mittelbrust läuft nur bis zur Mitte (vgl. Abb. **62**). **6**

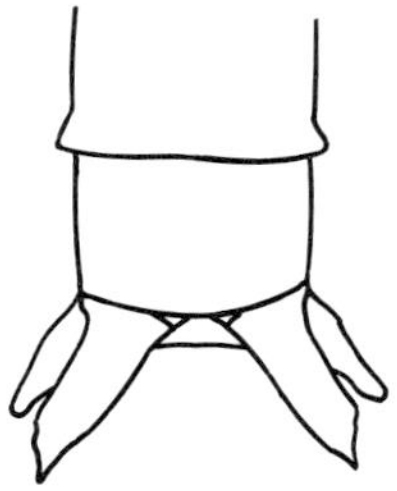

Abb. 61 a

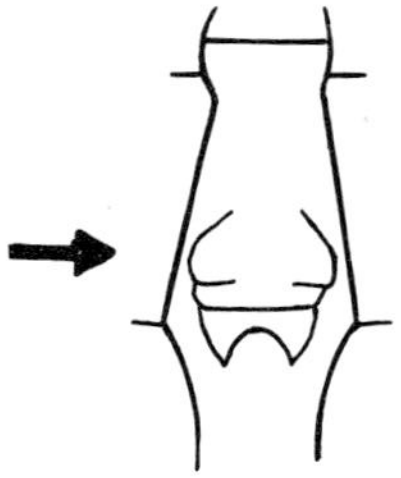

Abb. 61 b

Abb. 62

Abb. 63

6 Der unterste, dünne Streifen ist y-förmig gestaltet (vgl. Abb. **63**).
♂: Hinterleibsanhänge konisch mit Spitze.
♀: Legeapparat vgl. Abb. **64**. Typisch sind die wenigen gekerbten Fortsätze des 8. Segments. *Gomphus simillimus* — **Gelbe Keiljungfer**

6* Der unterste, dünne Streifen der Seitenbrust ist *nicht* y-förmig, sondern ungegabelt (vgl. Abb. **65**). Die Augen sind grünlich bis blau, die Brust gelbgrün.
♂: Hinterleibsanhänge vgl. Abb. **66**.
♀: Legeapparat von unten: vgl. Abb. **67**.
Gomphus flavipes — **Asiatische Keiljungfer**

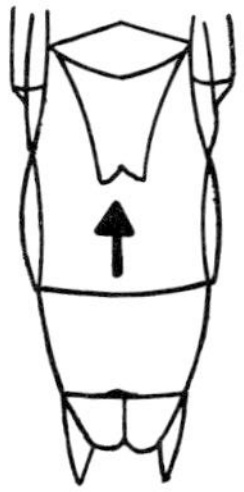

Abb. 64

Abb. 65

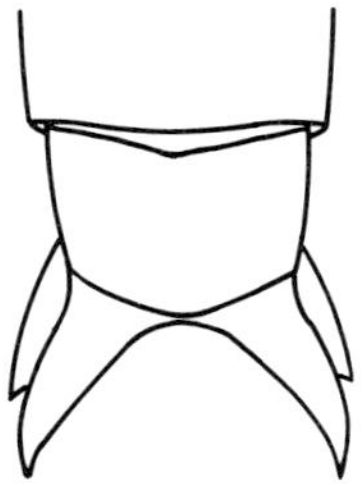

Abb. 66

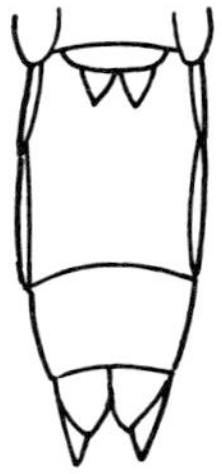

Abb. 67

Corduliidae — Falkenlibellen

Artenschlüssel

1 Brust von der Seite ohne deutlichen Metallglanz, Ansatz der Hinterflügel mit auffälligem, schwarzem Fleck. *Epitheca bimaculata* — **Zweifleck**

1* Brust von der Seite metallisch grün oder kupfern glänzend wie der gesamte Körper. Ansatz der Hinterflügel klar. 2

2 Kopf von vorn: Stirn einheitlich goldgrün. 3

2* Kopf von vorn: Stirn an den Seiten mit gelben Flecken an den Augenrändern. 4

3 Hinterleib, von oben gesehen, mit auffallend großen gelben Flecken.
Oxygastra curtisi — **Gekielte Smaragdlibelle**

3* Stirn ungefleckt, Hinterleib goldgrün glänzend, gelb behaart.
Cordulia aenea — **Gemeine Smaragdlibelle**

4 Kopf von vorn: Stirn mit breiter gelber Querbinde oberhalb des Mundes.
♂: Innere Hinterleibsanhänge kegelförmig (vgl. Abb. **68**).
♀: Rechtwinklig abstehender, *langer* Legeapparat (vgl. Abb. **69**).
Somatochlora metallica — **Glänzende Smaragdlibelle**

4* Kopf von vorn: Stirn nur mit gelben Seitenflecken, nicht aber mit einer hellen Linie oberhalb des Mundes.
♂: Innere Hinterleibsanhänge schmal und parallel (vgl. Abb. **70**).
♀: Rechtwinklig abstehender, *kurzer* Legeapparat (vgl. Abb. **71**). 5

Abb. 68

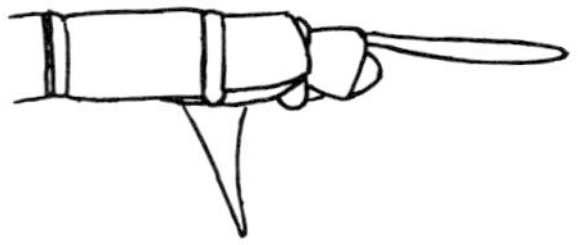

Abb. 69

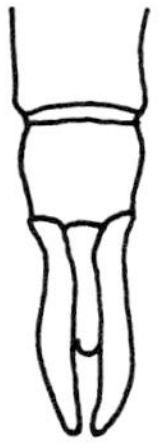

Abb. 70

5 Hinterleib und Brust von oben: helle Flecken auf den Seiten der Segmente 5—7 (junge Tiere gelb, alte Tiere bräunlich). *Somatochlora flavomaculata* — **Gefleckte Smaragdlibelle**

5* Hinterleib von oben: Brust und Hinterleibssegmente 4—9 ohne helle Flecken. 6

6 Hinterleibsanhänge (♂) von oben: äußere Hinterleibsanhänge *stumpfwinklig* nach innen gebogen (vgl. Abb. **72**). *Somatochlora alpestris* — **Alpen-Smaragdlibelle**

6* Hinterleibsanhänge (♂) von oben: äußere Hinterleibsanhänge *rund*, nach innen gebogen (vgl. Abb. **73**). *Somatochlora arctica* — **Arktische Smaragdlibelle**

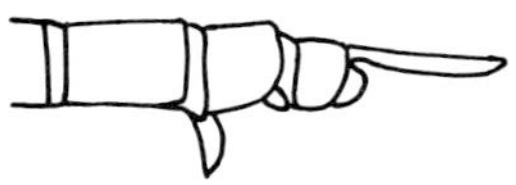

Abb. 71

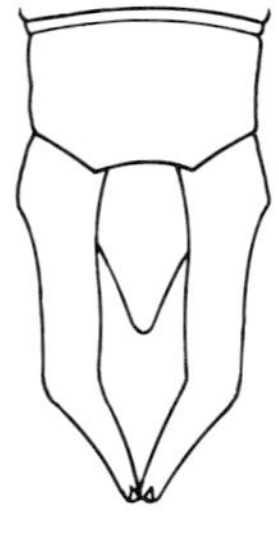

Abb. 72

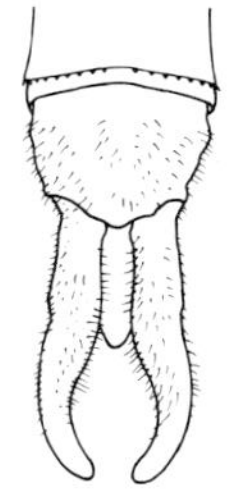

Abb. 73

Libellulidae — Segellibellen

Schlüssel zu den Gattungen

1 Ansatz der Hinterflügel durchsichtig oder mit gelbem Fleck, nie dunkel. 2

1* Ansatz der Hinterflügel mit dunklem Fleck (dunkelbraun-schwarz). 3

2 Zwischen Flügelansatz und Knoten (Nodus) liegen *weniger* als 10 Randzellen.
Gattung *Sympetrum* → Schlüssel Seite 197

2* Zwischen Flügelansatz und Knoten (Nodus) liegen *10 oder mehr* Randzellen.
Gattungen *Orthetrum* und *Crocothemis* → Schlüssel Seite 198

3 Dunkler Fleck an der Basis der Hinterflügel wird von *hellen* Adern durchzogen.
Gattung *Libellula* → Schlüssel Seite 198

3* Dunkler Fleck an der Basis der Hinterflügel ohne helle Adern, Stirn weiß.
Gattung *Leucorrhinia* → Schlüssel Seite 198

Sympetrum — **Heidelibellen**

Artenschlüssel

1 Vorder- und Hinterflügel mit schokoladenbrauner (♂) oder hellbrauner (♀) deutlicher Querbinde. *Sympetrum pedemontanum* — **Gebänderte Heidelibelle**
1* Flügel ohne braune Querbinden, aber oft mit gelben Flecken. **2**
2 Beine schwarz. **3**
2* Beine schwarz, aber außen mit gelbem Längsstreifen. **5**
3 Brustabschnitt, von der Seite gesehen, schwarz mit gelben dünnen Streifen, alte Tiere oberseits ganz schwarz.
♂: Kopulationsorgan am 2. Hinterleibssegment vgl. Abb. **74**.
♀: Eilegeapparat vgl. Abb. **75**.
Sympetrum danae — **Schwarze Heidelibelle**
3* Brustabschnitt, von der Seite gesehen, gelb oder bräunlich mit schwarzen dünnen Streifen. Hinterleib nie schwarz. **4**
4 Vorderflügel von oben: Flügelmal hellrot (♂) oder bräunlich-gelb (♀). Flügel oft mit Goldschimmer überzogen. Der Hinterleib des ♂ wirkt abgeflacht; er ist oben ziegelrot, unterseits orange. Kopulationsapparat (♂) am 2. Hinterleibssegment vgl. Abb. **76**. Legeapparat (♀) vgl. Abb. **77**. *Sympetrum depressiusculum* — **Sumpf-Heidelibelle**
4* Vorderflügel von oben: Unter der wannenartig gebogenen Längsader im Flügel liegen zum Hinterrand hin nur 4—5 größere Zellen. Flügelmal dunkelbraun (♂, ♀). Flügel ohne Goldschimmer, Stirn meist dunkel. Der Hinterleib des ♂ wirkt keulenartig, nie abgeflacht, oben meist blutrot. Kopulationsapparat (♂) am 2. Hinterleibssegment vgl. Abb. **78**, Legeapparat (♀) vgl. Abb. **79**. *Sympetrum sanguineum* — **Blutrote Heidelibelle**

Abb. **74**

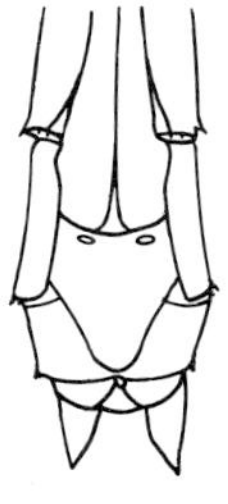
Abb. **75**

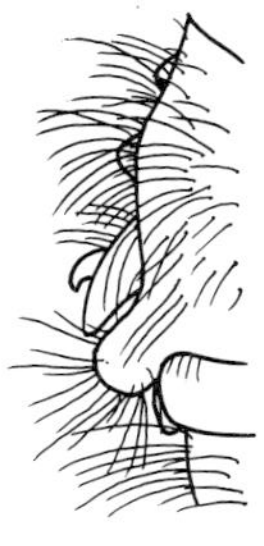
Abb. **76**

Abb. **77**

5 Ansatz der Hinterflügel ausgedehnt orange-gelb. Kopulationsapparat (♂) am 2. Hinterleibssegment vgl. Abb. **80a**, Legeapparat (♀) vgl. Abb. **80b**.
Sympetrum flaveolum — **Gefleckte Heidelibelle**
5* Ansatz der Hinterflügel nur mit kleinem gelbem Basisfleck oder farblos. **6**
6 Brust seitlich hell, nahezu ohne Zeichnung. Flügelmal alter ♂♂ rot mit schwarzer Umrandung. Kopulationsapparat (♂) vgl. Abb. **81**, Legeapparat (♀) vgl. Abb. **82**.
Sympetrum meridionale — **Südliche Heidelibelle**
6* Brust seitlich mit deutlichen dunklen Streifen. **7**
7 Flügelmal hellgelb, Randadern sehr deutlich hervortretend. Bei seitlicher Aufsicht auf das Komplexauge ist oft ein „Scheinauge" sichtbar. Kopulationsorgan (♂) vgl. Abb. **83**, Legeapparat (♀) vgl. Abb. **84**. *Sympetrum fonscolombei* — **Frühe Heidelibelle**
7* Flügelmal braun. Legescheide der ♀♀ deutlich abstehend. **8**

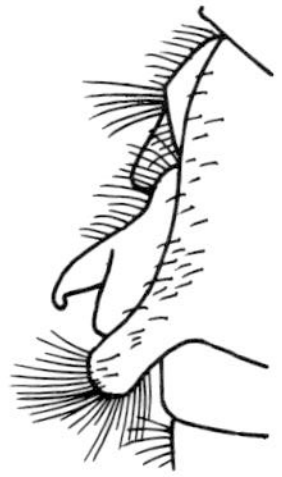
Abb. **78**

Abb. **79**

Abb. **80 a**

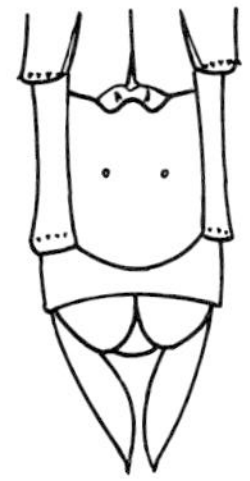
Abb. **80 b**

8 Kopf seitlich: Unterhalb der Antenne läuft *vor* den Augen eine schwarze Linie bis fast zur Augenmitte herab. Kopulationsorgan (♂) vgl. Abb. **85**, Legeapparat (♀) vgl. Abb. **86**.
Sympetrum vulgatum — **Gemeine Heidelibelle**
8* Kopf seitlich: Unterhalb der Antenne keine schwarze Linie vor den Augen, nur ein dreieckiger Fleck. Kopulationsorgan (♂) vgl. Abb. **87**, Legeapparat (♀) vgl. Abb. **88**.
Sympetrum striolatum — **Große Heidelibelle**

Abb. **81**

Abb. **82**

Abb. **83**

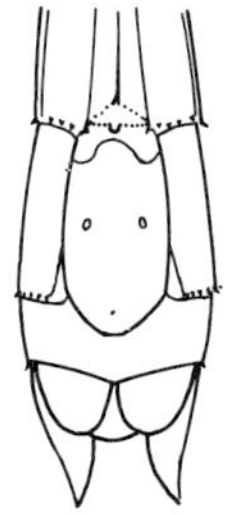
Abb. **84**

Abb. **85**

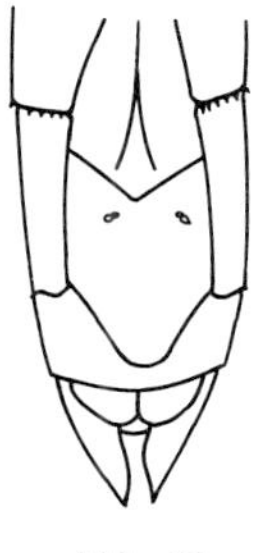
Abb. **86**

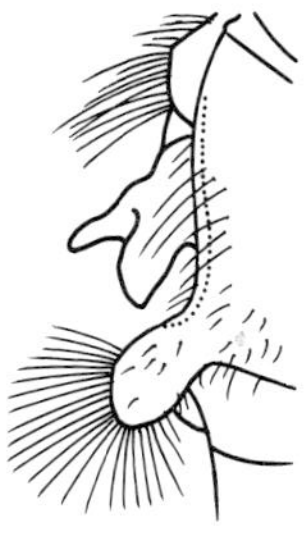
Abb. **87**

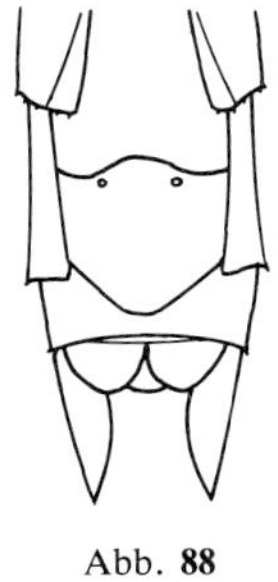
Abb. **88**

Gattungen *Orthetrum* (Blaupfeil) und *Crocothemis* (Feuerlibelle)

Artenschlüssel

1 Hinterleib der ♂♂ feuerrot, bei jungen ♂♂ safrangelb. An der Basis der Flügel ein großer, gelber Fleck. *Crocothemis erythraea* — **Feuerlibelle**
1* anders 2
2 Flügelmale schwarzbraun oder schwarz. 3
2* Flügelmale rotbraun oder gelb. 4
3 Hinterleibsanhänge schwarz, Tiere oft blau bereift. Männliches Kopulationsorgan am 2. Segment vgl. Abb. **89**. *Orthetrum cancellatum* — **Großer Blaupfeil**
3* Äußere (= obere) Hinterleibsanhänge teilweise hell. *Orthetrum albistylum* — **Östlicher Blaupfeil**
4 Flügelmal hell rotbraun, im Vorderflügel höchstens 3 mm lang. Brust oft stark blau bereift. Männliches Kopulationsorgan vgl. Abb. **90**. *Orthetrum brunneum* — **Südlicher Blaupfeil**
4* Flügelmal ockergelb und auffallend lang (über 3 mm). Brust meist schwach blau bereift. Männliches Kopulationsorgan vgl. Abb. **91**. *Orthetrum coerulescens* — **Kleiner Blaupfeil**

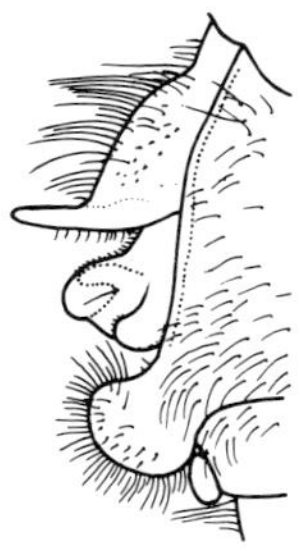

Abb. **89**

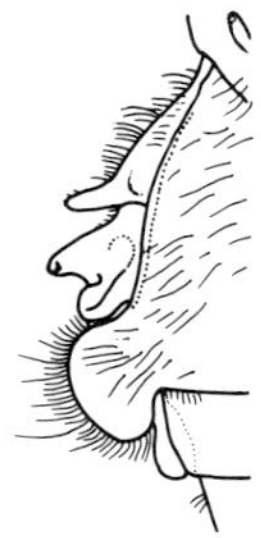

Abb. **90**

Abb. **91**

Libellula — Plattbauch und Verwandte

Artenschlüssel

1 Jeweils am Knoten (Nodus) der Vorder- und Hinterflügel ein auffallender schwarzer Fleck (vgl. Abb. **92**). *Libellula quadrimaculata* — **Vierfleck**
1* Knoten (Nodus) der Vorder- und Hinterflügel ohne schwarze Flecken (vgl. Abb. **93**). 2

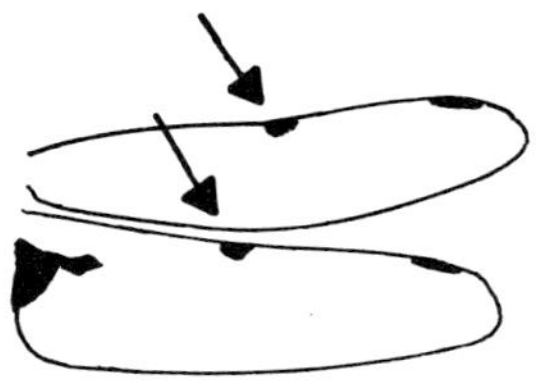

Abb. **92**

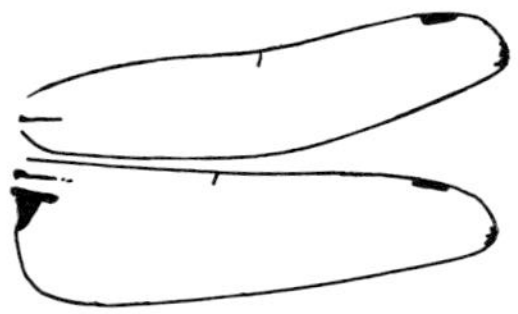

Abb. **93**

2 Ansatzstellen der Vorder- und Hinterflügel mit großen dunklen Flecken (vgl. Abb. **94**), Flügelspitzen glasklar. Hinterleib breit und im Querschnitt stark abgeflacht. *Libellula depressa* — **Plattbauch**
2* Ansatzstellen der Vorder- und Hinterflügel mit kleinen dunklen Flecken (vgl. Abb. **95**). Flügelspitzen oft mit dunklen Flecken. *Libellula fulva* — **Spitzenfleck**

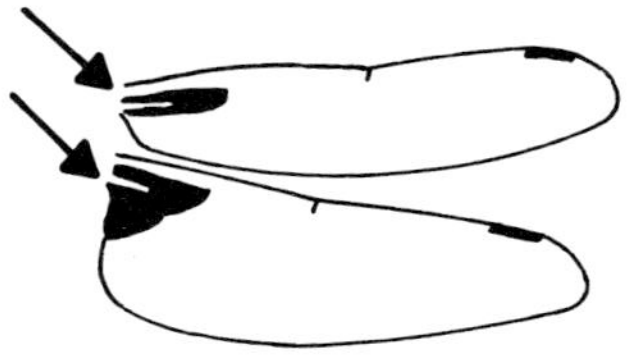

Abb. **94**

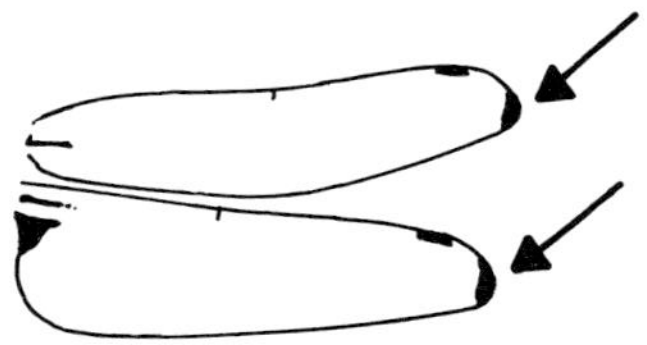

Abb. **95**

Leucorrhinia — Moosjungfern

Artenschlüssel

1 Äußere (= obere) Hinterleibsanhänge hell oder weiß. 2
1* Äußere (= obere) Hinterleibsanhänge ebenso dunkel oder schwarz wie die inneren (= unteren). 3
2 Hinterer Abschnitt des Hinterleibs keulig verdickt (vgl. Abb. **96**).
♂: Flügelmal oben weiß, unten dunkel. Kopulationsorgan vgl. Abb. **97**.
♀: Scheidenklappen am Hinterleib (von unten gesehen) schmal und lang (vgl. Abb. **98**). *Leucorrhinia caudalis* — **Zierliche Moosjungfer**
2* Hinterleib überall annähernd gleich breit, Flügelmal schwarzbraun.
♂: Kopulationsorgan vgl. Abb. **99**.
♀: Scheidenklappen kurz und breit (vgl. Abb. **100**). *Leucorrhinia albifrons* — **Östliche Moosjungfer**

Abb. **96**

Abb. **97**

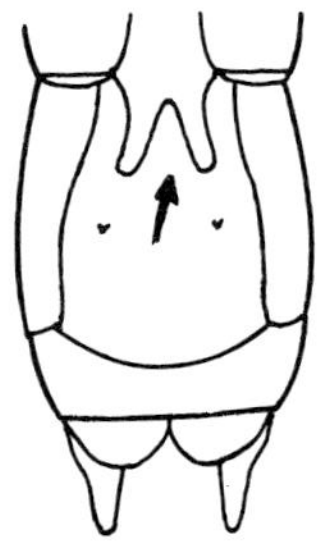

Abb. **98**

Abb. **99**

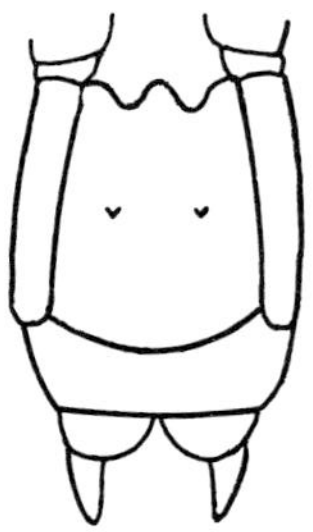

Abb. **100**

3 Flügelmal hell rotbraun, meist karminrot.
♂: Kopulationsorgan vgl. Abb. **101**.
♀: Helle Flecken auf dem Hinterleib werden nach hinten kleiner (vgl. Abb. **102**). Scheidenklappen kurz (vgl. Abb. **103**). *Leucorrhinia rubicunda* — **Nordische Moosjungfer**

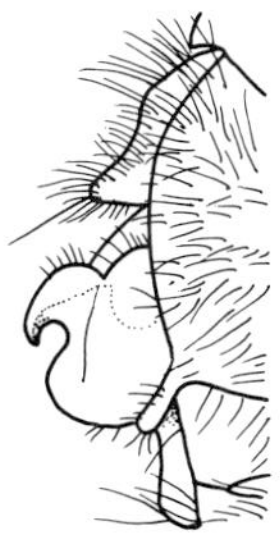

Abb. **101**

Abb. **102**

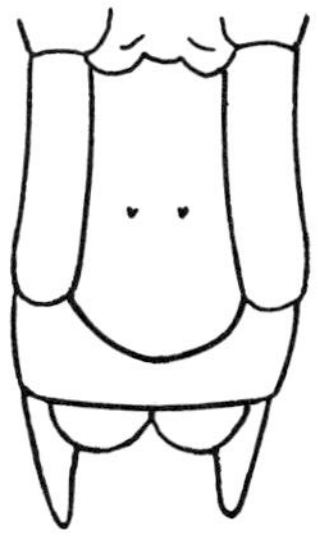

Abb. **103**

Abb. **104**

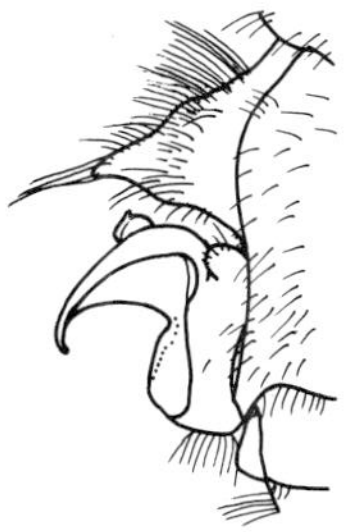

Abb. **105**

3* Flügelmal braun bis schwärzlich. 4

4 Hinterleib oben mit großen, hellen Flecken, der letzte Fleck beim ♂ oft zitronengelb.
♂: Hinterleib vgl. Abb. **104**. Kopulationsorgan vgl. Abb. **105**.
♀: Hinterleib vgl. Abb. **106**. Scheidenklappen lang (vgl. Abb. **107**).
Leucorrhinia pectoralis — **Große Moosjungfer**

4* Mittlere, helle Flecken auf dem Hinterleib sind deutlich schmaler als übrige (vgl. Abb. **108**).
♂: Flecken rot gefärbt, Kopulationsorgan vgl. Abb. **109**.
♀: Scheidenklappen lang und an der Wurzel getrennt (vgl. Abb. **110**).
Leucorrhinia dubia — **Kleine Moosjungfer**

Abb. **106**

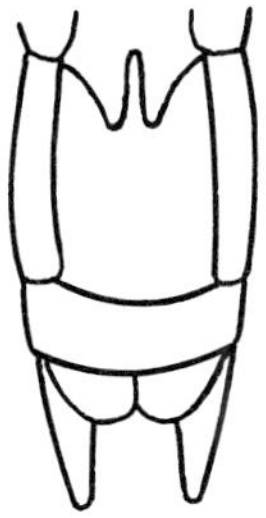

Abb. **107**

Abb. **108**

Abb. **109**

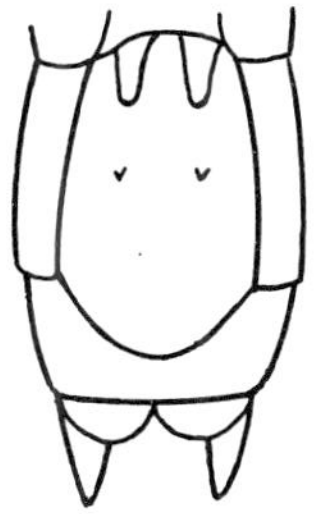

Abb. **110**

Bildbestimmungsschlüssel mitteleuropäischer Libellenlarven

Seit es das Bundesartenschutzgesetz verbietet, gefährdete Libellenarten zu fangen oder zu töten, ist es für die Registrierung von schwer im Flug zu bestimmenden Arten wichtig, nach anderen Kriterien zu deren sicherer Bestimmung zu suchen. Hilfreich ist hierbei die Bestimmung der Exuvien, jener nach dem Schlupf nutzlos gewordenen Häute des letzten Larvenstadiums. Diese Methode ist sinnvoll, da die Bestimmung der Libellenarten anhand ihrer Exuvien gleichzeitig den Nachweis ihrer Bodenständigkeit ergibt: Wo Larvenhäute an einem Halm hängen, haben sich Libellen auch vermehrt.

Libellenlarven beziehungsweise ihre Larvenhäute zu bestimmen ist leider nicht ganz einfach. Es bedarf einer stark vergrößernden Lupe (20fach) oder eines Binokulars und der Kenntnis einiger Fachausdrücke.

Um trotzdem relativ problemlos zur Artbestimmung zu gelangen, haben wir hier den klar aufgebauten Larvenbestimmungsschlüssel von Dr. U. Franke, Radolfzell, abgedruckt, was der Autor uns dankenswerterweise gestattete. Dieser Bestimmungsschlüssel umfaßt 77 Arten und geht nach dem üblichen dichotomen Prinzip vor. Die Bestimmungskriterien sind im Bild dargestellt. Pfeile verweisen jeweils auf die wichtigen Merkmale.

Der Schlüssel ist nur für ausgewachsene Larven oder Exuvien anwendbar. Altlarven erkennt man an den Flügelscheiden auf dem Rücken, die schon die Flügeladerung der zukünftigen Tragflächen erkennen lassen.

Libellenlarven haben zehn Hinterleibssegmente. Am besten beginnt man am Hinterleibsende von zehn an rückwärts zu zählen. Die Borsten auf der Fangmaske (Labium) kann man nur genau erkennen, wenn man die Fangmasken in Wasser aufgeweichter Exuvien mit einer feinen Uhrmacherpinzette abtrennt und sie unter der Lupe betrachtet, oder wenn man die Fangmasken lebender Larven vorsichtig etwas vorzieht.

Doch vorweg einige wichtige Fachausdrücke, ohne die es nicht geht:

Kleinlibellenlarve:

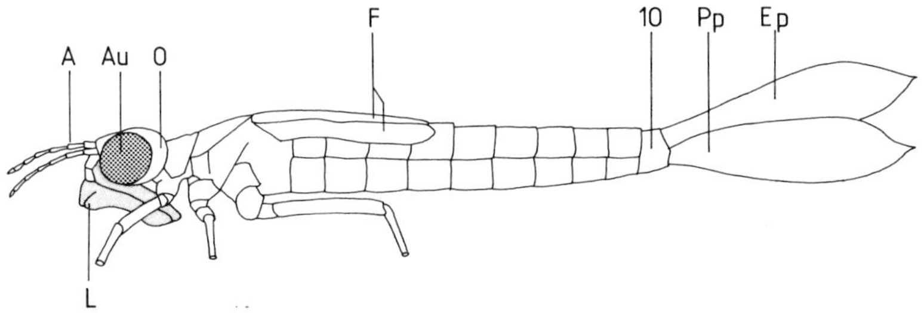

Großlibellenlarve:

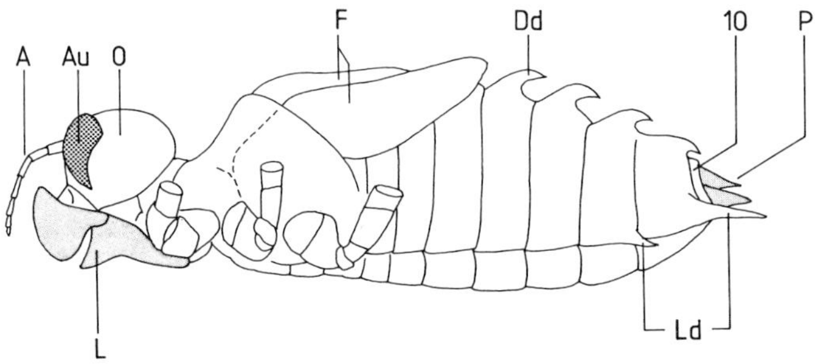

A Antenne, Au Auge, Dd Dorsaldorn, Ep Epiprokt (oberes Schwimmblättchen), F Flügelscheiden, L Labium (Unterlippe), Ld Lateraldorn, O Occiput (Hinterhaupt), P Analpyramide, Pp Paraprokt (seitliche Schwimmblättchen), 10 10. Hinterleibssegment

Es muß darauf hingewiesen werden, daß die Abbildungen natürlich schematisiert sind. Bei spiegelgleichen Formen wie z. B. der Unterlippe (Labium) wird nur eine Seite dargestellt.

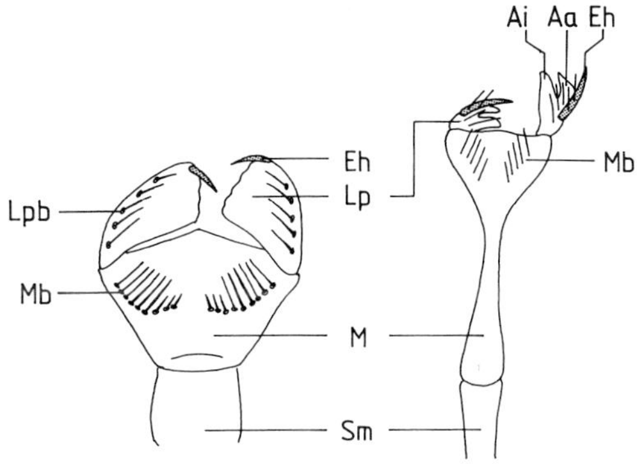

Unterlippe einer Großlibelle (links) und einer Kleinlibelle (rechts)

Aa Außenast, Ai Innenast, Eh Endhaken, Lp Lippentaster (Labialpalpus), Lpb Borste auf dem Lippentaster (Labialpalpusborste), M Kinn (Mentum), Mb Kinnborste (Mentumborste), Sm Submentum

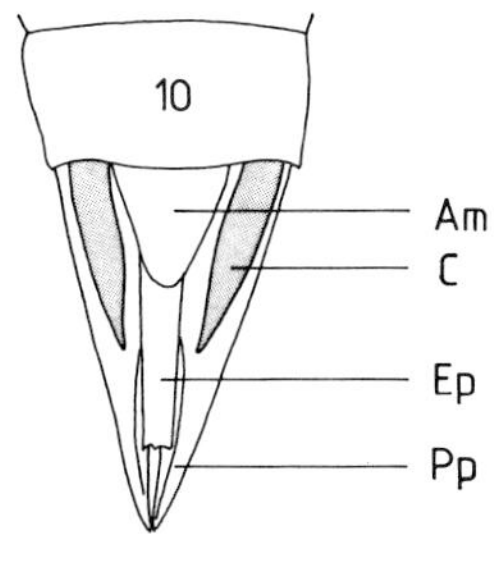

Großlibellenlarve (♂): Hinterleibsende (Analpyramide)
Am Analanhang, C Cercus, Ep Epiprokt, Pp Paraprokt

Leider lassen sich bei wenigen Libellen nicht alle Exuvien oder Larven bis zur Art bestimmen. Man gelangt nur zu Artengruppen. Diese sind: *Coenagrion armatum + C. hastulatum. Coenagrion puella + C. pulchellum. Aeshna subarctica + Aeshna isosceles. Sympetrum meridionale + S. sanguineum. Sympetrum vulgatum + S. striolatum.*

Wer genau wissen will, um welche Larve es sich handelt, kann sie in einem Kleinaquarium (oder einem Marmeladenglas), in dem ein Halm zum Aufsteigen steckt, schlüpfen lassen. Die Imagines lassen sich dann leicht lebend mit dem entsprechenden Bestimmungsschlüssel bestimmen. Ehrensache dabei ist, daß man die Libellen dann am Larvenfundort fliegen läßt.

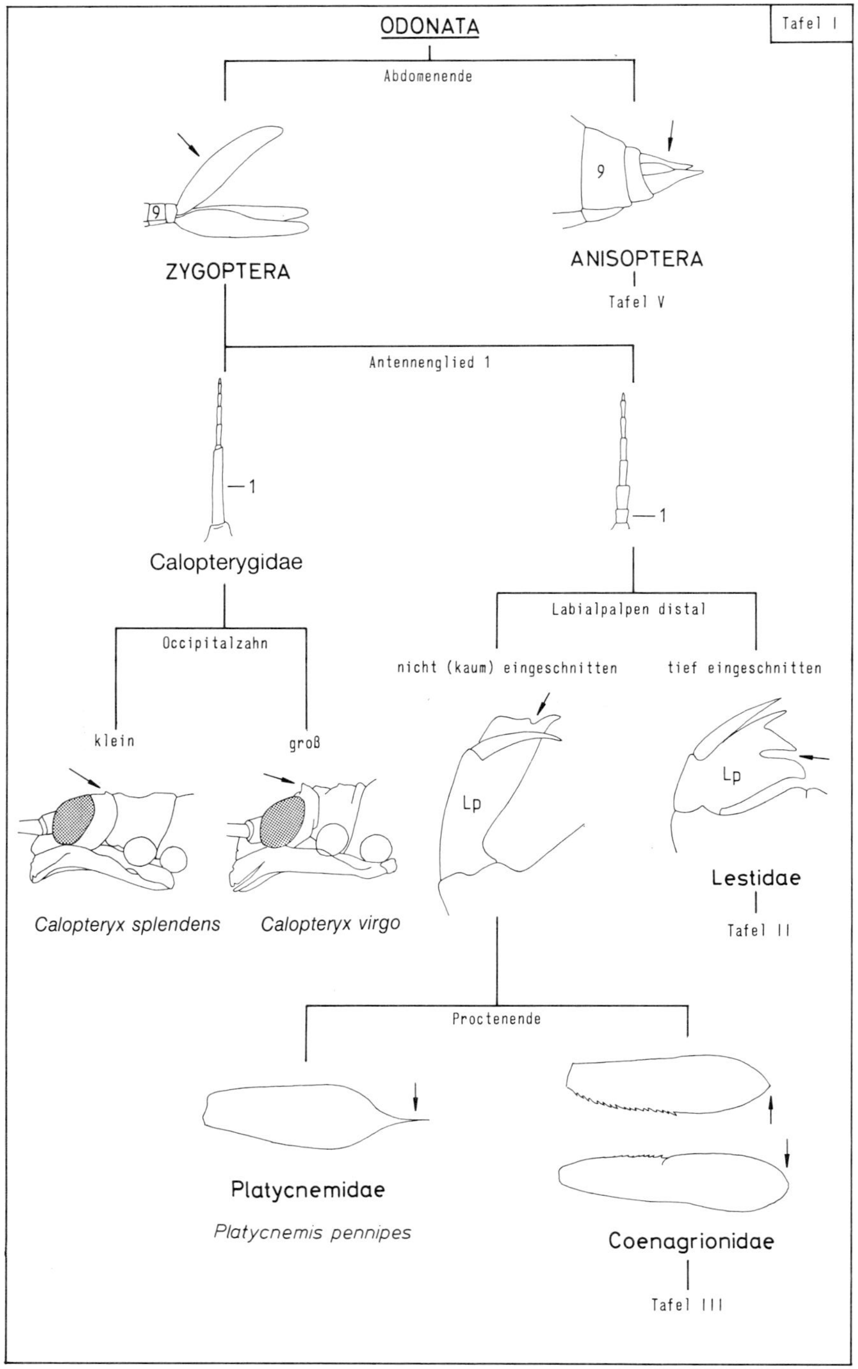
Tafel I
ODONATA
Abdomenende
9
ZYGOPTERA
9
ANISOPTERA
Tafel V
Antennenglied 1
1
1
Calopterygidae
Occipitalzahn
klein
groß
Calopteryx splendens
Calopteryx virgo
Labialpalpen distal
nicht (kaum) eingeschnitten
tief eingeschnitten
Lp
Lp
Lestidae
Tafel II
Proctenende
Platycnemidae
Platycnemis pennipes
Coenagrionidae
Tafel III

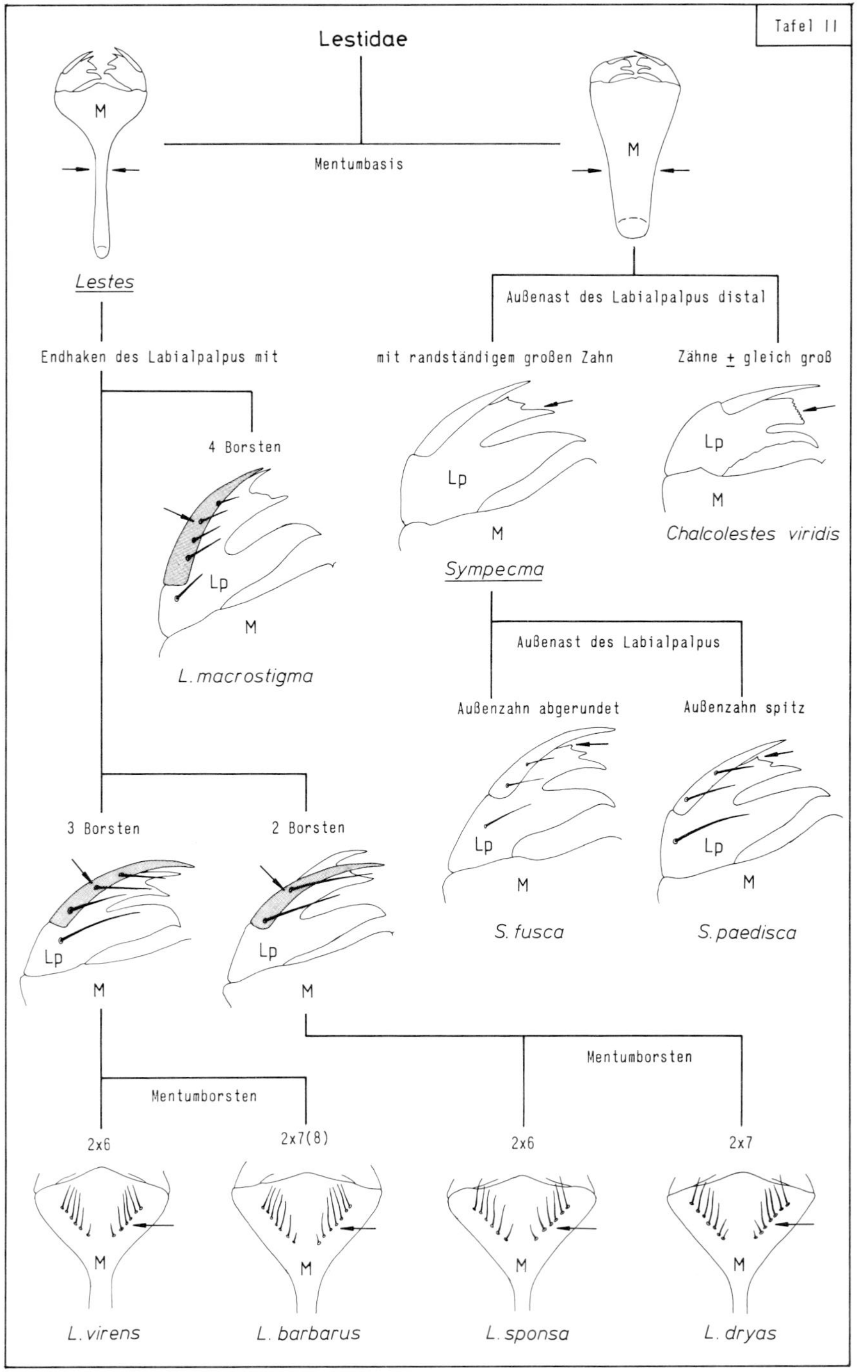
Tafel II
Lestidae
Mentumbasis
M
M
Lestes
Endhaken des Labialpalpus mit
4 Borsten
Lp
M
L. macrostigma
Außenast des Labialpalpus distal
mit randständigem großen Zahn
Zähne ± gleich groß
Lp
M
Lp
M
Chalcolestes viridis
Sympecma
Außenast des Labialpalpus
Außenzahn abgerundet
Außenzahn spitz
Lp
M
S. fusca
Lp
M
S. paedisca
3 Borsten
2 Borsten
Lp
M
Lp
M
Mentumborsten
Mentumborsten
2x6
2x7(8)
2x6
2x7
M
M
M
M
L. virens
L. barbarus
L. sponsa
L. dryas

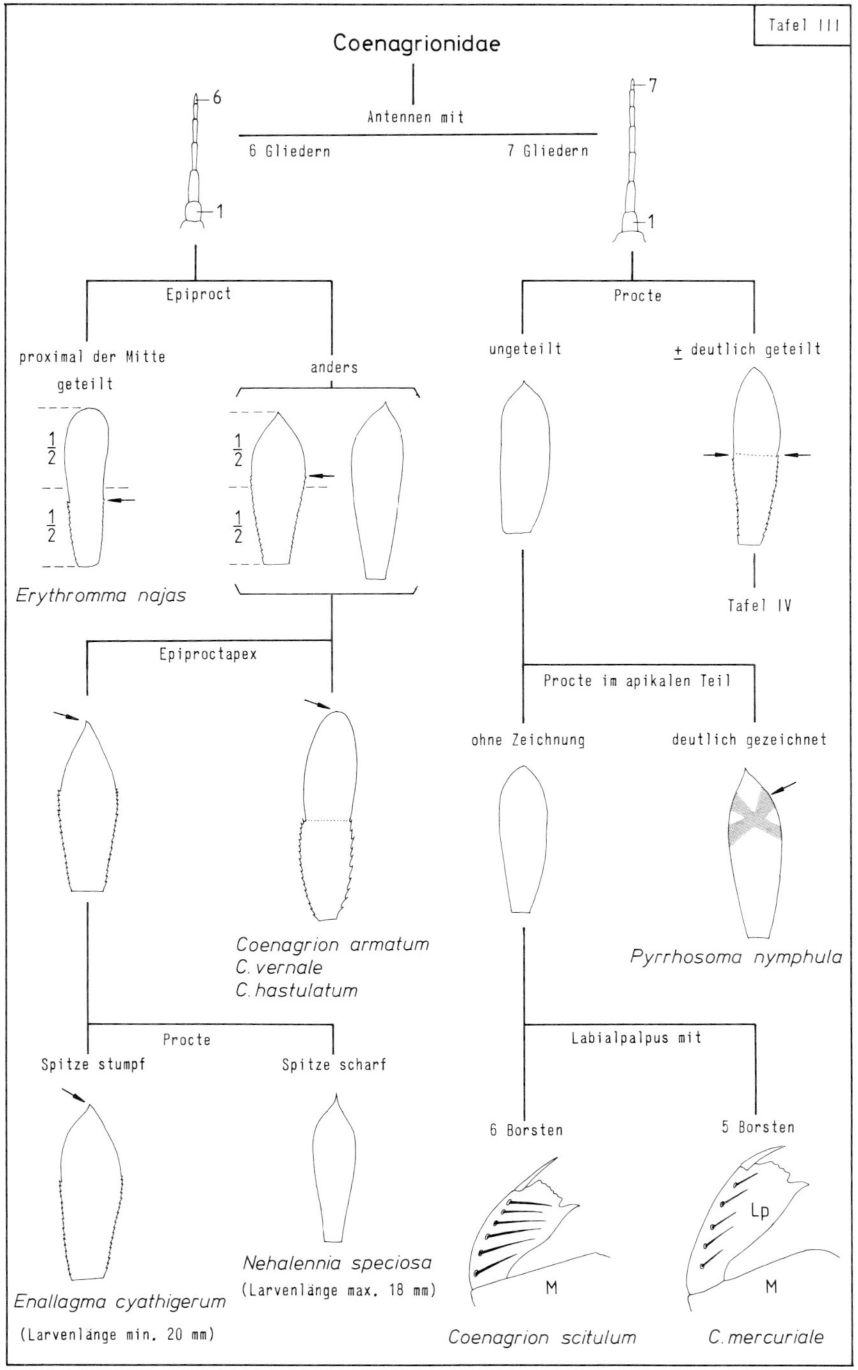
Tafel III
Coenagrionidae
Antennen mit
6 Gliedern
7 Gliedern
6
1
7
1
Epiproct
proximal der Mitte geteilt
anders
1/2
1/2
Erythromma najas
Epiproctapex
Coenagrion armatum
C. vernale
C. hastulatum
Procte
Spitze stumpf
Spitze scharf
Enallagma cyathigerum
(Larvenlänge min. 20 mm)
Nehalennia speciosa
(Larvenlänge max. 18 mm)
Procte
ungeteilt
± deutlich geteilt
Tafel IV
Procte im apikalen Teil
ohne Zeichnung
deutlich gezeichnet
Pyrrhosoma nymphula
Labialpalpus mit
6 Borsten
5 Borsten
Lp
M
Coenagrion scitulum
C. mercuriale

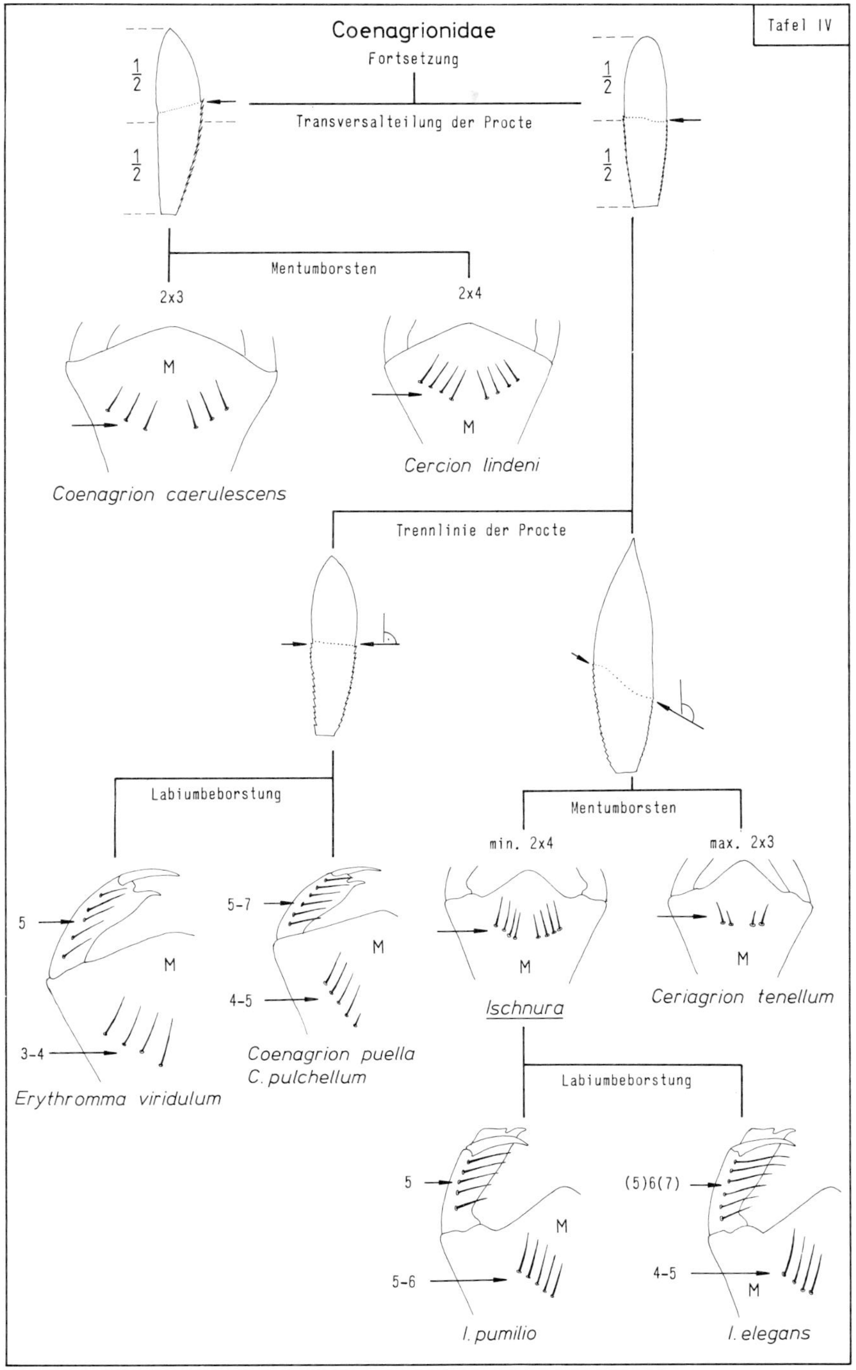
Tafel IV
Coenagrionidae
Fortsetzung
Transversalteilung der Procte
1/2
1/2
Mentumborsten
2x3
2x4
M
Coenagrion caerulescens
Cercion lindeni
Trennlinie der Procte
Labiumbeborstung
5
3-4
5-7
4-5
M
Erythromma viridulum
Coenagrion puella
C. pulchellum
Mentumborsten
min. 2x4
max. 2x3
Ischnura
Ceriagrion tenellum
Labiumbeborstung
5
5-6
(5)6(7)
4-5
I. pumilio
I. elegans

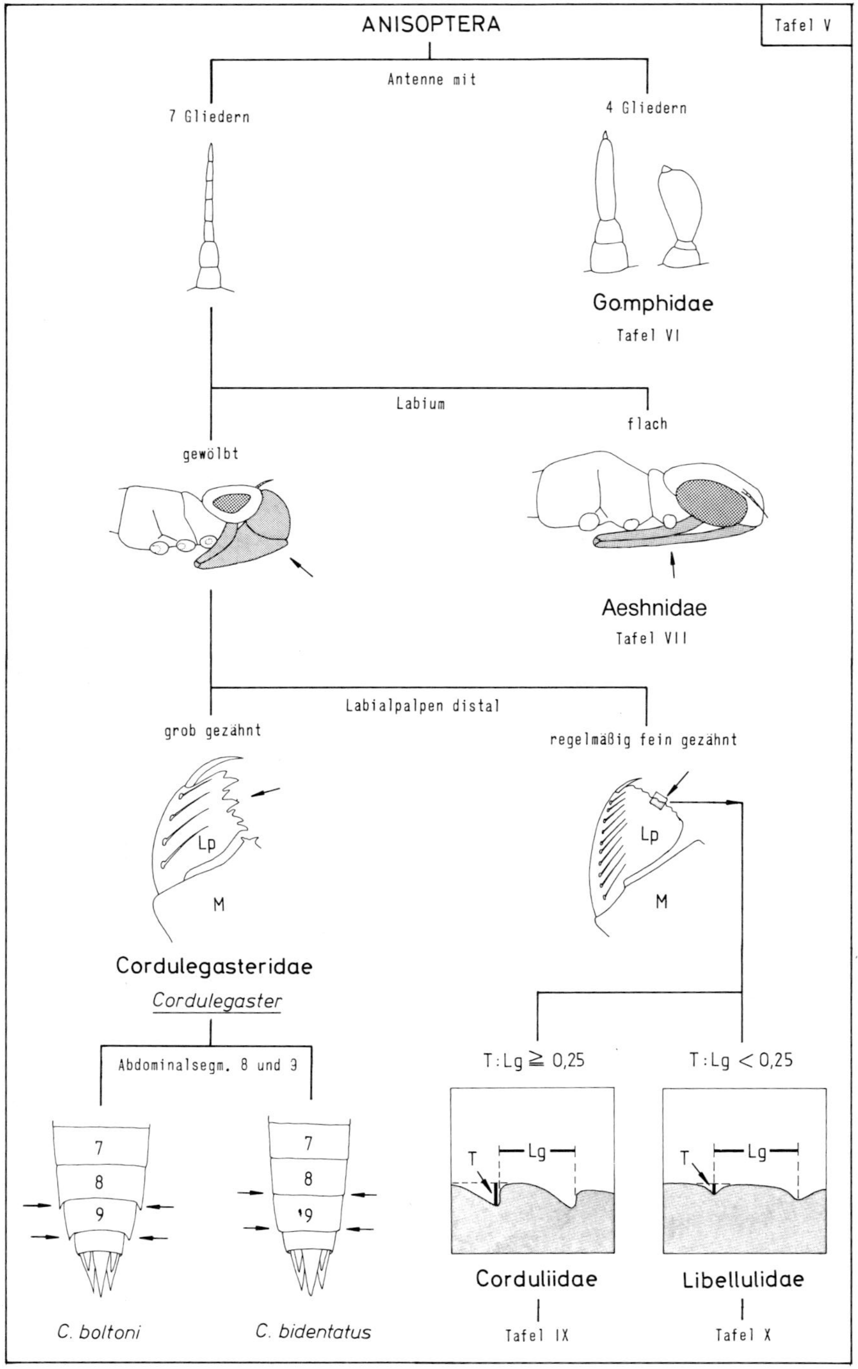

Tafel V
ANISOPTERA
Antenne mit
7 Gliedern
4 Gliedern
Gomphidae
Tafel VI
Labium
gewölbt
flach
Aeshnidae
Tafel VII
Labialpalpen distal
grob gezähnt
regelmäßig fein gezähnt
Lp
M
Cordulegasteridae
Cordulegaster
Abdominalsegm. 8 und 9
7
8
9
C. boltoni
C. bidentatus
T:Lg ≧ 0,25
T:Lg < 0,25
T
Lg
Corduliidae
Tafel IX
Libellulidae
Tafel X

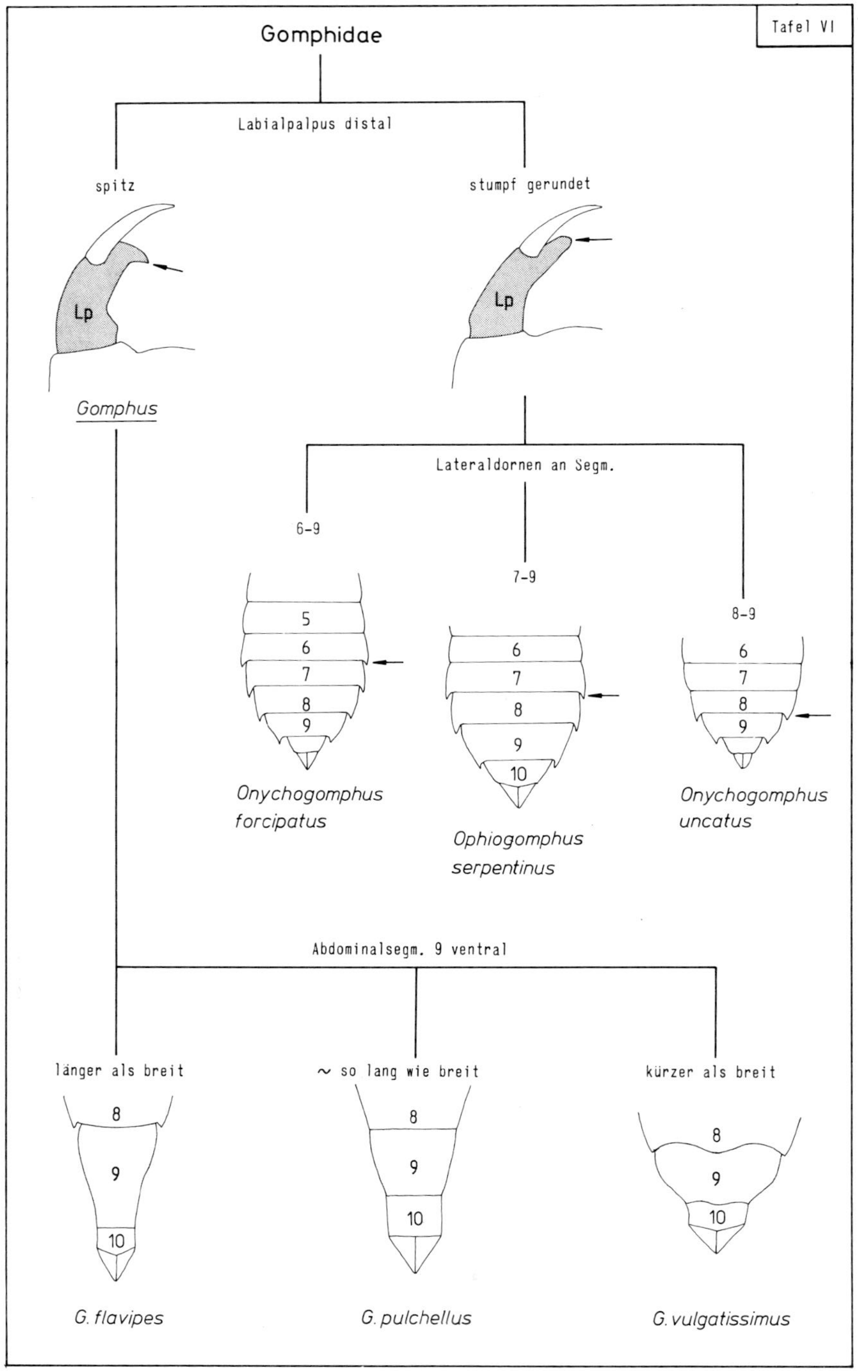

Tafel VI
Gomphidae
Labialpalpus distal
spitz
stumpf gerundet
Lp
Gomphus
Lateraldornen an Segm.
6-9
7-9
8-9
Onychogomphus forcipatus
Ophiogomphus serpentinus
Onychogomphus uncatus
Abdominalsegm. 9 ventral
länger als breit
~ so lang wie breit
kürzer als breit
G. flavipes
G. pulchellus
G. vulgatissimus

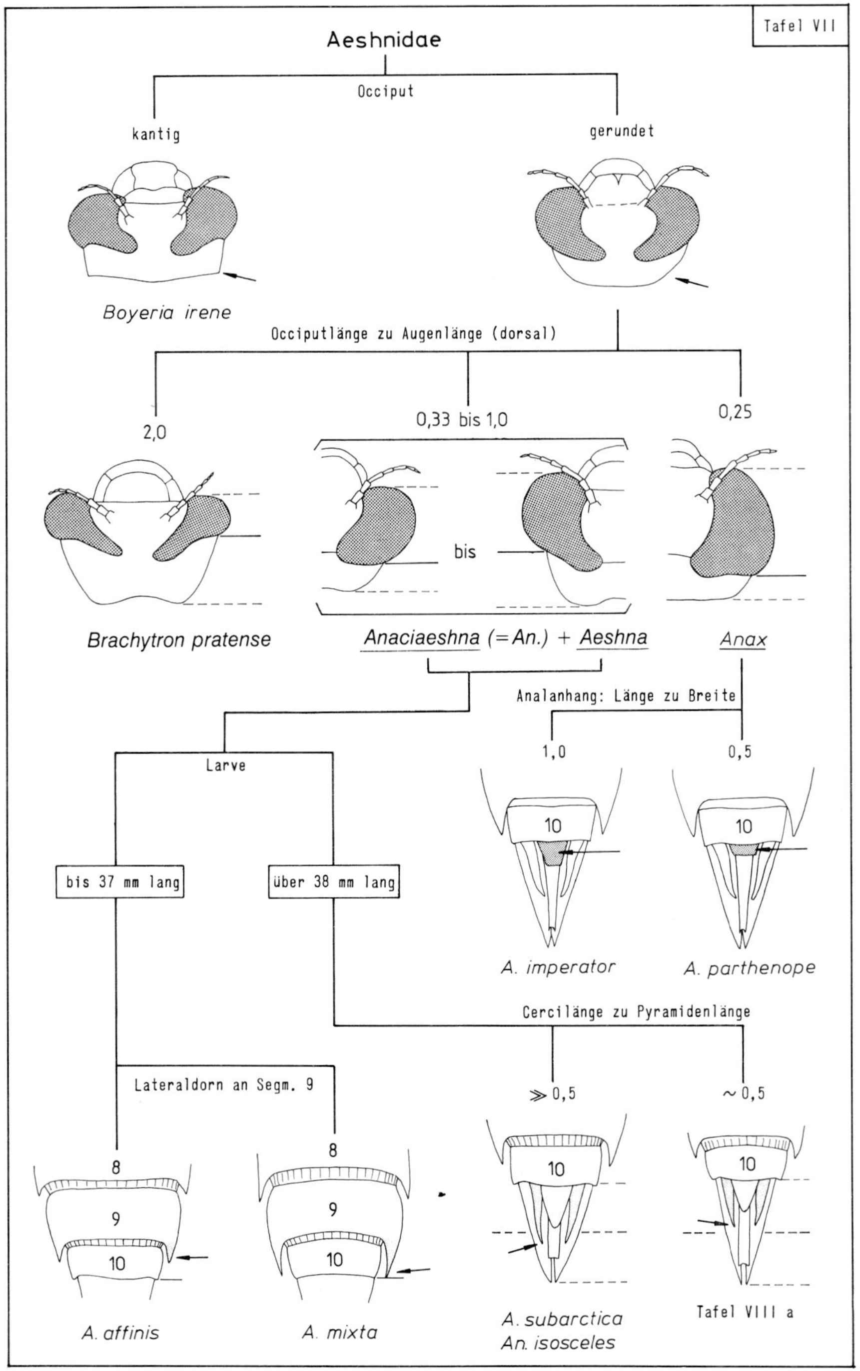
Tafel VII
Aeshnidae
Occiput
kantig
gerundet
Boyeria irene
Occiputlänge zu Augenlänge (dorsal)
2,0
0,33 bis 1,0
0,25
bis
Brachytron pratense
Anaciaeshna (=An.) + Aeshna
Anax
Analanhang: Länge zu Breite
1,0
0,5
10
A. imperator
A. parthenope
Larve
bis 37 mm lang
über 38 mm lang
Cercilänge zu Pyramidenlänge
Lateraldorn an Segm. 9
≫ 0,5
~ 0,5
8
9
10
A. affinis
A. mixta
A. subarctica
An. isosceles
Tafel VIII a

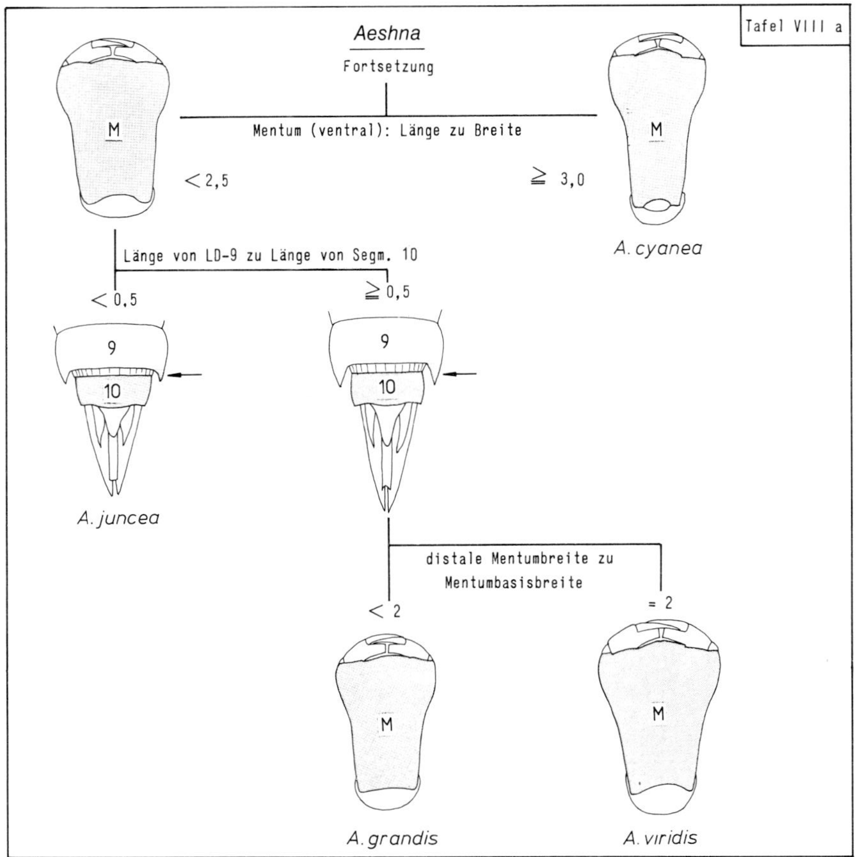
Tafel VIII a
Aeshna
Fortsetzung
Mentum (ventral): Länge zu Breite
M
< 2,5
≧ 3,0
A. cyanea
Länge von LD-9 zu Länge von Segm. 10
< 0,5
≧ 0,5
9
10
A. juncea
distale Mentumbreite zu
Mentumbasisbreite
< 2
= 2
A. grandis
A. viridis

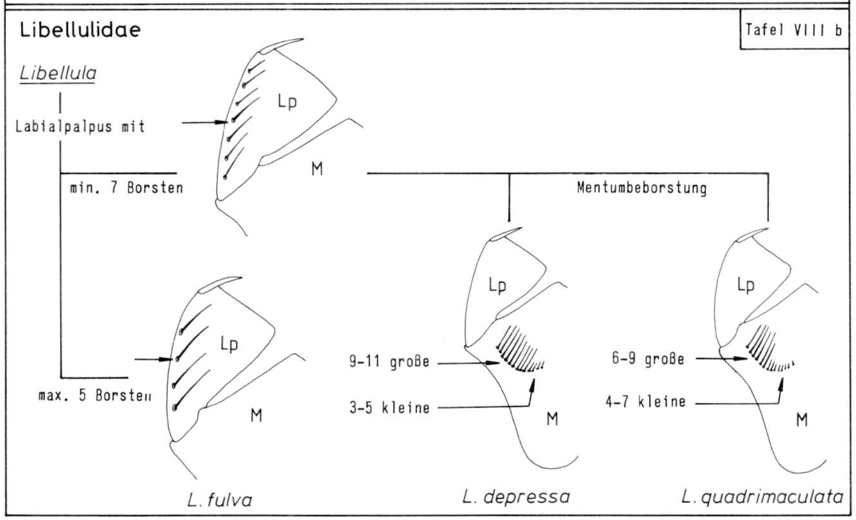
Libellulidae
Tafel VIII b
Libellula
Labialpalpus mit
min. 7 Borsten
max. 5 Borsten
Lp
M
Mentumbeborstung
9-11 große
3-5 kleine
6-9 große
4-7 kleine
L. fulva
L. depressa
L. quadrimaculata

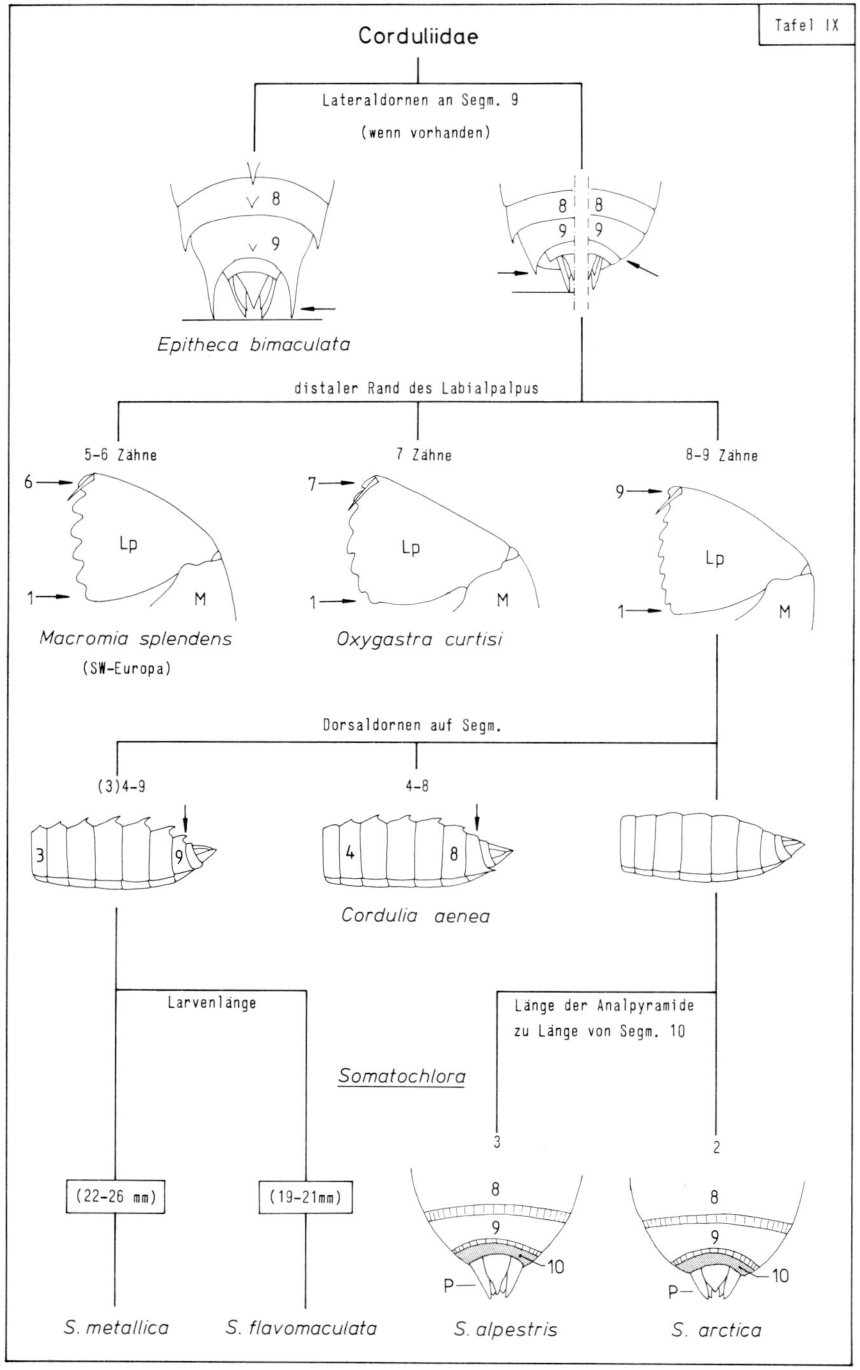

Tafel IX
Corduliidae
Lateraldornen an Segm. 9
(wenn vorhanden)
Epitheca bimaculata
distaler Rand des Labialpalpus
5-6 Zähne
7 Zähne
8-9 Zähne
Lp
M
Macromia splendens
(SW-Europa)
Oxygastra curtisi
Dorsaldornen auf Segm.
(3)4-9
4-8
Cordulia aenea
Larvenlänge
(22-26 mm)
(19-21mm)
Länge der Analpyramide
zu Länge von Segm. 10
Somatochlora
P
S. metallica
S. flavomaculata
S. alpestris
S. arctica

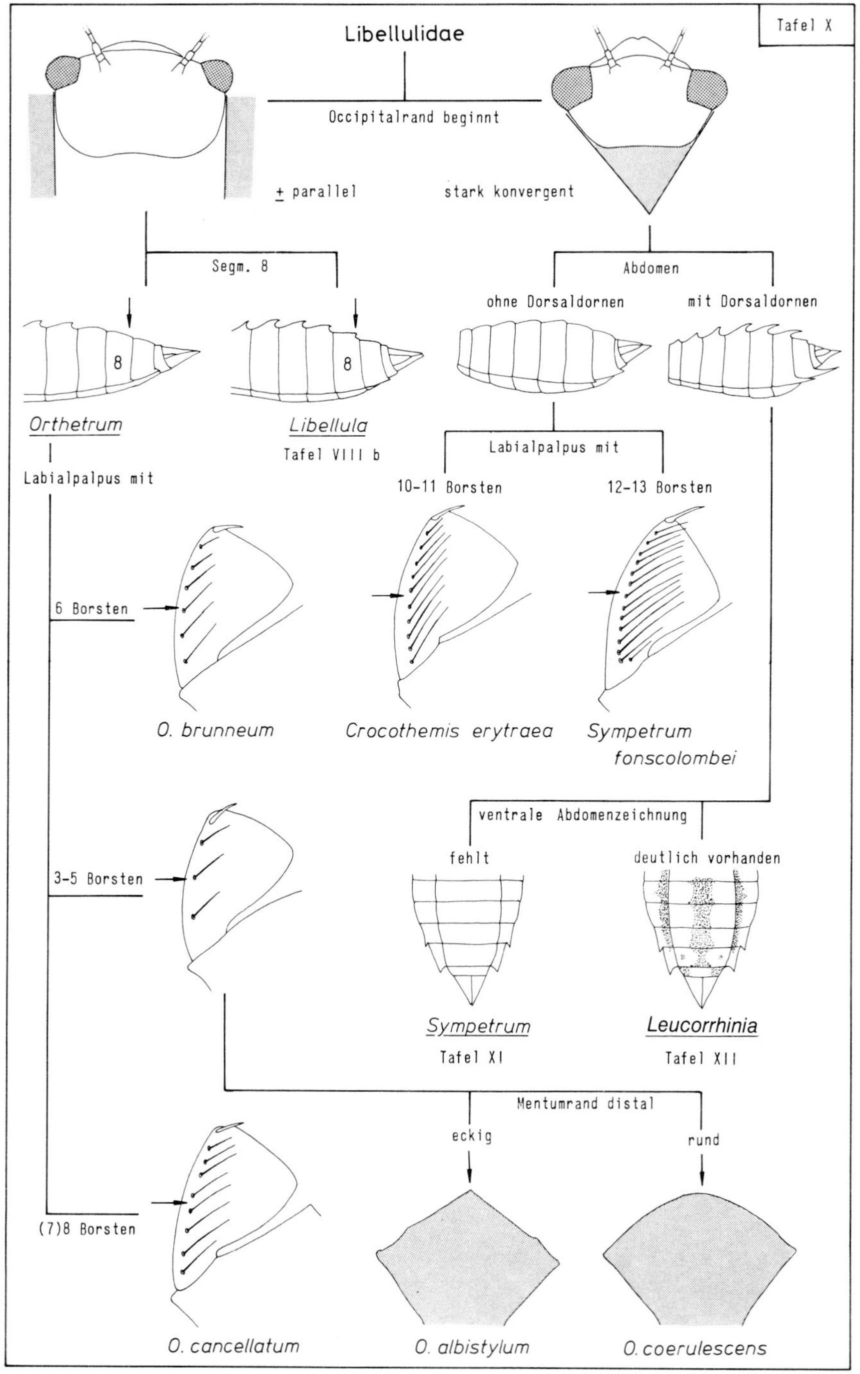

Tafel X
Libellulidae
Occipitalrand beginnt
± parallel
stark konvergent
Segm. 8
Abdomen
ohne Dorsaldornen
mit Dorsaldornen
Orthetrum
Libellula
Tafel VIII b
Labialpalpus mit
Labialpalpus mit
10-11 Borsten
12-13 Borsten
6 Borsten
O. brunneum
Crocothemis erytraea
Sympetrum
fonscolombei
ventrale Abdomenzeichnung
fehlt
deutlich vorhanden
3-5 Borsten
Sympetrum
Tafel XI
Leucorrhinia
Tafel XII
Mentumrand distal
eckig
rund
(7)8 Borsten
O. cancellatum
O. albistylum
O. coerulescens

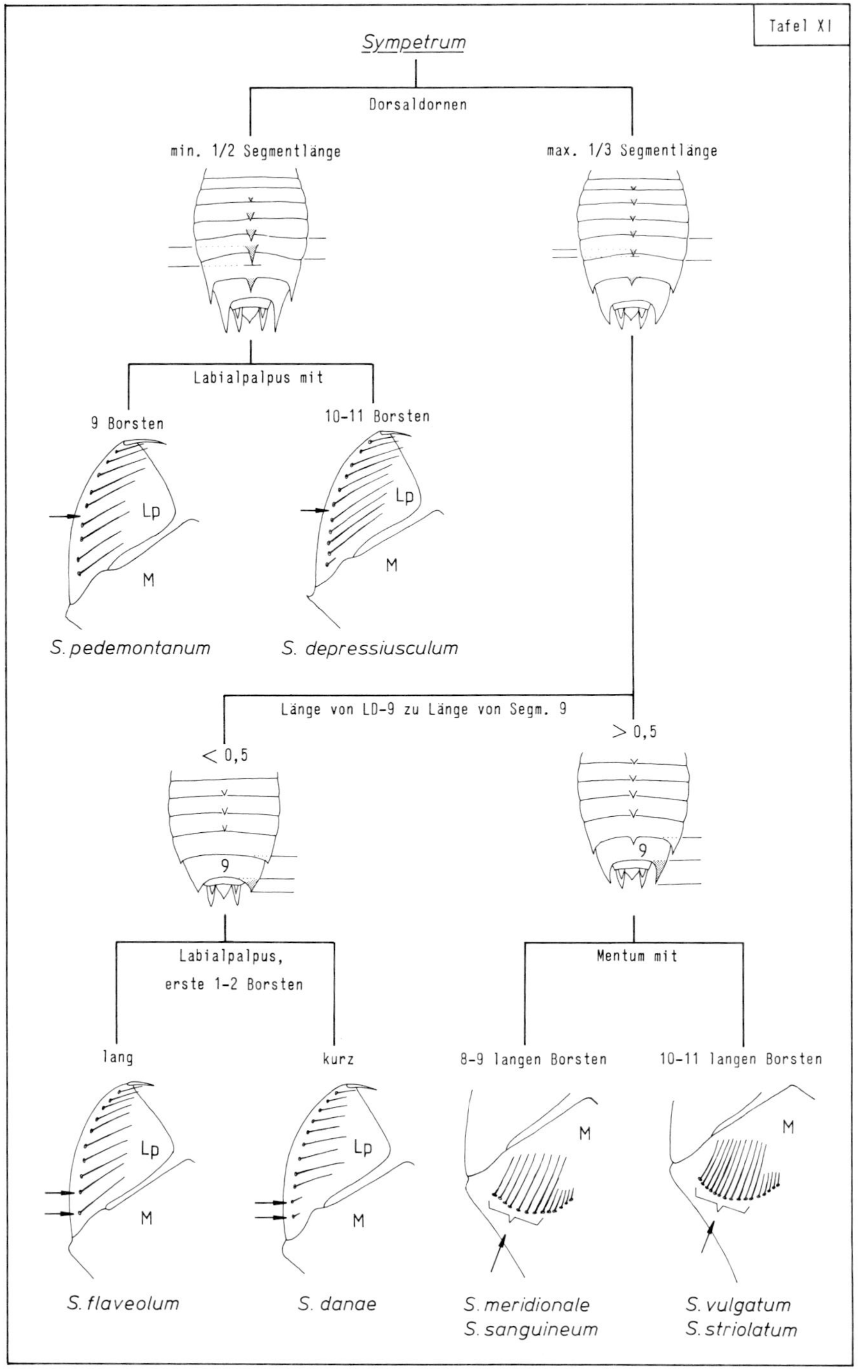
Tafel XI
Sympetrum
Dorsaldornen
min. 1/2 Segmentlänge
max. 1/3 Segmentlänge
Labialpalpus mit
9 Borsten
10-11 Borsten
Lp
M
S. pedemontanum
S. depressiusculum
Länge von LD-9 zu Länge von Segm. 9
< 0,5
> 0,5
9
Labialpalpus,
erste 1-2 Borsten
Mentum mit
lang
kurz
8-9 langen Borsten
10-11 langen Borsten
S. flaveolum
S. danae
S. meridionale
S. sanguineum
S. vulgatum
S. striolatum

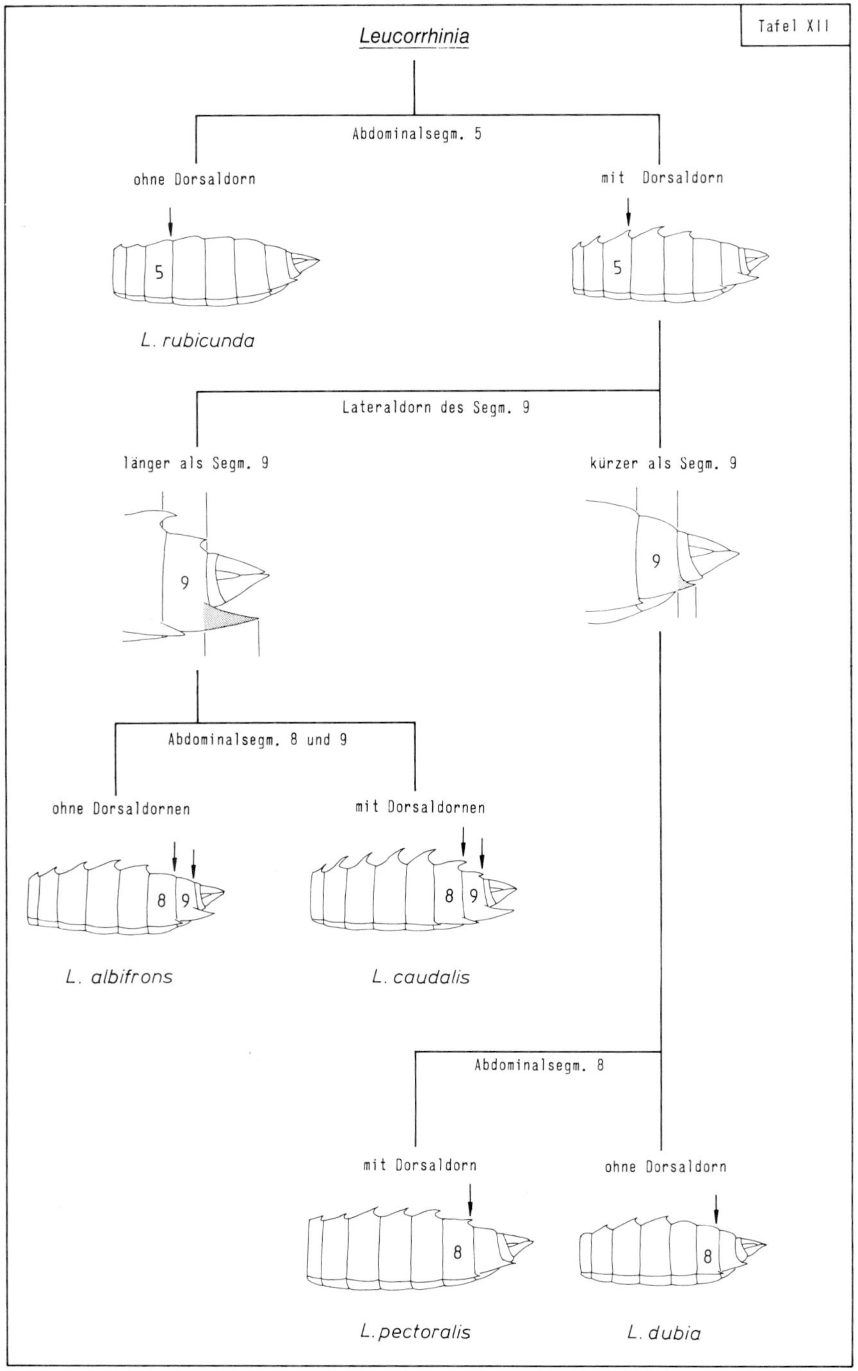
Tafel XII
Leucorrhinia
Abdominalsegm. 5
ohne Dorsaldorn
mit Dorsaldorn
5
L. rubicunda
Lateraldorn des Segm. 9
länger als Segm. 9
kürzer als Segm. 9
9
Abdominalsegm. 8 und 9
ohne Dorsaldornen
mit Dorsaldornen
8
L. albifrons
L. caudalis
Abdominalsegm. 8
mit Dorsaldorn
ohne Dorsaldorn
L. pectoralis
L. dubia

Literatur

Allgemein wichtige Literatur

Corbet, P.S., A Biology of Dragonflies, H.F. & G. Witherby Ltd. 1962, 247 Seiten (englisch)

Geijskes, D.C.; van Tol, J., De libellen van Nederland, Koninklijke Nederlandse Natuurhistorische Vereniging, Hoogwoud, 1983, 368 Seiten (holländisch)

Hammond, C.O., The Dragonflies of Great Britain and Ireland, 1977, 115 Seiten (englisch)

Jurzitza, G., Unsere Libellen, Kosmos / Franckh'sche Verlagshandlung, Stuttgart, 1978, 71 Seiten

Robert, P.A., Die Libellen, Kümmerly und Frey, Geographischer Verlag, Bern, 1959 (vergriffen)

Schiemenz, H., Die Libellen unserer Heimat, Urania Verlag, Jena, 1953 (vergriffen)

Literatur Urlibellen

Barthel, K.W., Solnhofen. Ein Blick in die Erdgeschichte. Ott. Thun, 393 pp. 1978

Keilbach, R., Bibliographie und Liste der Arten tierischer Einschlüsse in fossilen Harzen sowie ihrer Aufbewahrungsorte. Dt. ent. Ztschr. (NF) 39(1/3), 129—286, 1982

Malz, H. und H. Schröder, Fossile Libellen — biologisch betrachtet. Osnabrücker naturw. Mitt. 5, 33—59, 1977

Martini, E., Neue Insektenfunde aus dem Unter-Oligozän von Sieblos/Rhön. Senckenberg leth. 52(4), 359—369, 1971

Pfau, H.-K., Zwei neue Kleinlibellen (Odonata, Zygoptera — möglicherweise Platycnemidae) aus dem baltischen Bernstein. Stuttg. Beitr. Naturk. (A) 270, 1—7, 1975

Schlee, D., Bernsteine und Bernstein-Fossilien. Stuttg. Beitr. Naturk. (C) 8, 72 pp. 1978

Schlüter, T., Fossile Insekten aus dem Jura/Kreide-Grenzbereich Südwest Ägyptens. Berlin. geow. Abh., (A) 32, 33—61, 1981

Schimitschek, E., Insekten in der bildenden Kunst im Wandel der Zeiten in psychogenetischer Sicht. Veröff. Naturhist. Museum Wien (N.F.) 14, 119 pp. 1977

Wootton, R.J., The evolution of insects on fresh water ecosystems. In: R.A. Clark & R.J. Wootton (Eds.) Essays in hydrobiology, 69—82, 1972

Literatur zur Biologie und Verbreitung der Arten

Bauer, S., Libellenbeobachtungen im westlichen Allgäu. Mitt.Arb.Gem.Natursch. Wangen, 23—33, 77—78, 1978

Belyshev, B.F. & A.Yu Haritonov, On the history of the boreal dragonfly species Nehalennia speciosa Charp. 1840 and the center of origin of the genus Nehalennia Selys, 1950 (Odonata, Coenagrionidae). Ent.Obozr. 56(4), 776—780, 1977

Biedermann, J., Beitrag zur Libellen-Fauna Liechtensteins. Ber.Zool.Bot.Ges. Liechtenstein 74, 77—80, 1974

Biedermann, J., Die Libellenfauna des Fürstentums Liechtenstein. 1. Nachtrag Ber.Zool.Bot.Ges. Liechtenstein-Sargans-Werdenberg 79, 93—95, 1981

Bischof, A., Die Odonaten des Kantons Graubünden. Mitt.d.Ent.Gesell. Basel, 21. Jahrg., 1971

Bretthauer, R., Libellen im Naturschutzgebiet Mindelsee. Jber.Arb.Gem.Naturschutz Bodensee, 1, 26—33, 1975

Breuer, M., Ritzau, C., Bestandsaufnahme zur Odonatenfauna des Bremer Blocklandes und Hollerlandes (Insecta: Odonata). Abh.Naturw.Verein Bremen 40, 1—14, 1983

Busse, R., Coenagrion ornatum an einem Wiesengraben bei Osnabrück. Libellula 2(1/2), 43—48, 1983

Butz, W., Odonaten als ökologische Indikatoren für saarländische Landschaften. Sonderdr. Abh. d.Arbeitsgem.f.tier- u.pflanzengeogr.Heimatforsch. Saarland, Heft 4, 1973

Clausnitzer, H.-J., Bodenständige Libellen (Odonata) an intensiv bewirtschafteten Fischteichen. Ent.Z. Frankf.a.M. 81(7), 68—71, 1971

Clausnitzer, H.-J., Die Odonaten im Naturpark Südheide (Umgebung Celle) Ent.Z. Frankfurt 82(20), 236—240, 1972

Corbet, Ph.S., Biology of Odonata. Ann.Rev.Ent. 25, 1980

De Marmels, J., Libellen (Odonata) aus der Zentral- u. Ostschweiz. Mitt. Schweiz. Ent. Ges. 52(4), 395—408, 1979

De Marmels, J. & Schiess, H., Zum Vorkommen der Zwerglibelle Nehalennia speciosa (Charp. 1840) in der Schweiz (Odonata: Coenagrionidae). Vjschr. naturf. Ges. Zürich 122(3), 339—348, 1977

Donath, H., Verbreitung und Ökologie von Lestes barbarus (F.) in der nordwestlichen Niederlausitz (Odonata, Lestidae) Novius, Berlin 3, 33—36, 1981

Donath, H., Die Gebänderte Heidelibelle (Sympetrum pedemontanum Allioni) 1766. Biol. Stud. Kreis Luckau 8, 32—36, 1979

Dreyer, H., Beiträge zur Ökologie und Biologie der Libellen des Fränkischen Weihergebiets. Naturforsch. Ges. Bamberg 39, 74—84, 1964

Dreyer, H., Ein Libellenzug und sein Entstehen im Sommer 1966 in der Camargue. Sonderdruck XLI. Bericht d. Naturf. Gesellsch., 1967

Eiseler, B., Ökologische Untersuchungen zur standörtlichen Differenzierung der Libellenfauna im Schweinfurter Trockengebiet mit semiquantitativen Erfassungen. M. Sc. thesis Univ. Bonn 1979

Fischer, C., Beitrag zur Odonatenfauna der Lüneburger Heide mit besonderer Berücksichtigung der Funde von Somatochlora arctica (Zetterstedt). Beitr. Naturk. Nieders. 25(1), 9—17, 1972

Franke, U., Cordulegaster (Odonata) im westlichen Bodenseegebiet. Ent. Z. Frankfurt a. M. 90(18), 193—199, 1980

Fränzel, U., Die Libellenfauna des Kottenforstes bei Bonn. Ent. Z. Stuttg. 88(17), 194—196, 1978

Frey, G., Die Libellen der schwäbisch-bayerischen Hochebene. Sonderdruck, Ent. Arb. Museum, München, Bd. 2, 1951

Friedrich, E., M. Niehuis u. S. Ohliger, Beitrag zur Libellenfauna der Südpfalz und angrenzender Gebiete (Insecta: Odonata). Mitt. Pollichia 64, 153—163, 1976

Galetti, P., Ravizza, C., Note sull'entomofauna aquatica del corso medioinferiore del Po: Odonata. Rc. Accad. Sci. Lett. Milano 111, 98—100, 1977

Gepp, J., Stark, W., Der Rieselteich — das an Libellenarten reichste Kleingewässer Mitteleuropas. Steier. Natursch. Br. 18(1), 10—12, 1978

Gerken, B., Vorläufiger Sammelbericht über Libellenvorkommen in Baden-Württemberg nach Unterlagen der Biotopkartierung (Stand März 1980). Inst. Ökol. & Natursch. Karlsruhe, 1980

Glitz, D., Zur Odonatenfauna Nordwestdeutschlands: Zygoptera. Bombus 2(59/60), 1977

Handke, K., Kalmumd, P., Erste Ergebnisse einer Kartierung der Libellen/Odonata im Raum Saarbrücken aus den Jahren 1981 und 1982. Faun. flor. Notizen Saarland 15(1), 191—200, 1983

Keen, D., Collecting and studying dragonflies (Odonata). Amat. Ent. Soc. Leafl. No. 12 IV, 1977

Kaiser, H., Intraspezifische Aggression und räumliche Verteilung bei der Libelle Onychogomphus forcipatus (Odonata). Oecologia 15, 1974

Kaiser, H., Die Regelung der Individuendichte bei Libellenmännchen (Aeshna cyanea, Odonata). Oecologia 14, 1974

Kelm, H. J., Neue Funde von Coenagrion armatum Charpentier 1840 in Schleswig-Holstein. Drosera 83(1), 13—14, 1983

Kepka, O., Die Fauna der Steiermark. In: Hasiba/Sutter, Die Steiermark: Land, Leute, Leistung. Styria, Graz, 153—190, 1971

Kikillus, R., Weitzel, M., Grundlagenstudien zur Ökologie und Faunistik der Libellen des Rheinlandes. Veränderungstendenzen einer Libellenfauna in belasteten Ökosystemen. Pollichia, Buch Nr. 2, Bad Dürkheim, 1981

Königstedt, D., Schmidt, D., Zur Kenntnis der Libellenfauna der Umgebung von Greifswald (Insecta, Odonata). Faun. Abh. Mus. Tierk. Dresden 8(3), 51—61, 1981

Lödl, M., Zur Verbreitung und Ökologie von Orthetrum coerulescens (Fabricius 1798) (Odonata: Libellulidae). Linzer Biol. Beitr. 10(1), 111—129, 1978

Lödl, M., Die Libellenfauna Österreichs. 1. Nachtrag Linzer Biol. Beitr. 8(2), 383—387, 1976

Lohmann, H., Faunenliste der Libellen (Odonata) der Bundesrepublik Deutschland und Westberlins. Soc. Int. Odonat. Rapid. Comm. 1, 1—34, 1980

Müller, W., Zur Verbreitung und Ökologie der Groß-Libellen (Anisoptera) am rechten unteren Niederrhein und in angrenzenden Gebieten. Niederrh. Jb. 15, 83—89, 1980

Müller, J., Nachweise von Sympetrum pedemontanum (Allioni) (Odonata) im Bezirk Magdeburg. Abh. Ber. Naturk. Vorgesch. Magdeburg 12(1), 11—12, 1977

Rehfeldt, G., Die Libellen (Odonata) des nördlichen Harzrandes. Braunschw. naturk. Schr. 1(4), 603—654, 1983

Rudolph, R., Die Kleinlibelle Coenagrion lindeni bei Münster. Natur u. Heimat 36(4), 86—87, 1976

Sage, B. L., Dragonflies in Wales, 1970—1972. Nature in Wales 13(3), 174—178, 1973

Schiess, H., De Marmels, J., Die bisher bekannten Libellenvorkommen des Kantons Graubünden. Jber. naturf. Ges. Graubünden 98, 67—91, 1979

Schmidt, E., Odonata. In: J. Illies, Ed., Limnofauna europaea. Eine Zusammenstellung aller europäische Binnengewässer bewohnenden mehrzelligen Tierarten mit Angaben über ihre Verbreitung und Ökologie, 274—279, Gustav Fischer Verlag, Stuttgart, 1978

Schmidt, E., Faunistisch-ökologische Analyse der Odonatenfauna der Nordfriesischen Inseln Amrum, Sylt und Föhr. Faun.-ökol. Mitt. 4, 408—418, 1974

Schmidt, E., Das Artenspektrum der Libellen der Insel Helgoland unter dem Aspekt der Fund- u. Einwanderungswahrscheinlichkeit (Odonata). Ent. gen. 6(2/4), 247—250, 1980

Schmidt, E., Orthetrum albistylum und andere südliche Libellenarten (Odonata) an einem Badeteich in den Nordalpen bei Mittenwald (Tennsee bei Krün). Ent. Z. Frankf./M. 90(13), 145—147, 1980

Schmidt, E., Ökologische Analyse der Odonatenfauna von Schleswig-Holstein (Kurzfassung). Verh. Ges. Ökol. Kiel, 427, 1978

Schmidt, E., Zur Libellenfauna holsteinischer Seen und Teiche. Bombus 2(67), 266—267, 1980

Schmidt, E., Ökologische Analyse der Odonatenfauna eines ostholsteinischen Wiesenbaches. Ein Beitrag zur Erforschung kulturbedingter Biotope. Faun. Ökol. Mitt. 4, 48—65, 1971

Schmidt, E., Analyse der Libellenverbreitung in Schleswig-Holstein (Norddeutschland, BRD) am Beispiel der Aeshniden (Odonata). Verh. VI. Int. Symp. Entomofaunistik Mitteleuropas, Junk, The Hague, 27—42, 1977

Stark, W., Zum Vorkommen der Kleinlibellen Coenagrion scitulum und Erythromma viridulum in Österreich mit ökologischen, biologischen und morphologischen Beiträgen (Ins. Odonata: Coenagrionidae). Ber. Arb. Gem. Ökol. Ent. Graz, 9, 13—18, 1979

Stark, W., Zum Erforschungsstand der Libellen in der Steiermark. Ber. Arb. Gem. Ökol. Ent. Graz, 7, 31—33, 1976

Stark, W., Beitrag zur Kenntnis der Libellenfauna der Steiermark. Z. Arb. Gem. Österr. Ent. 23(3), 86—95, 1972

Stark, W., Ein Beitrag zur Kenntnis der Libellenfauna des nördlichen Burgenlandes (Insecta: Odonata). Burgenländische Heimatblätter, Eisenstadt, 42(2), 49—68, 1980

Stöckel, G., Zur Verbreitung von Sympetrum pedemontanum Allioni und Orthetrum brunneum Fonsc. (Odonata) in der DDR. Ent. Nachr. Dresden, 18(7), 97—104, 1974

Taranova, V. M., Zhiznenny cikl Sympetrum vulgatum L. (Odonata). Life history of Sympetrum vulgatum L. (Odonata). Inf. Byull. Biol. vnutr. Vod. (32): 33—36, 1976

Theischinger, G., Faunistische und ökologische Beobachtungen an Libellen in Kärnten (Odonata). Ber. Arb. Gem. Ökol. Ent. Graz, 4, 7—15, 1974

Theischinger, G., Bemerkungen zu interessanten Libellenarten aus Oberösterreich. Naturk. Jb. Linz, 17—20, 1971

Thoms, S., Jurzitza, G., Roesler, R.-U., Ökofaunistische Untersuchungen an Libellen (Odonata) in ausgewählten Biotopen des Bienwaldes. In: R.-U. Roesler (Ed.), Das Landschaftsschutzgebiet Bienwald in der Südpfalz, Pollichia, 179—202, 1982

Topp, W., Zur Besiedlung einer neu entstehenden Insel. Untersuchungen am »Hohen Knechtsand«. Zool. Jb. (Syst.) 102(2), 215—240, 1975

Wasscher, M., Zahlreiches Auftreten von Coenagrion lunulatum in den Südniederlanden im Jahr 1982. Libellula 2(1/2), 37—41, 1983

Wildermuth, H., Libellen, Kleinodien unserer Gewässer. Schweizer Natursch., So-Nr. 1/81

Wildermuth, H., Die Libellen der Drumlinlandschaft im Zürcher Oberland. Vjschr. naturf. Ges. Zürich 125(3), 201—237, 1980

Wriedt, S., Schön, M., Zur Kenntnis der Libellenfauna eines Weihers bei Preetz. Heimat, Kiel, 87, 433, 1980

Ziebell, S., Zum Nachweis von Gomphus flavipes und anderer Gomphiden durch Exuvienfunde im Depart. Cher in Frankreich (Odonata). Articulata 1 (19), 212—214, 1982

Literatur Flug

Alexander, D. E., Wingbeat asymmetry associated with turning in dragonflies (Odonata: Insecta) Am. Zool. 20, 894, 1980

Daltons, S., The miracle of flight. Sampson Low, Maidenhead. 168, 1977

Gewecke, M., H.-G. Heinzeln & J. Philippen, Role of antennae of the dragonfly Orthetrum cancellatum in flight control. Nature 249, 584—585, 1974

Lieckfeld, C. P., H.-K. Pfau, Kunstflieger, Natur 4, 56—63, 1985

May, M. L., Wingstroke frequency of dragonflies (Odonata: Anisoptera) in relation to temperature and body size. J. comp. Physiol. 229—240, 1981

Nachtigall, W., Zur Bedeutung der Reynoldszahl und der damit zusammenhängenden strömungsmechanischen Phänomene in der Schwimmphysiologie und Flugbiophysik. Fortschr. Zool. 24, 13—56, 1977

Nachtigall, W., Insekten mit Mach I?, Kosmos 76, 44—52, 1980

Nachtigall, W., Insects in flight. A glimpse behind the scenes in biophysical research. Allen & Unwin, London, 154 Seiten, 1975

Norberg, A., Hovering flight of the dragonfly Aeshna juncea L. kinematics and aerodynamics. In: T. Y.-T. Wu, C. J. Brokaw & C. Brennen. Swimming and flying in nature. Vol. 2, 763—781, 1975

Rüppell, G., Kinematic and Behavioural Aspects of Flight of the Male Banded Agrion, Calopteryx (Agrion) splendens L., in: Gewecke / Wendler (eds.), Insect Locomotion, 195—204, Paul Parey, 1985

Rüppell, G., Aeshna cyanea (Aeshnidae) — Flugverhalten. Inst. Wiss. Film Göttingen; Order No. E-2712, 1983

Rudolph, R., Some aspects of wing kinematics in Calopteryx splendens (Harris) (Zygoptera: Calopterygidae). Odonatologica, Vol. V, No. 2, 97—192, 1976

Rudolph, R., Die Flugtechnik der Gebänderten Prachtlibelle. Beitr. math.-naturw. Unterricht, 5—21, 1977

Pfau, H.-K., Mechanik und sensorische Kontrolle der Flügel-Pronation und -Supination. BionaRep. 1, 61—77, 1983

Pfau, H.-K., Die Drehbewegungen des Libellenfluges um die Längsachse — funktionelle Anatomie und Mechanorezeption. Verh. dt. zool. Ges. 284, 1982

Pond, C. M., Initiation of flight and pre-flight behaviour of anisopterous dragonflies Aeshna spp. J. Insect Physiol. 19, 2225—2229, 1973

Literatur Nahrung

Akre, B. G., The effect of alternate prey presence on the functional response by larval damselflies to changes in cladoceran prey density. Rice University Houston, Texas, M. A. Thesis, 132 pp., 1976

Davies, R. W. & T. B. Reynoldson, The incidence and intensity of predation on lake-dwelling triclads (Plathelminthes) in the field. J. Anim. Ecol. 40, 191—214, 1971

Emmrich, R., Das Nahrungsspektrum der Dorngrasmücke (Sylvia communis Lath.) in einem Gebüsch-Biotop der Insel Hiddensee (Aves, Sylviidae): Ein Beitrag zur Kenntnis der Ernährungsbiologie von Singvögeln. Zool. Abh. Dresden 32(18), 275—307, 1973

Franke, U., Libellen im Simmelried bei Hegne auf dem Bodanrück und ihre Vergesellschaftung. Jh. Bes. Naturk. Württemberg 135, 255—267, 1980

Koenig, C., Eine erfolgreiche Brut des Bienenfressers (Merops apiaster) im Hegau. Anz. ornithol. Ges. Bayern 12(1), 52—56, 1973

Laird, M., Dragonflies versus mosquitoes again. Mosquito News 33, 1973

Savan, B. I., Studies on the foraging behaviour of damselfly larvae (Odonata; Zygoptera). University of London, Ph. D. Thesis, 1979

Sebastian, A., Myat Thu, May Kyaw & Myint Myint Sein, The use of dragonfly nymphs in the control of Aedes aegypti. SEast Asian K. trop. Med. publ. Health 11(1), 104—107, 1980

Semushin, R. D., O hishnikah krovososushchih moshek (Diptera, Simuliidae) Donbassa (On the predators of Simuliidae in the Donbas), 1980

Stechmann, D.-H., Eiablage, Parasitismus und postparasitische Entwicklung von Arrenurus-Arten (Hydrachnellae. Acari). Z. Parasitenkd. 57, 169—188, 1978

Tanaka, Y. & Hisada, M., The hydraulic mechanism of the predatory strike in dragonfly larvae. J. exp. Biol. 88, 1—19, 1980

Literatur Paarung

Carle, F. L., Evolution of the Odonate Copulatory Process. Odonatologica, Vol. XI, No. 4, 271—368, 1982

Consiglio, C., R. Argano & L. Boitani, Ecological niches in two communities of adult Odonata. Abstr. XIVth Int. Congr. Ent., Canberra, 1972

Dreyer, W. & E. Lausch, Die lautlosen Hubschrauber. Stern Magazin 29(19), 36—50, 1976

Dreyer, W., Etho — ökologische Untersuchungen an Lestes viridis (Zygoptera : Lestidae). Odonatologica, 7(33), 309—322, 1978

Dröscher, V. B., Numerus clausus für Heiratslustige: die Libellen. Landwirtsch. Wochenbl. Münster, 136, 1979

Heymer, A., Verhaltensstudien an Prachtlibellen. Beitr. z. Ethologie und Evolution der Calopterygidae Selys, 1850 (Odonata: Zygoptera). Fortschr. Verhaltensf. 11, Parey, Berlin, 1972

Heymer, A. Ethologische Freilandbeobachtungen an der Kleinlibelle Agrion lindeni Selys, 1840. Rev. Comp. Animal. 7(3), 183—189, 1973

Jurzitza, G., Rasterelektronenmikroskopische Untersuchungen des Zangengriffs und der Lamina mesostigmalis einiger Coenagrionidae (Odonata, Zygoptera). Forma et Functio 7, 377—392, 1974

Kaiser, H., Verhaltensgefüge und Temporialverhalten der Libelle Aeshna cyanea (Odonata). Z. Tierpsychol. 34, 398—429, 1974

Kaiser, H., Intraspezifische Aggression und räumliche Verteilung bei der Libelle Onychogomphus forcipatus (Odonata). Oecologia 15, 223—234, 1974

Kaiser, H., Die tägliche Dauer der Paarungsbereitschaft in Abhängigkeit von der Populationsdichte bei den Männchen der Libelle Aeschna cyanea (Odonata). Oecologia 14, 375—387, 1974

Kaiser, H., Die Regelung der Individuendichte bei Libellenmännchen (Aeschna cyanea, Odonata). Eine Analyse mit systemtheoretischem Ansatz. Oecologia 14, 53—74, 1974

Kaiser, H., Räumliche und zeitliche Aufteilung des Paarungsplatzes bei Großlibellen (Odonata, Anisoptera) Verh. Ges. Ökol., Wien, 115—120, 1975

Kaiser, H., Quantitative description and simulation of stochastic behaviour in dragonflies (Aeshna cyanea, Odonata). Acta Biotheor. 25(2/3), 163—210, 1976

Krüner, U., Revier- und Fortpflanzungsverhalten von Orthetrum cancellatum (Linnaeus) (Anisoptera: Libellulidae). Odonatologica, Vol. VI, No. 4, 227—314, 1977

Midttun, B., The morphology of the spermatheca, bursa copulatrix and vagina of Somatochlora arctica (Zetterstedt) (Odonata: Corduliidae). Norw. J. Zool. 24(3) 175—183, 1976

Miller, A. K., P. L. Miller & M. T. Siva-Jothy, Pre-copulatory guarding and other aspects of reproductive behaviour in Sympetrum depressiusculum (Selys) at rice fields in southern France (Anisoptera, Libellulidae). Odonatologica 13(3), 407—414, 1984

Mokrushov, P. A. & L. I. Frantsevich, Visual stimuli in behaviour of dragonflies. III. Choice of a settling place in Erythromma najas. Vest. zool. Kiev (4) 20—24, 1976

Parr, M. J. & M. Parr, Some observation on Ceriagrion tenellum (De Villers) in Southern England. Odonatologica 8, 171—194, 1979

Pajunen, V. I., A note on the connexion between swarming and territorial behaviour in insects. Ann. ent. fenn. 46/2, 53—55, 1980

Ubukata, H., Territoriality as a density dependent mating strategy in Cordulia. Abstr. Pap. XVth Inter. Congr. Ent. Kyoto, 234, 1980

Waage, J. K., Dual function of the damselfly penis: sperm removal and transfer. Science 203(4383), 916—918, 1979

Literatur Larven

Baker, R. L., Spacing behaviour and life history of nymphal Zygoptera. Ph. D. Thesis, Univ. Alberta, Edmonton, 1981

Buchholtz, C., Aeshna cyanea (Aeshnidae). Beutefang der Larven. Encyclop. Cinemategr. Göttingen (E) 1605, 1—9, 1971

Caillére, L., Contribution à l'étude du comportement de capture chez la larve d'Agrion (Calopteryx auct.) splendens Harris (Odonatoptéres). Thesis Univ. Lyon-Claude Bernard, 1972

Carchini, G., Nicolai, P., Food and time resource partitioning in two coexisting Lestes species (Zygoptera: Lestidae). Odonatologica 13(3), 461—466, 1984

Dalwick, H. B. von, Über die Temperaturabhängigkeit von Instinkthandlungen bei Libellenlarven (Aeshna cyanea Müll.) und Springspinnen (Salticus scenicus C.). Zool. Anz. 190(5—6), 361—380, 1973

Étienne, A. S., The behaviour of the dragonfly larva Aeshna cyanea M. after a short presentation of a prey. Anim. Behav. 20, 724—731, 1972

Franke, U., Bildbestimmungsschlüssel mitteleuropäischer Libellenlarven (Insecta: Odonata). Stuttg. Beitr. Naturk. (A) (333), 1—17, 1979

Greven, H., Rudolph, R., Histologie und Feinstruktur der larvalen Kiemenkammer von Aeshna cyanea Müller (Odonata: Anisoptera). Z. Morph. Tiere 76, 209—226, 1973

Gross, H., Untersuchungen zur Habituation des Fangschlagverhaltens der Larve von Aeshna cyanea Müller (Odonata: Anisoptera). Ph.D. Thesis Univ. Marburg/Lahn, 1979

Guhl, W., Neue symphorionte Peritriche von Libellenlarven. Zool. Anz. 189(3—4), 273—277, 1972

Halkka, L., Accumulation of gene products in the previtellogenic oocytes of the dragonfly Cordulia aenea: an ultrastructural and cytochemical study. Acad. Diss. Univ. Helsinki, 1980

Herzog, H.-E., Temperatureinflüsse auf die Hämolymphe von Libellenlarven der Gattung Aeshna cyanea. Verh. dt. zool. Ges. 76, 229, 1983

Heymer, A., Das hochspezialisierte Beutefangverhalten der Larve von Cordulegaster annulatus (Latr. 1805), eine ökologische Einnischung (Odonata, Anisoptera). Rev. Comp. Animal 7(2), 103—112, 1973

Ingram, B. R., The effects of photoperiod and temperature on nymphs of two species of damselflies (Odonata, Zygoptera). Am. Zool. 11(4), 702, 1971

Janssen, M. A., Croes, L. L. C. M., Studies on dragonfly larvae. No. 37, Lab. Zool. Univ. Nijmegen, 1972

Komnick, H., Chloridzellen und Chloridepithelien als osmoregulatorische Anpassung bei Wasserinsekten. Verh. dt. zool. Ges. 1977, 111—122, 1977

Kukulies, J., Structural adaptations of the cuticle to the osmoregulatory function of the larval dragonfly rectum. Verh. dt. zool. Ges. 76, 222, 1983

Macan, T. T., Structure of the community in the vegetation of a moorland fishpond. Verh. int. Ver. Limnol. 19, 2298—2304, 1975

Mill, P. J., Pickard, R. S., Anal valve movement and normal ventilation in aeshnid dragonfly larvae. J. Exp. Biol. 56, 537—543, 1982

Mill, P. J., Pickard, R. S., Jetpropulsion in anisopteran dragonfly larvae. J. comp. Physiol. 97, 329—338, 1975

Moens, J., Ionic regulation of the haemolymph in the larvae of the dragonfly Aeshna cyanea (Müller) (Odonata, Anisoptera). Archs. int. Physiol. Biochem. 83, 3, 443—451, 1975

Nicholls, S. P., Ionic and osmotic regulation of the haemolymph of the dragonfly Libellula quadrimaculata (Odonata: Libellulidae). J. Insect. Physiol. 29, 6, 541—546, 1983

Nicholls, S. P., Ion balance and excretion in Libellula quadrimaculata (Odonata, Libellulidae). Ph. D. Thesis, Univ. Bristol, 1982

Nimz, C., A computer model of the growth of larval dragonflies. M. Sc. Thesis, Idaho St. Univ., Pocatello, 1977

Norling, U., The life history and seasonal regulation in Aeshna viridis Eversm. in Southern Sweden (Odonata, Aeshnidae). Ent. scand. 2, 170—190, 1971

Norling, U., The life cycle and larval photoperiodic responses of Coenagrion hastulatum (Charpentier) in two climatically different areas (Zygoptera, Coenagrionidae). Odonatologica, 13, 3, 429—449, 1984

Olesen, J., The hydraulic mechanism of labial extension and jet propulsion in dragonfly nymphs. J. comp. Physiol. 81, 53—55, 1972

Pickard, R. S., Mill, P. J., Ventilatory movements of the abdomen and branchial apparatus of dragonfly larvae (Odonata, Anisoptera). J. Zool. Lond. 174, 23—40, 1974

Pickup, J., Thompson, D. J., Lawton, J. H., The life history of Lestes sponsa (Hansemann): Larval growth (Zygoptera, Lestidae). Odonatologica 13, 3, 451—459, 1984

Schaller, F., Róle de la temperature dans le dévelopment d'Aeshna cyanea Müll. (Insecta, Odonata): recensement des stades larvaires d'un biotope sur une période de quatre ans. Bull. Ass. philomath. Als. Lorr. 16, 21—28, 1977

Schmitz, M., Komnick, H., Rectale Chloridepithelien und osmoregulatorische Salzaufnahme durch den Enddarm von Zygopteren- und Anisopteren-Larven. J. Insect Physiol. 22, 6, 875—883, 1976

St. Quentin, D., Die Entwicklung der Mundteile der Odonaten. Ent. Abh. 40, 5, 165—171, 1975

Waringer, J., Die Fangmaske der Libellenlarven: Kleinlibellen. Mikrokosmos 71, 4, 118—122, 1982

Waringer, J., Die Fangmaske der Libellenlarven: Anisoptera (Großlibellen). Mikrokosmos 70, 9, 266—270, 1981

Waringer, J., A study of embryonic development and larval growth of Sympetrum danae (Sulzer) at two artificial ponds in lower Austria (Anisoptera, Libellulidae). Odonatologica, Vol. XII, No. 4, 315—422, 1983

Wellinghorst, R., Meyer, W., Untersuchungen zur Struktur von flachen Kleingewässern als Larvalbiotope für Odonaten. Zool. Jb. Syst. 109, 545—568, 1982

Wichard, W., Komnick, H., Fine structure and function of the rectal chloride epithelia of damselfly larvae. J. Insect. Physiol. 20, 8, 1611—1621, 1974

Wichard, W., Zur Feinstruktur der abdominalen Tracheenkiemen von Larven der Kleinlibellen-Art Epallage fatime (Odonata, Zygoptera, Euphaeidae). Entomologia gen. 5, 2, 129—134, 1979

Literatur Naturschutz

Akkermann, R., Möglichkeiten und Zielsetzungen für eine Regeneration von Hochmooren — zoologisch betrachtet. Inf. Natursch. Landschaftspfl. Wardenburg 3, 151—163, 1982

Altmüller, R., Libellen. Beitrag zum Artenschutzprogramm. Rote Liste der in Niedersachsen gefährdeten Libellen. Niedersächsisches Landesverwaltungsamt, Hannover, 28 pp., 1983

Bäumer, H.O., Schützt die Libellen! Minister für Ernährung, Landwirtschaft und Forsten des Landes Nordrhein-Westfalen, Düsseldorf, 12 pp., 1982

Bauer, H.J., R. Brocksieper, M. Woike, H. Beyer, H. Greven und R. Kikillus, Rote Liste in Nordrhein-Westfalen gefährdeter Libellen (Odonata). Schr. Reihe Landesanst. Ökol. Nordrhein-Westfalen 4, 73—75, 1979

Bauer, S., Libellen-Lebensräume, Gefährdung, Schutz. Schriftenreihe Vogelschutz 1, 14—17, 1979

Benken, T., Die Libellenfauna des Halener Moores (Gemeinde Menslage). Inf. Natursch. Landschaftspf. Wardenburg 2, 193—270, 1980

Bretthauer, R., Libellen im Naturschutzgebiet Mindelsee. Jber. Arb. Gem. Naturschutz Bodensee 1, 26—33, 1975

Butz, W., Odonaten als ökologische Indikatoren für saarländische Landschaften. Abh. Arbeitsgem. tier- u. pflanzengeogr. Heimatf. Saarland 4, 52—67, 1973

Clausnitzer, H.-J., Bodenständige Libellen (Odonata) an intensiv bewirtschafteten Fischteichen. Ent. Z. Frankf. a.M. 81(7), 68—71, 1971

Clausnitzer, H.-J., Die ökologischen Bedingungen für Libellen (Odonaten) an intensiv bewirtschafteten Fischteichen. Beitr. Naturk. Nieders. 27(4), 78—90, 1974

Clausnitzer, H.-J., Hilfsprogramm für gefährdete Libellen. Natur & Landschaft 55(1), 12—15, 1980

Clausnitzer, H.-J., P. Pretscher & E. Schmidt, Rote Liste der Libellen (Odonata) In: J. Blab. et al., Rote Liste der gefährdeten Tiere und Pflanzen in der Bundesrepublik Deutschland, 116—118, 1984

Donath, H., Eine bemerkenswerte Libellenfauna an einem Kiesgrubenweiher in der Niederlausitz (Odon.) Ent. Ber. Berl. (2), 65—67, 1980

Dreyer, W., Zeitliche und räumliche Strukturpräferenzen als Erschwernis bei Bestandserhebungen von Libellen (Odonata). Libellula 3(1/2), 38—40, 1984

Ertl., J., Verordnung über besonders geschützte Arten wildlebender Tiere und wildwachsender Pflanzen (Bundesartenschutzverordnung — BArtSchV) BGBl. (1) (54), 1565—1601, 1980

Escher, K., Die Bedeutung der Kiesgruben als biologische Refugien. Vjschr. naturf. Ges. Zürich 119(4), 345—348, 1974

Gepp, J., Erhaltung bedrohter Tierarten durch Biotopschutz. Die Bedeutung des Biotopschutzes, dargestellt an Beispielen des Steirischen Alpen-Ostrandes. Jb. Ver. Schutz Bergwelt 44, 191—222, 1979

Jurzitza, G., Im Gespräch: Artenschutz mit Pferdefuß. Tier / Tierwelt 2, 20, 1982

Kagerer, R., Zwischen Müll und aufgelassener Kiesgrube: wertvoller Lebensraum für seltene Libellen. Bad. Zeit. 35(180) 20, 1980

Kikillus, R. & M. Weitzel, Grundlagenstudien zur Ökologie und Faunistik der Libellen des Rheinlandes. Veränderungstendenzen einer Libellenfauna in belasteten Ökosystemen. Pollichia Buch Nr. 2, Bad Dürkheim, 22 pp., 1981

Klausnitzer, B., G. Friese, W. Heinicke, W. Joost & G. Müller, Bedrohte Insektenarten in der Deutschen Demokratischen Republik. 1. Beitrag Ent. Ber. Berlin (2), 81—87, 1978

Krebs, A. & H. Wildermuth, Kiesgruben als schützenswerte Lebensräume seltener Pflanzen und Tiere. Mitt. naturw. Ges. Winterthur 35, 19—73, 1975

Laird, M., Dragonflies versus mosquitoes again. Mosquito News 33, 2 pp., 1973

Lang, W. & R. Thienel, Die Sandgrube bei Schauernheim — Beispiel für einen zu erhaltenden Sekundärbiotop. Pfälzer Heimat 33(1), 32—34, 1982

Macan, T.T., Structure of the community in the vegetation of a moorland fishpond. Verh. int. Ver. Limnol. 19, 2298—2304, 1975

Martens, A., Besiedlung von neugeschaffenen Kleingewässern durch Libellen (Insecta: Odonata). Braunschw. naturk. Schr. 1(4), 591—601, 1983

Moore, N.W., Lestes dryas Kirby — a declining species of dragonfly (Odonata) in need of conservation: notes on its status and habitat in England and Ireland. Biol. Conserv. 17, 143—148, 1980

Nörpel, M., Die Libellen (Odonata) des Mönchbruchgebietes. Nachr. ent. Ver. Apollo (N.F.) 3(1), 1—16, 1982

Plaschen, H., Stand und Entwicklung des Artenschutzes. Jhrb. Natursch. Landschaftspfl. 34, pp. 36—72, 1983

Plachter, H., Zur Bedeutung der bayerischen Naturschutzgebiete für den zoologischen Artenschutz. Ber. ANL 8, 63—78, 1984

Plachter, H., Die Lebensgemeinschaften aufgelassener Abbaustellen. Ökologie und Naturschutzaspekte von Trockenbaggerungen mit Feuchtbiotopen. Schr. Reihe Landesamt Umweltsch. München 56, 1—109, 1983

Pretscher, P., Hinweise zur Gestaltung eines Libellengewässers. Natur u. Landschaft 51(9), 249—251, 1976

Pretscher, P., Rote Liste der in der Bundesrepublik Deutschland gefährdeten Tierarten. Teil II. Wirbellose 1. Libellen. Odonata (Insekten) (1. Fassung). Natur u. Landschaft 52(1), 10—12, 1977

Riess, W., H. M. Roth & G. Nitsche, Rote Liste bedrohter Tiere in Bayern. 1. Fassung. Schr. Reihe Naturschutz Landschaftspflege München 38 pp., 1976

Rudolph, R., Faunistisch-ökologische Untersuchungen an Libellen-Zönosen von sechs Kleingewässern im Münsterland. Abh. Landesmus. Naturk. Münster 41(1), 3—28, 1979

Schiess, H., Gedanken zum Naturschutz an Zürich- und Obersee. Jber. Verb. z. Schutz d. Landschaftsbildes am Zürichsee 52, 11—37, 1978

Schmidt, E., Zur Veränderung der Libellenfauna einiger Berliner Moore in den letzten fünf Jahren. Berlin. Natursch. bl. 19(56), 155—158, 1975

Schmidt, E., Zur Gefährdung von Moorlibellen in der Bundesrepublik Deutschland. Natur & Landschaft 55(1), 16—18, 1980

Schmidt, E., Quantifizierung und Analyse des Rückganges von gefährdeten Libellenarten in der Bundesrepublik Deutschland (Ins., Odonata) Mitt. dt. Ges. allg. angew. Ent. 3, 167—170, 1981

Schmidt, E., Rote Liste der Pflanzen und Tiere Schleswig-Holsteins. Libellen Odonata. Schr. Reihe Landesamt. Natursch. Landschaftspfl. Schleswig-Holstein 5, 101—104, 1982

Schmidt, E., Odonaten als Bioindikatoren für mitteleuropäische Feuchtgebiete. Verh. dt. zool. Ges. 76, 131—136, 1983

Siegefrist, H., J. Forster & A. Krebs, Neugeschaffene Naßstandorte (Teiche) zur Erhaltung der Amphibien- u. Wasserinsektenfauna in der Stadtgemeinde Winterthur. Winterthur Jb. 13—49, 1976

Soszka, G. J., Biological relations between invertebrate and submerged macrophytes in the lake littoral. Ekol. pol. 23(3), 393—415, 1975

Spätz, H. & W. Beisenherz, Ökologisch-faunistische Untersuchungen der Fischfauna der im Bereich des Truppenübungsplatzes Senne gelegenen Bäche. Decheniana 135, 66—87, 1982

Stachowiak, G., J. Müller, K. Lotzing & D. Spitzenberg, Notizen zur Geschichte und Entomofauna des FND Bormholt-Teich bei Altmersleben, Kreis Kalbe/Milde (Altmark). Abh. Ber. Naturk. Vorgesch. 12(4), 79—84, 1981

Stark, W., Ein Teich in der Steiermark (Österreich) als Lebensraum für 40 mitteleuropäische Libellenarten. Ent. Z. Frankf. a. M. 87(22), 249—263, 1977

Stark, W., Rote Liste gefährdeter und seltener Libellenarten der Steiermark (Odonata). Steier. Naturschutz Br. (Sonderh. 3), 59—62, 1981

Stark, W., Rote Liste gefährdeter und seltener Libellenarten des Burgenlandes (Ins. Odonata). Natur Umwelt Burgenland 5(1/2) 21—23, 1982

Steinweger, M., Die Libellen des Teichgutes Hausdülmen und seiner Umgebung. Natur Heimat 31(1), 22—25, 1971

Vaajakorpi, H. A. & Salonen, I., Bioaccumulation and transfer of ^{14}C-DDT in a small pond ecosystem. Ann. Zool. Fenn. 10(4), 539—544, 1973

Wildermuth, H., Libellen, Kleinodien unserer Gewässer. Schweizer Naturschutz So.Nr. 1/81, 26 pp., 1981

Wildermuth, H., Lebensraum Kiesgrube. Schweizer Naturschutz So.Nr. 2/81, 24 pp., 1981

Wildermuth, H., Sicherung, Pflege und Gestaltung besonders gefährdeter Biotope (Ökosysteme). Jb. Naturschutz Landschaftspf. 33, 68—91, 1982

Wildermuth, H., Die Bedeutung anthropogener Kleingewässer für die Erhaltung der aquatischen Fauna. Eine Untersuchung zum Artenschutz aus dem schweizerischen Mittelland. Natur & Landsch. Stuttg. 57(9), 297—306, 1982

Wildermuth, H. & A. Krebs, Sekundäre Kleingewässer als Libellenbiotope. Vjschr. naturf. Ges. Zürich 128(1), 21—42, 1983

Wilkes, F. G. & C. M. Weiss, The accumulation of DDT by the dragonfly nymph Tetragoneuria (Odonata). Trans. Am. Fish. Soc. 100, 222—236, 1971

Literatur Bestimmung

Fischer, C., Libellen Schleswig-Holsteins. Mitteilungen aus dem Zoologischen Museum der Universität Kiel. Goecke & Evers, 1984

Franke, U., Bildbestimmungsschlüssel mitteleuropäischer Libellen-Larven (Insecta: Odonata) Stuttg. Beitr. Naturk. (A) (333) 1—17, 1979

Geijskes, D.C., van Tol, J., De Libellen van Nederland (Odonata). Koninklijke Nederlandse Natuurhistorische Vereniging, Hoogwoud (N.H.), 368 pp., 1983

Jurzitza, G., Unsere Libellen. Bunte Kosmos Taschenführer. 71 pp., Franckh, Stuttgart, 1978

Müller, H.J. (Hrsg.), Bestimmung wirbelloser Tiere im Gelände. Gustav Fischer Verlag, Stuttgart, 1985

Nachtigall, W., Von Teichjungfern und Prachtlibellen. Kosmos 75, 518—527, 1979

Schmidt, E., 6. Ord. Odonata, Libellen. In: M. Schaefer (Ed.) Paul Brohmer, Fauna von Deutschland. Ein Bestimmungsbuch unserer heimischen Tierwelt. Quelle & Meyer, Heidelberg, pp. 184—190, 1984

Stobbe, H. et al., Bestimmungsschlüssel für die Libellen der Bundesrepublik Deutschland. Deutscher Jugendbund für Naturbeobachtung Hamburg, 50 pp. (9. Aufl.), 1984

Libellenkundliche Vereinigungen

Societas Internationalis Odonatologica (S.I.O.)
Adresse: S.I.O. Central Office, P.O.Box 256, 3720 AG Bilthoven, Niederlande
Der Mitgliedsbeitrag beträgt (1986) 125,— DM / Jahr und schließt Mitgliedschaft, den Bezug der viermal im Jahr erscheinenden internationalen Fachzeitschrift „Odonatologica", den Bezug der Libellenkundlichen Kurzmitteilungen „Notulae Odonatologicae" sowie den Rundbrief amerikanischer Libellenfreunde „Selysia" ein.
Deutsche Kontaktadresse: Prof. Dr. R. Rudolph, Fliednerstr. 21, D-4400 Münster
Die S.I.O. hält im Turnus von zwei Jahren weltweit Fachkongresse ab.

Gesellschaft deutschsprachiger Odonatologen (GdO)
z. Hd. Prof. Dr. E. Schmidt, Universität Bonn, Römerstr. 164, D-5300 Bonn 1.
Der Mitgliedsbeitrag von (1986) jährlich 25,— DM (Schüler und Studenten 15,— DM) schließt den Bezug der 1—2 mal jährlich erscheinenden Zeitschrift „Libellula" ein. Diese Gesellschaft hält jährlich (abwechselnd in Süd- und Norddeutschland) Tagungen ab, an denen jedes interessierte Mitglied teilnehmen oder Libellenbeobachtungen vortragen kann, die dann auch veröffentlicht werden.

Darüber hinaus existieren regionale Arbeitsgemeinschaften von Libellenkundlern, deren Adressen bei der Gesellschaft deutschsprachiger Odonatologen erfragt werden können.

Deutscher Jugendbund für Naturbeobachtung (DJN)
Kontaktadresse: Buchenstr. 18, D-2000 Hamburg 60
Der DJN ist ein Zusammenschluß von Jugendlichen bis 25 Jahre, die sich die Erforschung und Erhaltung der Natur zum Ziel gesetzt haben. Er betreibt auch libellenkundliche Studien.

Register